中国大型交通枢纽建设与运营实践丛书·浦东国际机场系列

# 大型枢纽机场的绿色机场建设研究

马军杰　王京航　编著

同济大学 出版社
TONGJI UNIVERSITY PRESS
·上海·

**图书在版编目(CIP)数据**

大型枢纽机场的绿色机场建设研究/马军杰，王京
航编著.—上海:同济大学出版社,2024.6
（中国大型交通枢纽建设与运营实践丛书.浦东国际
机场系列）
ISBN 978-7-5765-0703-4

Ⅰ.①大… Ⅱ.①马… ②王… Ⅲ.①机场建设-研
究-中国 Ⅳ.①V351②F562.3

中国国家版本馆CIP数据核字(2023)第018353号

# 大型枢纽机场的绿色机场建设研究

马军杰　王京航　编著

责任编辑　徐　希
责任校对　徐春莲
封面设计　张　微


出版发行　同济大学出版社　www.tongjipress.com.cn
　　　　　（地址:上海市四平路1239号　邮编:200092　电话:021-65985622）
经　　销　全国各地新华书店、建筑书店、网络书店
排版制作　南京文脉图文设计制作有限公司
印　　刷　常熟市华顺印刷有限公司
开　　本　787mm×1092mm　1/16
印　　张　14.5
字　　数　300 000
版　　次　2024年6月第1版
印　　次　2024年6月第1次印刷
书　　号　ISBN 978-7-5765-0703-4
定　　价　98.00元

# 丛书编委会

主　　　任　黄铮霖　陈守明
编　　　委　(按姓氏笔画排序)
　　　　　　马军杰　马国丰　张　健　张敏求　邵鲁宁
　　　　　　武小军　房颂华　洪少枝　贺胜中　曹　流

# 总　序

　　改革开放以来,我国民航业飞速发展,国际地位和影响力大幅提升。特别是进入21世纪后,航空运输规模已经连续18年位居全球第二,对全球航空运输增长的贡献率超过20%。这为我国民航业由"大"到"强"的新跨越奠定了坚实基础。2019年9月,我国发布了《交通强国建设纲要》,确定了到2035年,基本建成交通强国的战略目标,并提出要构筑多层级、一体化的综合交通枢纽体系,依托京津冀、长三角、粤港澳大湾区等世界级城市群,打造具有全球竞争力的国际海港枢纽、航空枢纽和邮政快递核心枢纽等战略举措。民航强国是交通强国建设的重要组成部分,2024年2月,中国民航局发布的《新时代新征程谱写交通强国建设民航新篇章行动纲要》中提出,到2035年,建成航空运输强国,民航在行业安全、服务能力、设施装备、技术创新和管理水平等方面加速迈向国际一流水平。民用机场作为民航行业及综合交通的重要基础设施,是区域对外开放的重要空中通道与国民经济发展的重要动力源。可以说,国际一流水平大型枢纽机场的建设与管理是关系到交通强国建设、对外开放和经济高质量发展的重要议题。

　　大型枢纽机场的运营管理是一个复杂系统,深入研究和提高效能的空间很大。国际上领先的大型枢纽机场都在持续探索更好的建设和运营管理模式,通过研究团队开展对标研究及学习参考。进入新时代,面向新的技术革命打造未来机场,民航局提出的以"平安、绿色、智慧、人文"为核心的四型机场建设,为中国机场未来的高质量发展指明了方向。因此,对大型枢纽机场建设与运营管理的研究必须与时俱进。依托世界一流的土木工程、建筑设计、城市规划等学科基础,同济大学经济与管理学院多个教授团队开展了大型枢纽机场的建设与管理研究和教学工作,相关的学术研究和社会服务水平处于国内高校的前列,其研究团队活跃于国内领先的枢纽机场建设和管理实践中。

　　上海浦东国际机场为4F级民用机场、中国三大门户复合枢纽机场之一,是华东区域第一大枢纽机场、门户机场。上海浦东国际机场致力于持续提升管理水平,与同济大学经济与管理学院的研究团队积极合作,开展了多年的大型枢纽机场对标与管理模式研究工作,构建了完善的服务管理体系,不断提升浦东国际机场的服务品牌,推进了机场运营管理实践的高质量发展。《中国大型交通枢纽建设与运营实践丛书·浦东国际机场系列》丛书展现了上述合作研究的主要成果,围绕四型机场建设和管理,从总体管理模式、平安机场、绿色机场、智慧机场、人文机场等角度进行了研究和总结,期望研究成果能够有效助力未来机场的建设和高质量发展。

本丛书体现了三个主要特色。一是理论研究与管理实践相结合。同济大学的研究团队擅长大型枢纽机场管理体系构建和运营管理提升的理论研究,机场的研究团队熟悉大型枢纽机场管理的实践,对提出的新管理模式和方法有很好的判断,确保了本丛书研究成果的逻辑性和实践性。二是面向未来的机场管理研究。当今科学技术发展日新月异,互联网、大数据、人工智能技术突飞猛进,本丛书的研究团队注重从数字和智慧角度研究推进面向未来的四型机场建设理论和实践,判断未来大型枢纽机场建设与管理的演变趋势。三是国际视野和本土实践的结合。本丛书的研究团队应用对标管理的方法开展国际对标研究,从各自的板块或领域找寻世界上领先的大型枢纽机场的管理最佳实践,挖掘管理指标差异背后的原因,进行深入的对标剖析,进而提出本土化的管理实践提升方案,彰显了研究成果的先进性和可操作性。

本丛书是同济大学经济与管理学院研究团队和上海浦东国际机场同仁们共同探索未来机场建设和高质量发展进程中跨出的第一步。衷心希望丛书展现的研究成果能够为我国大型枢纽机场高质量发展提供有益的借鉴和帮助,为有效推进大型枢纽机场运营管理水平的提升作出积极贡献。

尤建新　教授

同济大学经济与管理学院

2024 年 3 月 5 日

# 前　言

　　2019 年 9 月 25 日，习近平总书记出席北京大兴国际机场投运仪式，提出建设平安机场、绿色机场、智慧机场、人文机场的指示要求。2020 年 1 月 3 日，民航局正式印发《中国民航四型机场建设行动纲要（2020—2035 年）》（以下简称《纲要》）。《纲要》提出全面建设以"平安、绿色、智慧、人文"为核心的四型机场，其中，绿色机场建设是四型机场建设的重要组成部分。

　　机场作为航空运输和城市的重要基础设施，是航空运输网络中的节点，是区域与城市经济发展中能源和资本密集型实体，也是民航业中环境影响、资源消耗与可持续发展问题最突出的部门。当前，世界正经历百年未有之大变局，各国围绕脱碳技术标准和产品设备的博弈愈加激烈，有效应对气候变化、提高中长期减排力度成为重塑国际竞争格局的重要着力点。面对资源约束的不断趋紧和绿色转型过程中结构性矛盾的日益突出，建设资源节约型、环境友好型和可持续发展的绿色机场，追求人与环境和谐共处，已经成为全国乃至全球机场的共同追求。因此，大力推进绿色机场建设，是民航业顺应新时代发展趋势，为深入贯彻落实国家生态文明建设和党中央、国务院关于碳达峰、碳中和的重大战略部署，扎实推进碳达峰行动和践行绿色发展理念的生动实践与重要举措，也是促进机场可持续发展和实现中国民航强国战略的必由之路。

　　绿色机场建设是一项复杂的系统工程，须以习近平生态文明思想为指导，以实现减污降碳协同增效为总抓手，从全生命周期的视角，围绕资源节约、低碳减排、环境友好、运行高效等方面全面准确规划，推进落实绿色低碳行动在机场建设、运营与维护等各项具体工作当中的细化与深化，充分挖掘机场绿色发展的内生动力，追求经济效益与社会效益统一。同时，须结合机场自身特点，遴选绿色机场建设项目，提升机场运行的数字化与智慧化水平，坚持全面系统、创新驱动、效率优先、开放融合的基本原则，推动机场与区域生态环境和谐共生，实现机场与区域可持续协同发展。当前，我国的绿色机场建设仍处于初级阶段，无论是在理论构建、路径发掘、机制探索、技术方法创新与应用，还是在实践案例与数据积累方面，均存在较大提升空间。有必要深入考察绿色机场的发展动态与规律、分析影响绿色机场建设的关键问题与成因、完善绿色机场的理论体系、发掘与积累绿色机场建设案例与数据、探索和深化绿色机场管理与运营机制、构建绿色机场评估体系、研究与创新绿色机场可持续认证方法、健全绿色机场规范与标准，综合研判未来绿色机场新技术研发及应用趋势，系统谋划未来机场情景模式下绿色机场建设任务的协同推进及可持续发展路径。

　　近年来，上海浦东国际机场紧紧围绕绿色机场建设总体要求，深入贯彻落实生态文明建设要求，采取有效措施，加大工作力度，牢固树立绿色的可持续发展理念，以明指标、重监控、强支撑作为工作原则,形成目标导向清晰、区域管理明确、实时质量监控、项目建设支撑于一体的闭环监控管理系统,深入推进绿色可持续发展与生态环境和节能减排工作,生态环境质量持续改善,节能减排目标顺利完成。在具体项目方面,构建了国内最早、规模最大的应用燃气轮机三联供系统,以及民航业内最早、规模最大的应用水蓄冷空调系统,并在国内首次实施航站楼航班联动节能控制技术。同时,在业内首次以机场社区模式推进蓝天保卫战工作,并成为第一批参与上海市碳排放交易试点企业。此外,还构建了大型交通枢纽出租车智能匹配管理系统、环境质量监测与评估系统、航空噪声监控系统、智慧能源监控系统以及锅炉烟气在线监测系统等智慧管控平台。在此基础上,上海国际机场股份有限公司还进一步制定了《绿色机场建设实施方案》,并明确提出要以生态文明建设为核心,以节能低碳为抓手,重点围绕资源节约、低碳减排、环境友好、运行高效和智慧管理五个维度开展工作,不断提高机场生态环境管理系统化、科学化、精细化和信息化水平,建设体现亚太航空门户枢纽地位的绿色标杆机场。

　　本书分为上下两篇。上篇为理论政策,阐述了绿色机场建设的主要背景、研究现状、相关概念与建设框架,并介绍了我国目前关于绿色机场建设的规划与主要任务。在此基础上,对大型枢纽机场的定义和特征进行了阐述与解释,并结合现有研究,从资源节约、低碳减排、健康舒适、环境友好、运行高效等几个方面,详细介绍了大型枢纽机场的绿色机场建设评价指标体系。同时,对国外常见的绿色机场认证体系进行了比较,并介绍了国外关于绿色机场认证体系的探索性研究成果。最后,从理论层面分析了在数字化与人工智能技术影响下未来机场模式的主要特征,探讨了绿色机场建设的可持续发展目标,分析了"数智"技术赋能绿色机场建设的主要方式,并提出了"数智"赋能下面向未来的我国大型枢纽机场的绿色发展路径。下篇为实践案例,对国外大型枢纽机场的可持续发展行动与绿色机场建设经验进行了归纳,并且按照大型枢纽机场的绿色机场建设评价框架,对上海浦东国际机场的绿色机场建设经验进行了阐释与归纳,突出介绍了在数字化转型与智慧化发展创新行动当中的绿色机场建设项目。同时,进一步阐述了绿色机场建设规划的总体思路、主要任务及管理架构。

　　本书面向绿色机场及机场可持续发展相关领域的诸多学者,也可以为从事民用机场规划设计、运行管理的人员提供理论与实践参考,并可为大专院校相关专业师生提供阅读补充。

　　本书由来自"浦东机场对标与管理模式"课题组部分成员,包括厦门大学经济学院的王晔老师;同济大学博士生史珂、硕士生袁娜娜、藏邵彬、彭琪琴、杨琪、夏学涛、万婉玲、易子琛、杨晨等共同参与完成。除了书末注明的参考文献外,本书还借鉴了其他文献的数据、观点与实证研究结果,并参考和引用了中国民航局所发布的相关标准与研究报告,在此一并向其原作者表示感谢。关于绿色机场的研究内容繁多,涉及行业领域和专业范围广泛,对于编写者而言,在这一领域的研究才刚刚起步。由于时间仓促,水平有限,相关研究内容难免存在疏漏、偏差。因此,本书编写组还将持续开展后续研究,进一步修订、完善和补充相关内容。同时,也希望广大读者批评指正,并提出宝贵意见。

马军杰

2023 年 10 月 28 日

# 目　　录

## 下篇　实践案例

# 上篇　理论政策

## 第 1 章

### 导　言

## 1.1 研究背景与研究意义

### 1.1.1 研究背景

**1. "双碳"目标及对我国绿色机场建设的要求**

2020年9月22日,习近平主席在第75届联合国大会一般性辩论上郑重承诺"30·60"目标("双碳"目标),即中国"二氧化碳排放力争于2030年前达到峰值,努力争取2060年前实现碳中和"。实现"双碳"目标是党中央统筹国内国际两个大局作出的重大战略决策,是着力解决资源环境约束的突出问题,实现中华民族永续发展的必然选择。习近平主席指出:"把碳达峰、碳中和纳入生态文明建设整体布局","实现碳达峰碳中和,是贯彻新发展理念、构建新发展格局、推动高质量发展的内在要求"(2022年1月24日中央政治局第三十六次集体学习)。2021年,作为"十四五"规划的开局之年,中央经济工作会议更是将做好"双碳"工作列为2021年的重点任务之一。陆续发布了《中共中央、国务院关于完整准确全面贯彻新发展理念做好碳达峰碳中和工作的意见》《2030年前碳达峰行动方案》《上海市国民经济和社会发展第十四个五年规划和二〇三五年远景目标纲要》等一系列文件,着力强调"绿色低碳的生产生活方式"。为落实这一国家重大发展战略,各行业也都相继推出相应的绿色低碳发展模式。

我国民航业早在2007年即提出了"绿色机场"的理念。2007年9月,民航局在《关于开展建设绿色昆明新机场研究工作的意见》[1]中,提出要将昆明新机场建设成为资源节约型、环境友好型、科技型和人性化服务的绿色机场。随着时代的发展,民航业作为国民经济和社会发展的重要战略产业,也将可持续发展、绿色发展看作其重要的战略原则。2010年,在民航局发布的《建设民航强国的战略构想》中提出:"到2030年,全面建成安全、高效、优质、绿色的现代民用航空体系,实现从民航大国到民航强国的历史性转变,成为引领世界民航发展的国家。"作为民航行业的重要组成部分,机场成为绿色发展的先锋。2012年,《国务院关于促进民航业发展的若干意见》中就明确提出,要"切实打造绿色低碳航空""制定实施绿色机场建设标准",可持续发展和绿色发展已成为机场建设的重要战略原则。2019年,习近平总书记进一步提出了建设平安机场、绿色机场、智慧机场、人文机场的四型机场要求,随后,民航局分别在2020年3月和10月发布了《中国民航四型机场建设行动纲要(2020—2035年)》和《四型机场建设导则》(MH/T 5049—2020),对绿色机场的概念、建设目标和一般要求进行了界定。2021年12月14日,民航局、国家发改委、交通运输部联合印发《"十四五"民用航空发展规划》,提出要坚持安全发展底线和智慧民航建设主线,明确"十四五"时期民航"一二三三四"总体工作思路,确定了"六个新"发展目标,构建六大体系、实施六大工程,加快构建更为安全、更高质量、更有效率、更加公平、更可持续的现代民航体系。2022年1月,民航局印发了《"十四五"民航绿色发展专项规划》,进一步明确了"十四五"时期中国民航绿色发展的指导思想、基本原则、目标要求和主要任务。

**2. 我国绿色机场建设现状与未来发展形势**

**1) 建设现状**

为了推进行业节能减排工作,民航局制定了一系列政策。"十一五"期间,民航局启动了行业节能减排工作,下发了《民航行业节能减排规划》和《关于全面开展民航行业节能减排工作的通知》,明确了行业节能减排的发展方向与重点任务。"十二五"期间,民航局加大了推进节能减排工作的力度,设立民航节能减排专项资金,下发了《民航局关于加快推进节能减排工作的指导意见》《民航节能减排专项资金管理暂行办法》《民航节能减排专项资金项目指南》(2013—2014年度、2015年度、2016—2018年度)等指导性文件。"十三五"时期,面对错综复杂的国际形势和艰巨繁重的发展任务,民航行业坚持以习近平生态文明思想为指导,锐意进取、奋发有为,节能减排工作从认识到实践发生重要变化,治理体系加快构建,节能降碳能力不断增强,打赢蓝天保卫战阶段性任务目标圆满完成,参与全球航空环境治理效能进一步提升,高质量发展的绿色底色和成色更加鲜明。

(1) 2019年强度指标历史最优。2019年,运输航空单位周转量油耗和二氧化碳排放稳中有降,分别达到0.285 kg和0.898 kg,为历史最优,在全球主要航空大国中处于领先。机场电气化率接近60%,煤炭消费占比下降至5%,太阳能、地热能等可再生能源逐步应用。2019年,每客能耗较基线(2013—2015年均值)下降15.8%,每客二氧化碳排放达到历史最优,较基线下降28.8%。2020年受新冠疫情影响,民航运输客座率、载运率、飞机日利用率等指标大幅下降,造成当年民航能源消费和碳排放总量、强度值异常。其中,运输航空单位周转量油耗和二氧化碳排放分别为0.316 kg和0.995 kg,均较基线下降7%,机场每客能耗与二氧化碳排放分别较基线下降2.6%和8.2%。

(2) 专项行动成效显著。民航打赢蓝天保卫战成效显著,"十四五"时期场内电动车辆占比快速提升至16%,飞机辅助动力装置(Auxiliary Power Unit, APU)替代设备安装率、使用率接近100%,累计节省航空燃油超过40万t,减少二氧化碳排放和空气污染物排放分别约130万t和4 800t。运输机队结构持续优化,平均机龄小于8年,有力提升燃效水平。空管运行保障能力稳步提升,航行新技术应用不断加强,使用临时航线五年累计节省航油约36万t,减少二氧化碳排放约114万t。加注国产可持续航空燃料航班完成商业首飞。新建机场垃圾无害化及污水处理率均超过90%。

(3) 制度体系更加完善。政府主导、企业主体、科研机构和行业协会共同参与的民航环境治理体系初步建立,行业绿色发展意识和能力进一步提升。成立民航环境与可持续发展研究中心(智库)、中国航空运输协会环境保护委员会和中国机场协会能源管理专业委员会等专业机构,绿色民航技术支持和专业化水平不断增强。"十四五"时期制定实施了《关于深入推进民航绿色发展的实施意见》,对中长期民航绿色发展工作作出总体部署。绿色民航标准体系和考评体系逐步建立,制定实施《民用航空飞行活动二氧化碳排放监测、报告和核查管理暂行办法》《绿色航站楼标准》《绿色机场规划导则》《民用机场绿色施工指南》《民用机场航站楼能效评价指南》《航空承运人不可预期燃油政策优化与实施指南》等规范和标准。民航能耗统计与报告机制进一步完善。

(4)国际合作效能增强。"十四五"时期向国际民航组织提交《中国民航绿色发展国家行动计划》,分享中国实践和经验。建设性参与国际航空减排谈判与磋商,为建立国际航空碳抵消和减排机制作出重要贡献。履行国际承诺,高质量完成中国国际航空飞行活动二氧化碳排放国家报告、中国航空飞行活动二氧化碳排放责任主体清单、核查机构清单等材料编制和向国际民航组织提交工作。国际交流合作更加务实有效,组织开展中欧民航绿色发展合作培训、中美绿色航线合作研究,推动建立发展中国家绿色民航专家协调机制。

2)发展形势

"十四五"时期是我国开启全面建设社会主义现代化国家新征程的第一个五年,是我国力争 2030 年前碳达峰的关键期、窗口期,民航绿色发展内外部环境发生巨大变化。

全球脱碳进程进入加速期。我国生态文明建设进入以降碳为重点战略方向,推动减污降碳协同增效,促进经济社会发展全面绿色转型,实现生态环境质量改善由量变到质变的关键时期。人民群众对生态环境质量的期望值越来越高,对生态环境问题的容忍度越来越低。生态保护红线、环境质量底线、资源利用上线成为国民经济和社会发展必须严守的三条红线。与此同时,世界正经历百年未有之大变局,各国围绕低碳、零碳、负碳技术与标准和产品装备的博弈更加激烈,强化绿色复苏、提升中长期减排力度成为重塑国际竞争格局的着力点。

民航绿色转型结构性矛盾日益突出。短期内,以化石基航空燃油为主的民航能源结构无法得到根本性改变,先进适用的民航深度脱碳技术无法实现规模化应用。长远来看,我国作为人口最多的发展中国家,民航运输市场需求潜力巨大,能源消费和排放将刚性增长,实现民航绿色转型、全面脱碳时间紧、难度大、任务重。

总体来说,我国民航绿色发展基础尚不牢固,绿色转型动力不强、自主创新能力不足、组织机构不完善、约束激励机制不健全等问题仍十分突出,与建设新时代民航强国要求之间存在较大差距。同时,民航绿色发展面临更多结构性、根源性、趋势性的转变,工作深度和广度将不断增加,全面绿色转型任重道远。

## 1.1.2　研究意义

### 1. 理论意义

绿色机场是一个规模庞大、因素众多、功能各异、关系复杂的生态系统,相应地,绿色机场的建设更是一项复杂系统工程,需要从机场的选址、规划、设计、建设及运营维护等方面进行全生命周期研究与分析。这当中涉及能源、建筑、环境、城市规划、管理学、经济学等多个领域的方法与知识。因此,对于绿色机场的源起、发展与建设实践进行理论分析与实证研究,结合具体项目深入考察绿色机场的标准、规划、环境计量、数据库的建设、能耗与环境监测、指标体系的设计与评估认证,并提出可行的可持续发展路径,有利于完善绿色机场与可持续机场的理论体系,促进生态学、能源经济、环境经济、机场建设与管理、城市规划及管理等学科建设,创新习近平生态文明思想的应用实践,丰富可持续发展、循环经济、机场建设、区域与城市发展、低碳城市与低碳建筑,以及应对气候变化等相关理论菜单,为促进学科交叉、研究范式创新提供思路。

### 2. 实际应用价值

绿色发展是创新、协调、绿色、开放、共享的新发展理念之一,机场是航空运输系统的重要基础设施,我国机场建设规模和数量持续快速增长,机场面临的资源环境约束日益明显。因此,建设资源节约型、环境友好型和可持续发展的绿色机场系统,追求人与环境和谐共处,优化、提升机场服务体系的水平和能力,实现机场系统的可持续发展,已成为全国乃至全球机场发展的共识。大力推进绿色机场建设,实现机场的可持续发展,有利于实现资源节约、环境友好并适航、以人为本、按需有序发展、运行高效、内外部协同发展且社会经济效益良好的诸多目标,是民航业应对节能减排压力,提升服务水平,贯彻落实国家生态文明建设战略部署与适应新常态的必由之路。目前,我国民航绿色发展已进入爬坡过坎的关键阶段,研究如何以实现碳达峰、碳中和目标为引领,对国内外绿色机场的建设实践进行归纳和总结,梳理绿色机场的认证与评价体系和标准,探索未来智慧机场影响下的绿色机场规划与建设路径,提出我国绿色机场的建设模式与制度和政策,对于统筹推进行业绿色发展,加快形成绿色低碳循环发展格局,不断拓展行业发展空间,落实我国“双碳”目标和实现民航强国战略具有重要的实际意义。

## 1.2 国内外研究现状

### 1.2.1 绿色机场

绿色机场的概念最早是在 2005 年 3 月 11 日由美国清洁机场合作组织(Clean Airport Partnership,CAP)在绿色机场行动(Green Airport Initiative,GAI)中提出,我国是在 2007 年由民航局在《关于开展建设绿色昆明新机场研究工作的意见》中提出绿色机场概念。目前关于绿色机场的认识虽然并不完全统一,但总体来说包含两方面重要内容,一是强调绿色机场的建设是一个全生命周期的建设,二是普遍认为绿色机场的基本要素是资源节约(节能、节地、节水、节材)、环境友好(环境适航、室内环境和室外环境友好)、科技创新(新技术、新材料、新方法、新工艺、新产品)、运行高效(航空器、旅客、服务保障)、人性化服务(旅客、员工和机场用户)等[2-5]。

1. 绿色机场建设面临的困境

当前,许多学者对于我国绿色机场的发展与建设现状进行了考察,并普遍认为我国绿色机场的发展与国外相比仍差距较大,且缺乏完善的行业标准、认证体系和建设指引。李明俊认为我国绿色机场发展的主要问题为能耗问题较为严重,环境问题特别是噪声问题突出,多数机场运行效率不高和旅客服务体验舒适度不高[6]。许雅玺等认为目前我国机场节能环保的主要问题在于水资源利用率低、耗电量巨大、高污染(气体排放和噪声污染)和低生物关怀[7]。余路等回顾了上海在关于绿色机场和可持续发展战略上的实践和成果,指出尽管上海的机场在绿色机场建设中取得了不少成绩,但主要工作还是在节能减排方面,高级管理层的战略方向与实际运营及考核标准方面还没有完美结合[8]。王继东等强调了机场对资源能源智慧管理的重要性,并指出许多机场尚未建立统一的资源能源信息网络体系,因而只能进行机场总体的宏观统计。同时由于机场资源能源计量器具配备不足,从而难以获知能源品种、分区能耗、用途消耗等蕴含节能潜力的信息,导致难以对机场资源能源进行分析及优化管理。此外,由于不同机场具有资源能源结构复杂、能源品种较多、资源能源分布分散、覆盖面广、建筑设施繁多以及区域划分不明晰等特点,系统开发者因为不熟悉机场具体情况,难以准确地把握机场特点[9]。韩志亮通过对北京首都国际机场的绿色机场建设研究,认为主要的难点在于推广环保新理念,应用环保新技术、借鉴环保新经验。他认为应该实施项目驱动,一抓节能降耗,二抓大气治理,三抓水质提升项目[10]。李强认为中国绿色机场要在 6 个方面深入实践:①形成绿色机场理论体系;②加快建立绿色机场建设标准体系;③推动机场能耗与排放基础数据库建立及航站楼能耗与环境监测系统开发;④形成一批绿色机场规划设计与建造新技术、新方法,技术、方法的优劣影响着绿色机场建设和发展的潜力;⑤开展绿色机场评估活动;⑥开展机场碳认证相关工作[2]。

### 2. 绿色机场建设的管理与科技创新

绿色机场包含了节约、科技、高效、人性化多个维度,在目前我国的绿色机场建设中,这几个维度有一个递进的过程,基于节约和科技创新的节能减排依然是我国当前绿色机场建设的重要工作。

#### 1) 绿色机场建设的管理

曾晓新认为,建设绿色机场须有全局观念,采用新技术、新设施固然是个好方法。但相对于新技术、新设施这样的硬件而言,人们的观念、战略选择等软性因素则更为关键。绿色机场的战略制定者们必须对机场与周边环境、机场与社会人群等关系有正确认识,要投入相当的人力、物力和财力,并建立有效的监督管理体制,来确保绿色机场战略能够得到长期、有效实施。机场是公共场所,同时又与周边环境以及当地城市有着紧密联系[11]。贺雷等通过对旅客值机排队模型的研究,认为单队列、多服务柜台的排队模型能够提高效率,并提出改进优化的 M/M/c 模型,通过降低旅客的等待时间,加速了航站楼内的人员流动,有利于机场绿色运行的实现[12]。

Sukumatan 等以东盟各国家机场为例分析了机场可持续发展的情况,认为与环境相关的可持续发展目标涉及能源管理、排放管理、水和废水管理、固体废弃物管理等方面。而噪声及人员管理,包括员工的发展和社区投资等属于社会层面的问题。同时,环境可持续性实践比社会和经济举措具有更大的重要性,这些行为从长远来看为机场提供了可量化的利益[13]。Omer Faruk 等以位于土耳其最寒冷气候区的厄祖鲁姆机场航站楼为研究对象,研究供暖、通风和空调系统(HVAC)在恶劣气候条件下的能耗问题,并指出提高暖通空调系统的能效成为降低既有末端建筑能耗和二氧化碳排放的重要途径。研究还分析和评价了各种节能策略对能耗和二氧化碳排放的影响,包括可应用于机场航站楼暖通空调系统的多项改造措施[14]。Sarbassov 等对阿斯塔纳国际机场产生的城市固体废弃物进行分析,并就温室气体排放量的不同对废弃物管理方案进行了评估。研究发现可回收和可燃组分是阿斯塔纳国际机场产生的城市固体废弃物的主要组分(50%以上)。该研究还提出了 4 种基本温室气体排放情景,并提出相应的策略[15]。

王哲以北京首都国际机场为例,指出采购绿色化程度直接影响了机场绿色绩效,应把“绿色”或“环保”理念与企业采购管理相结合,充分利用具有绿色优势的外部企业资源,努力使整个供应链的资源消耗和环境影响降低到最小,并使产业链的经济和社会效益取得协调[16]。于野、王士鹏强调绿色机场的发展应该注重能源管理,从能源的来源、能源的使用和管理等方面,减少能源消耗和污染物排放。其中包括使用清洁能源、引入飞行新技术、优化建筑物构型、使用更节能的设备、注重能源使用管理、引入能源管理平台等方式和方法[17]。

2) 绿色机场建设的科技创新

在自然资源利用方面,可通过探索充分利用自然光、风力、地热、地下水等资源的相关技术创新,达到节能减排的目的。例如斯德哥尔摩机场利用地热及地下水循环系统,每年能减少约 7 000 t 二氧化碳排放。阿姆斯特丹史基浦机场的交通中心采用地下冷暖存储设备进行供热和供冷,慕尼黑机场能源中心通过实施热电联产,将发电、加热、冷却融合在同一设备中,热电联产效率比使用能源供应高 20%,每年可减少约 3 万 t 二氧化碳排放[18]。王吉杰介绍了利用建筑围护结构节能的途径,例如围护结构设计优化、幕墙可开启设计、建筑遮阳及选用高性能幕墙材料等;可再生能源利用,例如地源/水源热泵系统、太阳能光伏发电等[19]。再比如北京首都国际机场实施的 LED 光源改造、开展的光伏发电项目研究,北京大兴国际机场实施的地源热泵、光伏发电、飞机除冰废水处理及除冰液再生系统、自融雪除冰道面、海绵机场等项目建设,冷热电三联供试点项目等[20]。在节水和水循环利用方面,主要包括高效节水器具的使用、雨水回收及水多级利用技术等[19]。在土地资源节约利用方面,通过规划设计、运行管理优化能有效控制机场的分期建设规模、压缩土地占用,也将为机场自身的可持续发展创造良好条件,避免常见的“建设—发展—发展受限—废弃迁建”模式所带来的巨大浪费[21]。

在降低机场噪声方面,可通过精密导航(Required Navigation Performance)系统为飞机设定的最佳着陆路径,降低飞机降落噪声,大幅减少碳排放。例如,斯德哥尔摩机场提出的绿色飞行理念,被贯穿于起飞阶段、巡航阶段、进近阶段。慕尼黑机场与地方政府部门、航空公司、空管部门成立了航空噪声和空气污染委员会,最大限度控制噪声对周围居民的影响[18]。

在环境优化方面,王吉杰认为主要包括声环境优化、光环境优化、热湿环境优化和空气品质优化等方面。声环境优化,例如航站楼屋顶吸声设计及吸声材料应用;光环境优化,例如室内自然采光优化、间接照明设计;热湿环境优化,例如辐射制冷等新型空调方式以及自然通风等被动式技术;空气品质优化,例如高效过滤除尘设备、空气质量监测以及增强自然通风等[19]。北京大兴国际机场通过优化建筑围护结构、暖通系统、设备与照明、可再生能源利用、自然采光、自然通风、非传统水源利用、室内环境等方面,进行综合优化提升。航站楼 5 个指廊端头设置了 5 个庭院,分别呈现中国园林、田园、丝、瓷、茶元素,为旅客提供绿色的活动空间,凸显绿色和人性化理念[22]。

在绿色航站楼建设方面,林波荣解读《绿色航站楼标准》指出,航站楼作为机场建设运行的核心建筑,具有空间高大、占用资源多、能耗大、安全性和舒适度要求高、客流集中且变化大等特点。航站楼是绿色机场建设的重点,然而,现有《绿色建筑评价标准》不完全适用于航站楼建筑类型。《绿色航站楼标准》主要创新在于旅客步行距离、高度限值和人性化服务指标,以及节地、节能、节材、节水、空气质量、人性服务、流程管理[23]。陈颖认为绿色航站楼当中的节能重点应集中在空调系统、照明系统、供电系统、电梯系统等方面[24]。王吉杰认为机场工程包括航站楼应该有环境宜居、资源节约、生活便利、健康舒适和安全耐久等几个方向[19]。徐军库认为航站楼的主要的问题是航站楼偏大偏高,存在节能、清洗保洁等问题;自然通风与自然采光利用不足,或没有做好综合平衡;玻璃幕墙面积过大,导致耗能过大,运行成本大大增加[5]。贺雷等提出可通过太阳能热水供给、屋顶光伏发电系统、光伏玻璃幕墙等充分发挥太阳能在绿色航站楼的应用[12]。顾胜勤提出了将机场大量使用的玻璃幕墙改为碲化镉发电玻璃[25]。张红昱总结了北京大兴国际机场在绿色机场建设中取得的成绩,明确新机场绿色建设的五大目标,即低碳机场的先行者、绿色建筑实践者、高效运营引领者、人性化服务标杆机场、环境友好型示范机场等。在功能优先的前提下,实施"减少、替代、提升"的三步策略[22]。綦琦提出通过绿色机场的理念知识和核心应用技能,包括碲化镉发电玻璃、机坪车辆和工具电动化、定向区域控温、能耗可视化等最新技术,以及基于物联网技术建设能力等,实现服务绿色机场建设能力的提升[26]。

**3. 绿色机场建设的核心理念**

尽管节能减排仍然是我国绿色机场建设的主要内容,但是随着我国绿色机场建设的不断推进,绿色机场的内容外延也不断扩大。总体而言,绿色机场有三个核心理念和方向。一是强调绿色机场建设是一个全周期的建设工程,是基于可持续发展的策略。二是明确绿色机场建设的目标不仅仅局限于机场本身,还要充分考虑到机场的外部性问题,例如机场与城市其他区域的关联、生态环境的建立。三是强调以人为本,充分考虑旅客以及相关人员的绿色行为。

1) 绿色机场的全周期建设

金霄力认为绿色机场建设应该强调全周期、全要素和全参与[27]。中国民航大学机场规划研究所所长王志强认为,绿色机场的要求不仅是节约、环保,新科技与人性化的因素同样包含其中,主要表现在选址、规划、运营、维护、报废、回用等整个机场生命周期过程中,高效率利用包括水、土地、能源、材料等在内的各种资源,充分利用最新的科技成果以最低限度影响环境的方式,促进人与自然环境和谐发展[28]。王吉杰认为绿色机场顶层设计需要从全寿命期视角出发,是立体复杂的全系统工程和需要更多维的全员参与[19]。中国环境与发展国际合作委员会在《重大绿色技术创新及其实施机制研究》中指出,要从全生命周期、全成本视角综合考虑减排、减消耗的有效性、经济合理性、生产可行性、使用的可接受性,并建立绿色技术的评估体系[29]。

2) 绿色机场的全方位建设

Ferrulli Paolina 认为,随着机场基础设施的增长,与机场相关的企业、商业、住宅以及与地面运输基础设施相关的机场周围环境开发,机场已经发展为包括购物和酒店建筑群、会议设施以及工业区、物流中心的公共交通枢纽,不再局限于航空相关的功能(例如乘客,货物和飞机处理设施),同时出现了诸如"机场城""机场走廊""机场地区"等更多的概念,如何进一步将机场的发展与城市规划相融合的基础设施设计能力,将成为未来机场保持可持续发展所面临的重要挑战。因此,需要建立一种符合特定可持续性发展要求的机场基础设施设计战略和综合方法[30]。此外,Amber Woodburn Mcnair 调查研究了 2000—2010 年在美国计划或已部署的 19 个涉及机场容量计划的环境评估报告,指出机场扩张可能存在较多被低估的社会成本[31]。日本东京成田国际机场提出生态机场的概念,制订了《生态机场 2020 年远景》和《2010—2015 年生态机场总体规划》,建立了包含区域环境友好、全球环境友好、资源循环利用、保护生物多样性和推进环境管理 5 项指标,以及航空垃圾充分回收、污水处理分类应用等内容[32]。

3) 机场的绿色行为培养

对于旅客绿色行为的分析是绿色机场研究的一个重要方向。通过强调旅客在机场的幸福感以及形成的场所依恋,Han Heesup 等将机场绿色行为的意向描述为出行者在使用(或停留)机场时,对环境负责行为的意愿,并将其视为实际绿色活动的关键决定因素。他选择了 9 个绿色行为作为衡量的标准,包括绿色要素、绿色空间、绿色环境、情感幸福、绿色地位、绿色场地需求、循环和水回收、节水努力以及绿色购买努力[33]。Ducksu Seo 以新加坡樟宜机场为研究对象,研究樟宜机场在可持续发展上的创新,探索了建筑物、景观和技术之间如何相辅相成,形成了内部空间与地面景观、建筑性能和绿色技术的有机统一,并指出樟宜机场内部的园林绿化为建筑和技术融合提供了一种重要而创新的设计方法[34]。

### 4. 绿色机场建设的评价指标体系

绿色机场建设无疑需要完善的评估指标和评估体系。Jegan Ramakrishnan 等围绕意图、标准合规性、绿色标签和认证、优化、创新潜力、数据管理、可持续发展报告和教育 8 个方面,选择了 16 个大类指标,较为全面地提出了一套绿色机场评价体系[35]。美国芝加哥奥黑尔国际机场于 2003 年编制了《机场可持续发展手册》(*Sustainable Development Manual*),该手册采用美国绿色建筑评价体系 LEED 框架和体例,分别从可持续场地管理、水资源利用率、能源与大气、材料与资源、室内环境品质、机场设施运行、扩建项目废除资源协调利用和施工方法这 8 个方面对机场可持续发展进行了评价。美国洛杉矶国际机场于 2008 年推出了《可持续发展的机场规划、设计和施工导则》(*Sustainable Airport Planning,Design and Construction Guidelines*),该导则运用系统方法来评价机场的可持续发展特性,给出了各个项目水平的评价标准。美国科学院对机场可持续发展问题先后列出了十余个项目,足见其对该领域研究的重视(《机场排放对当地空气贡献的量化指南》*Guidance for Quantifying the Contribution of Airport Emissions to Local Air Quality*)。在项目报告《机场容量评估》(*Evaluating Airfield Capacity*)中从环境容量角度对机场可持续发展进行了研究与分析。在这些研究的支持下美国建立了相对成熟的机场可持续评估系统。

洛杉矶国际机场参考 LEED 评价体系出版了《洛杉矶国际机场可持续设计和施工要求》(*Sustainable Design and Construction Requirements for Los Angeles International Airport*)。在 2017 年的最新版本中,从整体规划、能源效率和可再生能源、节水与保护水资源、节材与提高资源效率、环境质量等 6 个方面对可持续机场的设计和规划提出了要求。2018 年,由美国芝加哥航空局发布的《可持续发展机场手册》(*Sustainable Airports Brochure*)(3.3 版)从规划、绿色机场的设计与施工、绿色机场的运营与维护、航站楼用户 4 个方面设置了绿色机场评级系统。截至 2019 年 12 月,芝加哥奥黑尔国际机场和芝加哥中途国际机场通过使用《可持续发展机场手册》,在绿色机场的设计与施工阶段,对包括空中交通管制塔、机场跑道等在内的 127 个项目进行了评级,在绿色机场的运营与维护阶段对 AMC 大楼进行了评级,并对包括星巴克、菲拉格慕、麦当劳、芝加哥航空局证件盖章办公室等在内的 131 个航站楼用户进行了评级[19]。

申瑞娜等结合了联合国可持续发展指标等 7 个国外指标库和 3 个国内指标库,提出了环境评价指标。以资源节约、环境友好和创新引领作为三个大类进行了指标构建[36]。冉祥来等通过将机场整个大系统详细分解为各个子系统,并将所有指标根据其重要程度分为从 A—E 五大级别指标,构建了机场可持续发展评价综合指标体系[37]。王霞等利用 ANP 网络层次分析法对绿色机场管理方面的所有指标进行评价,并认为机场绿色环保中文化环境的比重最大,其次是机场解决服务失败的能力[38]。田利军等基于 PSR 模型提出了绿色机场发展指数,主要包括压力指标(机场数量、人货吞吐量、飞机起降架次等)、状态指标(能耗总量、游客单位能耗、资源节约、人性化服务等)、响应指标(节能技术投资、废弃物、污水处理、体系建设等)[39]。魏保平等从五个准则层,驱动力、压力、状态、影响和响应构建了绿色机场建设评价体系,并基于该体系对成都双流国际机场进行了实证分析[40]。

## 1.2.2　大型枢纽机场

### 1. 大型枢纽机场的概念

我国对于大型枢纽机场的界定并不明确,致使在统计时存在枢纽机场的数量规模波动较大的现象[41]。目前主要的分类方式包括以下 4 种。

(1) 以枢纽的业务量(登机人数或旅客吞吐量)占比作为标准,例如《民用运输机场建设"十三五"规划》对于大型枢纽机场的分类是"旅客吞吐量占全国旅客吞吐量比重大于 1%,且国际旅客吞吐量占全国国际旅客吞吐量比重 5% 以上,国际旅客吞吐量累计占全国 60% 以上"。

（2）以绝对量为标准，这里就存在很大的不同，例如有学者认为大型枢纽机场一般指年客运量在 1 000 万人次以上，通过整合周边高科技产业、制造业、现代信息产业，大力发展商务服务业，利用交通优势建设物流基地，形成规模效益，进而促进区域经济和社会发展的大型航空客货中转站[42-43]。孔哲等认为大型枢纽机场规划设计年客运量一般超过 5 000 万人次、服务腹地扩展至所在城市经济区甚至国家范围、功能定位复合多元、不仅承担交通组织功能也承担了城市发展功能和公共服务功能[44]。也有学者认为大型枢纽机场是年旅客吞吐量需超 4 000 万人次，具备较大的客货流量、高比例的中转业务需求和较高的地区航线通达率的机场[45-46]。

（3）以机场的相关属性进行综合分类，如焦慧君等通过三阶段及超效率 DEA 结合模型、BP 神经网络及聚类分析三种方法，对各机场进行梯度分类[47]。

（4）从网络的视角对机场进行定量排序和分类，例如莫辉辉等利用网络模型 $k$ -核概念定义枢纽机场网络体系，并对中国 1990—2015 年的枢纽机场网络体系的演变过程进行了量化分析[41]。

## 2. 大型枢纽机场的效率

齐莉等认为尽管我国的几大枢纽机场的吞吐量已经位于世界前列，但是中转比例仅为 10% 左右，远低于其他枢纽机场的中转比例，其构建了中转水平评估模型，并以中美欧三个国家和地区的主要枢纽机场为实例验证模型的有效性，分析我国枢纽机场发展中面临的问题[48]。周力行认为中国的枢纽机场不同于欧美的"支线机场 + 枢纽机场"中转模式，"高铁 + 枢纽机场"已成为中国枢纽机场中转的主导模式。因而中国枢纽机场中转率不高的一个很重要的原因在于中国高铁的普及和便利[49]。朱文松也指出枢纽机场中转率指标存在不少局限性，公路与轨道运输能力影响了枢纽机场的航空中转量，并认为效率还受到其他因素例如区域经济发展水平、航空公司营销策略、总量控制以及中转统计不够精确等的影响。此外，我国的现状使得更多旅客选择直飞，而中转从出行品质而言是低于直飞的，而且中转比例提高对提升城市核心竞争力帮助极小，因而紧盯中转率指标意义不大[50]。

## 3. 大型枢纽机场和城市综合体

张海林等认为机场目前已逐步由单纯的航站楼转变为人流、物流集聚，零售、餐饮、休闲娱乐等功能齐备的"航空城"，机场的属性也由"城市机场"向"机场城市"转变。大型枢纽机场的商业开发不仅可以提高旅客满意程度，也能提高大型枢纽机场的可持续发展能力。借鉴传统商业综合体的运营模式，结合国内大型枢纽机场的特点，提出了国内机场商业开发的思路[51]。万举等基于我国 28 个枢纽机场动态面板数据进行实证分析，结果发现航空客流、人口、政府决策行为、固定资产投资总额对区域经济有正向作用，而航空物流、生产性服务业对区域经济发展的促进作用不显著。研究认为,虽然总体上枢纽机场对区域经济确实有正向作用,但并没有达到"引擎"的决定作用[52]。林育钿认为枢纽机场的建设不能仅关注飞机起降架次和旅客吞吐量的粗放发展模式,而应该着力提高每客收入和潜在旅客转化率,促进枢纽机场庞大的客货流量价值实现。借鉴德国慕尼黑机场、新加坡樟宜机场、美国明尼阿波利斯-圣保罗国际机场等国际大型枢纽机场的流量变现模式,指出我国的大型枢纽机场,如北京首都国际机场、上海浦东国际机场无论人均消费金额还是资源使用效率方面,远未达到国际先进机场水平[53-54]。王英英研究了枢纽机场冷链物流的 8 种商业模式,提出大力发展冷链物流,对于增加货量,提升机场运行品质,带动区域产业发展都具有重要意义[55]。谢逸等也提出枢纽机场的航空冷链发展的可行性和必要性[56]。

### 4. 大型枢纽机场的绿色影响

刘畅等认为大型枢纽机场的建立对周边区域具有正面的影响,如提高直接和间接的经济效益、增加就业、影响区域产业结构、加快沿线乡镇的城市化进程,但同时也会造成噪声影响、净空问题、电磁环境影响、环境和生态的负面影响[42]。赵文德等以北京大兴国际机场为例,分析了大型枢纽机场建设对于地下水环境的影响,强调要通过防渗措施和监控措施对地下水进行保护[57]。唐孔苇以北京首都国际机场为例,系统分析了大型枢纽机场构建能源管理体系过程中可能遇到的问题和难点,并给出较为合理的解决思路[58]。李辛阳等提出采用智能电网、优先推进分布式能源并网及技术的落实,可以降低成本,做到有效的节能减排[59]。同时李辛阳等也分析了枢纽机场光伏发电项目的应用现状和效益,认为光照资源好的地区有着良好的应用前景[60]。

### 5. 大型枢纽机场集疏运的规划

#### 1) 大型枢纽机场集疏运的整体规划研究

孔哲等认为大型枢纽机场公路集疏运网络规划应秉持整合共性、支撑个性、预留弹性和坚持理性的规划理念,并以北京首都国际机场为例进行实证研究,认为规划后可以实现机场 3 小时公路交通圈覆盖首都经济圈主要城市,2 小时公路交通圈覆盖环首都经济圈主要城市,半小时公路交通圈覆盖空港市镇群和临空经济区[44]。张海涛认为我国枢纽机场建设存在定位不足、集疏运系统衔接优化不够、机场轨道交通规划衔接不到位,部分机场存在盲目追求扩大机场站规模的情况,并基于这些问题提出了多层次轨道交通体系和分类策略[61]。朱洁等总结了深圳宝安国际机场、杭州萧山国际机场、昆明长水国际机场、贵阳龙洞堡国际机场的集疏运体系规划情况,并提出了相应的经验启示[62]。杨伟娜以 2017 年全球旅客吞吐量 4 000 万人次以上的枢纽机场为研究对象,分析其轨道交通建设发展情况,梳理了国外主要枢纽机场轨道集疏运系统的运营现状,包括轨道制式、衔接方式、票价制度、服务质量等,并对我国的大型枢纽机场轨道集疏运系统运营提出了相关建议[46]。刘晓青等认为我国机场轨道交通集疏运系统发展存在的衔接、服务质量、经营管理等方面存在不足,并提出了做好枢纽机场发展轨道交通预留,发展多制式、多服务层次机场轨道交通集疏运系统,建立机场与轨道交通运营主体良好合作关系等建议[63]。梁英慧等认为我国枢纽机场轨道集疏运存在规划设计不够科学、建设实施有待统筹和运营管理、体制机制亟待创新几个问题,并提出了相应的政策建议[64]。

2)大型枢纽机场集疏运的具体设计讨论

魏艳波以郑州新郑国际机场为例,探索了大型枢纽机场货运空铁联运方案,并给出了相应的推荐方案[65]。池磊分析了大型枢纽机场出发车道边运行特征和通行能力,对国内外枢纽机场的车道边布局进行了对比分析,针对出发车道边的不同布局模式下的通行能力,进行了数据分析,提出计算方法和相应的计算参数;对不同车型的到达车道边的布局模式进行了归纳总结[66]。辛然以北京大兴国际机场为例,指出出租车调度在形成空地一体化联运中的重要作用,对于机场出租车运行模式进行了调研和管理系统的设计[67]。牟凯等认为我国的高铁发展对于枢纽机场建设具有正负双向作用,需要通过从设施对接到运行机制的对接,实现两者的无缝连接,才能发挥互相促进作用,实现"空铁联运"的益处[43]。殷俊峰等以重庆江北国际机场空港门户区交通体系为例,研究建立枢纽机场空港门户区综合交通体系的构建策略[68]。安林洁以北京首都国际机场为例,分析了首都国际机场陆侧交通的现状和问题,并提出了相应的交通优化策略[69]。唐怀海等认为中国机场地面交通系统建设存在道路交通服务水平不高、轨道交通客流效益不理想、盲目引入高速铁路、城际铁路等问题。认为枢纽机场应当建设功能匹配适用、布局便捷高效的轨道交通集疏运体系,优先考虑引入城市轨道交通、市域(郊)铁路,审慎决策引入高速铁路及城际铁路。轨道交通线路应连接覆盖机场主要客源地,并与整个多层次轨道交通网络形成便利的衔接换乘关系,通过干支结合、快慢组合的运输组织方式,适应航空旅客出行需求[70]。耿兴荣等关注于我国枢纽机场引入轨道交通的协调问题,基于国内枢纽机场旅客集散需求和机场有效辐射范围两个方面,构建了多层次轨道交通引入机场有效服务性评估模型,并以南京禄口国际机场为例进行了验证[71]。张生润等分析了枢纽机场的国际中转客流拥堵溢出效应,对北京首都国际机场、上海浦东国际机场和广州白云国际机场进行了研究,研究表明三大机场的溢出效应主要由与其国际市场重叠率较高的国外枢纽机场承接,国内二级机场承接率相对有限。其认为应加强国内二级机场的航线与航班设计,以分别承接三大机场的溢出效应[72]。黄洁等从居民出行视角研究了北京市双枢纽机场的可达性,为双枢纽机场城市的"民航+城市交通"一体化发展提供科学依据[73]。李运等分析国内外枢纽机场换乘系统,选择影响机场换乘系统品质的指标,构建换乘系统评价指标体系。以呼和浩特白塔国际机场为例,对换乘系统现有的换乘方式与陆侧换乘设施进行实地调查,最后建议将换乘系统作为独立的子系统进行详细规划与设计[74]。地面综合交通可达性是评价枢纽机场服务能力的重要指标,高胜国等基于 WebGIS 服务构建了针对枢纽机场综合交通可达性的评估模型,在公共交通和驾车出行两种模式下对北京"一市两场"地面交通空间可达性进行定量评估[75]。

### 6. 大型枢纽机场的效率管理

#### 1) 一体化的中枢管理

大型枢纽机场要提高效率,必须要在管理上实现一体化的中枢管理,实现管理的统一、数据的融合、平台的中心化。刘军涛认为应打破机场公司(含成员机场)、航空公司、空管、油料、联检、公安等单位自成体系的情况,整合资源,共同建立一体化的大运行平台级机场联合运行指挥中心,提升管理水平和运行效率,缓解民航运行资源不足造成的航班正常率不高和突发事件下的大量航班延误问题。联合运行指挥中心既需要保障正常运行下的效率,也需要提高突发事件的应急能力[76]。李涛提出应促进大型枢纽机场多源业务数据和空间数据相融合,实现机场的动态感知、精细管理、防范预警和前瞻决策[77]。张培以亚特兰大机场和迪拜机场为例,分析了中枢辐射模式(HSS)与大型枢纽机场发展的关系,梳理了该模式在全球的发展规律以及国际超大型枢纽机场的特点,最后落脚于北京双枢纽发展的未来道路[78]。李涛以北京大兴国际机场为例,简述了大兴国际机场智能数据中心系统从规划设计到建设实施的过程,分析了大型枢纽机场建设数据中心系统的难点与应对措施,并深入阐述了机场数据中心系统建设的技术架构和应用特点[79]。

#### 2) 提高大型枢纽机场效率的具体管理措施

孟宪锋以国内某大型枢纽机场的滑行道桥设计为例,从建设条件、桥跨布置、桥梁宽度、桥型结构等方面展开论述,提出了不同于传统桥梁的设计规则、方法及注意事项,为如何通过桥梁设计提高大型枢纽机场效率提供了借鉴和参考[80]。周力行指出大型枢纽机场受限于传统规划理念或者对未来发展预估不足,导致机场货运区规划布局分散,因此对大型枢纽机场货运区规划和功能布局进行了探讨,研究如何保持货运区相对集中,同时又便于货运中转和海关监督查验要求[81]。陈宇等认为发展大型枢纽机场运行控制体系是提高航空器流、旅客流、行李流、货物流、地面交通流五大产品质量的关键[45]。邓松武等主要分析了大型枢纽机场停场过夜航班机位分配问题,并认为航班拖曳优化方式能够明显地提高工作效率[82]。袁悦等认为机坪地面保障设备调度是枢纽机场运行的关键问题,以机坪货仓服务所需要的行李牵引车为例,建立仿真模型,提出行李牵引车调度的多目标优化方法[83]。杨新湟等认为航线网络结构与功能定位不匹配会导致的机场连通性低、航线网络同质化竞争严重、运行效率低下的问题,以西安咸阳国际机场为例进行分析,构建了航线网络优化模型,通过实证研究证明网络优化可以提升机场的国内连通性、完善层级化结构[84]。何昕等提出了枢纽机场航班延误恢复模型,以恢复成本最小化为目标,确定短途航班的地面延误、取消或延误航班被高速铁路运输替代,节省时间通过协同决策系统重新调整航班,并验证了模型的可行性和有效性[85]。柯雨辰等选取了我国 8 个枢纽机场为研究对象,研究了枢纽机场航班时刻分布的特征,得到具有不同特点的三个时间段:总航班数下降时段、总航班数激增时段和总航班数趋于平稳时段[86]。黄洁等同样从枢纽机场的航班波体系结构出发,研究了喂给航线的空间格局,提出航班波的构建不仅能够从时间层面优化枢纽机场的航班时刻资源,而且能够从空间层面提升喂给航线的连通性,有利于提升整个航空运输网络的效率[87]。张培文等则以成都、重庆为例分析了枢纽机场时刻资源的时空分布差异[88]。王艺凯分析了我国枢纽机场基础设施建设存在的问题,并提出了相关的提升建议[89]。麻金海认为塔台启动低能见度运行的机制可采用分跑道、分阶段启动或同时启动全部最高能力等多种方式,以北京首都国际机场和大兴国际机场的天气特征为基础、结合两场运行模式和跑滑结构,指出启动低能见度运行的机制管理可以大大提高机场运行的效率[90]。杜欣儒等估算了中国枢纽机场时间延误成本并分析了对航线的影响,认为中美枢纽机场和枢纽机场间(航线)时间延误成本均有较大差异,主要表现为中国空中维持成本远高于美国,这是由空中廊道特征路径宽度和航迹交叉点数量两个因素造成的[91]。

### 7. 大型枢纽机场的安全管理

徐文等指出大型枢纽机场航站楼的高大空间和运营能力的特殊性,使得现行的防火设计不能全面涵盖其消防设计。以北京首都国际机场、昆明长水国际机场、深圳宝安国际机场等数据为例,分析了不同消防性能化设计理念的实际应用,并提出相应策略[92]。王勇等认为对于大型枢纽机场而言,信息安全监测平台的安全稳定运行至关重要,以大数据分析技术为核心,阐述了重要信息系统安全检测平台关键技术的实现与应用,以及论述了重要信息系统安全检测指标的设计[93]。王鹏分析了大型枢纽机场机坪运行面临的安全问题,并提出了相应的安全管理模式[94]。王瀚林等针对大型枢纽机场面临的网络安全问题,从管理、流程、技术三个维度出发,设计了大型机场网络安全防护体系[95]。王勇等分析了大型枢纽机场信息安全工作存在的问题,设计构建了大型枢纽机场信息安全综合评价模型,对信息安全保障体系进行评价和描述并提出了大型枢纽机场的可信云架构[96]。朱新铭研究了枢纽机场航站楼旅客应急疏散行为,对旅客应急疏散情况下的行为特征进行分析,阐明旅客应急疏散应该注意的关键因素[97-98]。张在川和明焱均指出枢纽机场使用智能视频监控系统,包括人脸识别技术、人数统计和密度估计以及异常行为检测能够有效保障管辖区域的安全性[99-100]。

### 8. 大型枢纽机场的服务管理

李永亮等指出目前各项旅客服务都相对独立,从而导致机场服务无法匹配大型枢纽机场的需求,因而应该建立以旅客为导向的综合管理服务体系,对以前松散的各项服务进行整合,以旅客信息为主线把各项服务进行关联,为旅客提供无缝服务体验[101]。

1）旅客换乘和交通

阳旭通过换乘矩阵分析，基于高峰小时客流量的设施计算，从步行距离控制、旅客导向设计、空间体验设计、文化体验设计 4 个方面总结了航站楼设计的体验维度[102]。贾爱萍以北京首都国际机场停车系统服务为例，通过考察停车楼的各项停车指标，对首都国际机场的停车系统服务进行了评价[103]。钟敏等分析了航空旅客换乘机场巴士过程中运行与服务水平的影响因素，从机场巴士基础设施配置合理性、旅客服务设施能力匹配、集散效率、换乘效率、机场巴士调度效率、服务水平 6 个方面，构建了一套体现空港枢纽特有属性的机场巴士运行与服务评价指标体系，并进行了实证案例研究[104]。王倩等认为缩短中转流程时间可以增加旅客枢纽机场中转机会，提高中转成功率；提高登机口利用率可以提高旅客廊桥登机率，因此作者从中转旅客角度，建立了枢纽机场的多目标登机口指派优化指派模型，并以上海浦东国际机场为实证验证，证明了模型的有效性[105]。张丽提出通过对枢纽机场停车收费在收费类型、区域和时段等方面进行差异化定价，通过精细化管理可以实现停车供需的动态平衡，缓解停车拥堵问题，满足不同顾客的需求[106]。张仟等提倡枢纽机场应用个人快速运输系统（Personal Rapid Transit，PRT）能够一定程度上替代私人小汽车，大大缓解交通拥堵，减少旅客步行距离和时间，也可以提供舒适、快捷、私密的旅行服务，满足要求较高的旅客[107]。

2）人性化服务提升

麦云峰通过对上海浦东国际机场和北京首都国际机场的行李系统进行对比分析，认为两个机场在行李系统上建设理念迥然不同，各有优缺点[108]。程茗泽等以深圳宝安国际机场为例，对机场的语言景观进行了研究、分析，分析了机场语言对于旅客满意度的影响，并提出了改进的方案[109]。王建伟等认为枢纽机场的发展必然导致建筑物面积巨大而且结构复杂，旅客对于获得精准定位服务的需求与日俱增，因而结合航站楼内的蓝牙信号传输特性，设计了基于 EFK 的融合定位算法，以提高旅客定位结果的连续性；并结合人员密集流动、走行路径的不同设计了基于粒子滤波的地图匹配融合定位算法，进一步提高旅客的定位精度[110]。李欣等着重研究了枢纽机场航站楼的视域分析，指出对视域分析的不重视，导致忽略了对人们在空间中运动规律和在建筑空间中相互交流或感知规律的掌握。体现在旅客对航站楼内部使用空间的陌生化，内部空间组织无法快速、高效引导旅客完成工艺流程，这是造成枢纽机场航站楼使用效率低下的最主要原因[111]。郭其轶以广州白云国际机场 T2 航站楼为例，指出多样性候机大厅空间的表现形式与形态内涵，强调了多样空间的人性化形态，能够为旅客带来高效、舒适、标志性、能体现生态与地域特色的空间形态之美的新体验[112]。崔学颖等通过对国际枢纽机场国际客运业务简化手续的研究，提出通过政策支持、新技术使用和设备改善来优化客运业务流程[113]。

# 第 2 章

## 绿色机场的概念
## 与建设框架

## 2.1 机场的环境影响

### 2.1.1 机场的功能要素

　　机场由一系列功能迥异的空间组成,每个功能空间都会对环境产生不可避免的影响。机场拥有用于商业活动和旅客服务的航站楼(功能包括自助餐厅、餐厅、商店、休息区、检查设施、安全控制等),拥有空中运行管理或开展基本航空活动的建筑物和设施。此外,还拥有机库、跑道和用于飞机运行和维护的所有专业设施。图 2-1、表 2-1 为机场的总体功能空间结构和组成设施示意图表。

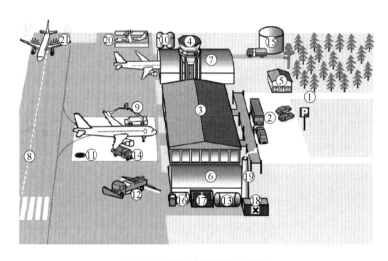

图 2-1　机场功能要素示意图

表 2-1　机场功能要素

| 机场区域 | 功能要素 |
| --- | --- |
| 机场基础设施和地面交通 | ① 机场道路:通往机场的道路连接和公共交通<br>② 停车场<br>③ 航站楼<br>④ 控制塔(空中导航)<br>⑤ 航空办公大楼<br>⑥ 飞机/机场车辆维护设施<br>⑦ 飞机库<br>⑧ 跑道和滑行道 |
| 飞机、跑道和径流水的除冰保护 | ⑨ 飞机除冰设备<br>⑩ 装有防冻液(乙二醇)的箱体<br>⑪ 有排水管的飞机停放区<br>⑫ 轨道除冰设备<br>⑬ 装有防冻液(醋酸盐和甲酸盐)的箱体 |

续表

| 机场区域 | 功能要素 |
|---|---|
| 飞机加油 | ⑭ 给飞机加油的设备<br>⑮ 燃料储存箱 |
| 维护设备和公共服务 | ⑯ 维护团队的燃料<br>⑰ 城市垃圾<br>⑱ 有害废弃物<br>⑲ 建筑服务（水和暖气） |
| 飞机运行 | ⑳ 飞机维修试验<br>㉑ 飞机起飞、着陆和滑行 |

　　机场运行当中涉及一系列会对环境产生影响的活动，包括飞机运行、机场和客运车辆运营及机场地面服务设备运行，还包括飞机和机动车辆等的清洁和维护，以及飞机和机场的除冰和防冰、飞机和车辆的加油和燃料储存、机场设施运营和维护等。如果机场正在扩建，这些活动的环境影响还可能会加剧。

## 2.1.2　机场环境影响的主要领域

　　近几十年来，机场航站楼的可持续性设计和改造很大程度上得益于绿色建筑技术的快速发展。然而，可持续机场的含义不仅仅局限于绿色建筑的发展，需要涵盖机场的全部范围，同时还与其他大都市区域之间存在千丝万缕的联系（表 2-2）。

　　欧洲航空环境报告中曾提出，航空活动所产生的环境影响主要集中在噪声、空气质量和气候变化方面。欧盟早在 2007 年通过的 RL33949 法令即提出：机场运营、维护和扩建的主要影响为：①噪声问题；②水质问题，包括除冰和防冰活动以及燃料储存的影响；③空气质量问题和有毒空气污染物的排放。国际机场理事会（Airports Council International，ACI）于 2018 年也专门针对欧洲机场的环境影响状况展开了环境调查。

　　航空噪声对生活在机场附近人们的生活质量、健康和财产价值会产生较大的负面影响。虽然过去的 35 年中，受航空噪声影响的人口数量已经有了显著降低，但是由于持续增长的空中交通和愈加集中化的机场分布，航空噪声问题仍不可小觑。

　　由于飞机和机场的除冰和防冰、燃料储存和加油、飞机和车辆的清洁维护及施工，机场运营可能导致污染物排放到附近水域。对除冰和防冰所使用化学产品的管理是水质保持面临的最大挑战，因此机场必须负责最终管理由清洁、维护和施工所产生的废水。由于机场需要在现场储存燃料，以给飞机和机场地面服务设备加油，所以要求大多数机场都须制订溢油预防、控制和对策（SPCC）计划，以防止溢油造成的环境损害。影响当地空气质量的机场排放物来自飞机、机动车辆（例如用于机场运营的汽车和公共汽车，以及乘客、员工和租赁机构的车辆）、地面服务设备（例如飞机拖车、行李和皮带装载机、发电机、割草机、扫雪机、装载机、拖拉机、空调装置和货物移动设备），以及固定来源（例如锅炉、空间加热器、应急发电机、焚烧炉、消防培训设施、飞机发动机测试设施、油漆作业和溶剂脱脂剂）。机场运营可能会产生挥发性有机化合物、一氧化碳、颗粒物、铅、硫氧化物和氮氧化物，统称为标准污染物。还可能产生一系列复杂的有毒或有害的空气污染物。

生物多样性影响是指对植物和动物的影响，主要包括栖息地类型和范围的减少、鸟击和生物在公路上的死亡。

表 2-2　机场功能要素对机场环境的影响

| 机场区域 | 功能要素 | 机场环境影响 | | | | | | | | |
|---|---|---|---|---|---|---|---|---|---|---|
| | | 空气污染 | 生物多样性影响 | 气候变化 | 土地征用 | 景观 | 噪声 | 水污染 | 用水量 | 废弃物 |
| 机场基础设施和地面交通 | 机场交通 | ■ | ■ | ■ | ■ | ■ | | | | |
| | 停车 | ■ | ■ | ■ | ■ | ■ | | ■ | ■ | ■ |
| | 客运站 | | ■ | ■ | ■ | ■ | ■ | ■ | ■ | ■ |
| | 控制塔（空中导航） | | ■ | ■ | ■ | ■ | ■ | | | |
| | 航空办公大楼 | | ■ | ■ | ■ | ■ | | ■ | ■ | ■ |
| | 车辆维修设施 | | ■ | ■ | ■ | ■ | | | | ■ |
| | 机库 | | ■ | ■ | ■ | ■ | | | | |
| | 跑道和滑行道 | | ■ | ■ | ■ | ■ | ■ | | | |
| 飞机、跑道和径流水的除冰保护 | 飞机除冰设备 | ■ | | | | | | | | ■ |
| | 装有防冻液的箱体 | | ■ | ■ | ■ | | | | | |
| | 飞机停放排水管 | | ■ | ■ | ■ | | | | | |
| | 跟踪除冰设备 | ■ | | ■ | | | | | | |
| | 装有防冻液的罐子 | | | ■ | ■ | | | | | |
| 飞机加油 | 飞机制造设备 | | ■ | | ■ | | | | | |
| | 燃料存储罐 | | | ■ | | | | | | ■ |
| | 维护小组的燃料 | ■ | | | ■ | | | | | |
| 维护设备和公共服务 | 城市垃圾 | | | | | | | | | ■ |
| | 危险废弃物 | | | ■ | ■ | | | | | ■ |
| | 建筑物的水、暖气 | | | ■ | | | | | | ■ |
| 飞机运行 | 飞机维修试验 | ■ | ■ | | | | ■ | | | |
| | 飞机起飞和降落 | ■ | | | | ■ | ■ | | | |

## 2.2　绿色机场的概念

### 2.2.1　概念原则

**1. 目标性原则**

绿色机场的定义要与绿色机场构建目标和宗旨紧密联系。

**2. 引导性原则**

通过定义绿色机场,引导机场、政府、客户各方在各个时期向绿色机场的最佳实践和理想方式去努力,实现机场的社会、生态和经济价值。

**3. 适用性原则**

从我国机场实际出发,结合中国国情和民航机场行业特色,规范绿色机场的定义和概念,强调绿色机场建设并不仅仅是机场企业自身的责任。

**4. 先进性原则**

提炼国外绿色机场建设先进理念、成熟技术经验融入绿色机场定义中,确保绿色机场指标定义的先进性。

### 2.2.2　绿色机场的定义

在我国,绿色机场的概念最早由民航局于 2006 年提出。2007 年 9 月,民航局在《关于开展建设绿色昆明新机场研究工作的意见》中,以发文形式首次提出绿色机场概念。绿色机场的概念最初更多的是借用可持续发展的理念,并被界定为在全寿命期内,实现资源节约、环境友好、运行高效和以人为本,为公众提供健康、便捷的使用空间,为飞机提供安全、高效的运行空间,与区域协同发展的机场。在此基础上,绿色机场的概念进一步拓展并在业内达成共识,指在机场设施的全生命周期(选址、规划、设计、建设、运营维护及报废、回用过程)内,充分利用最新的科学技术成果,以高效率地利用资源(能源、土地、水资源、材料)、最低限度地影响环境的方式,建造在最低环境负荷下最安全、健康、高效及舒适的工作与活动空间,促进人与自然、机场环境与发展、建设与运行、经济增长与社会进步相平衡的机场体系,即节约、环保、科技、人性化的机场。

近年来,随着研究和认识的逐渐深入,绿色机场的概念更为精练。根据中国民航局

2018 年发布的《绿色机场规划导则》(AC-158-CA-2018-01),绿色机场被定义为在全寿命期内,实现资源节约、环境友好、运行高效、以人为本,为公众提供健康、便捷、舒适的使用空间,为飞机提供安全、高效运行的环境,与区域协同发展的机场。2020 年 1 月 3 日,民航局发布的《中国民航四型机场建设行动纲要(2020—2035 年)》当中提出,绿色机场是指在全生命周期内实现资源集约节约、低碳运行、环境友好的机场。

## 2.3 绿色机场的建设框架

根据《四型机场建设导则》①,绿色机场建设的基本框架如图 2-2 所示。

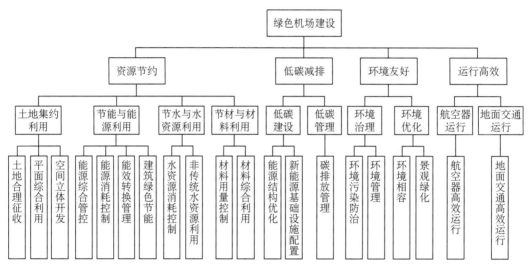

图 2-2 绿色机场建设参考框架

## 2.3.1 资源节约

### 1. 土地集约利用

土地集约利用包括土地合理征收、平面综合利用、空间立体开发等。

针对土地合理征收,机场应结合发展需要,综合分析土地利用规模、土地利用结构、土地利用强度及土地利用效益,科学合理规划土地利用范围。

针对平面综合利用,机场应在土地红线范围内,注重土地集约利用,从平面规划、建筑构型、功能设施集合等方面实施控制。

---

① 本书引用规范的编号可详见书后附录。

针对空间立体开发,机场应注重地上空间的利用、地下空间的开发,从竖向设计、建筑空间利用等方面控制。

2. 节能与能源利用

节能与能源利用包括能源综合管控、能源消耗控制、能效转换管理、建筑绿色节能等。

针对能源综合管控,机场应注重能源供给端的综合供配,宜建设智慧能源管控平台,保证机场能源系统与生产运行系统联调联动,实现多能互补、能源合理供给和"源、网、荷、储"平衡配置。

其中智慧能源管理平台建设可参照《民用机场智慧能源管理系统建设指南》执行。

针对能源消耗控制,机场应明确各区域能源消耗控制目标,完善计量系统,提倡实现分项计量,建立绿色绩效管理机制。

针对能效转换管理,机场应提高能效转换效率,应用节能高效的空调供暖设备系统、电力供应设备系统、机电设备系统、生活热水设备系统等。其中能效转换管理重点是采用能效比高的用能设备和系统。

针对建筑绿色节能,机场新建建筑应符合绿色建筑及绿色航站楼相关标准,提倡对老旧建筑进行绿色节能改造,实现建筑节能低碳。

绿色建筑可参照《绿色建筑评价标准》执行,绿色航站楼可参照《绿色航站楼标准》执行。

3. 节水与水资源利用

节水与水资源利用包括水资源消耗控制、非传统水资源利用等。

针对水资源消耗控制,机场应采取有效措施,合理降低水资源消耗量,从人均日生活用水量、管网漏损防控和节水设施设备应用等多维度实施控制。

针对非传统水资源利用,机场应加大非传统水资源在景观、绿化、洗车、冲厕等非生产性和非饮用性用途中的利用比例,可因地制宜选择中水、雨水等。

4. 节材与材料利用

节材与材料利用包括材料用量控制、材料综合利用等。

针对材料用量控制,机场应在设计、施工、运营等环节中,通过科学设计,合理采用新材料、新工艺、新技术等方法节约材料用量。

针对材料综合利用,机场应重点加大装配式建筑及建材应用,推广废旧材料再生和综合利用,提高建筑垃圾再利用水平等。

### 2.3.2　低碳减排

#### 1. 低碳建设

低碳建设包括能源结构优化、新能源基础设施配置等。

针对能源结构优化,机场应着力推动能源消费结构优化升级,提高能源利用效率,鼓励使用太阳能、地热能等清洁能源,积极购买消费"绿电",搭建清洁低碳、安全高效的现代能源结构。

针对新能源基础设施配置,机场应完善基础设施建设,提升机场终端用能清洁化水平,持续推进机场运行保障设施设备"油改电",推广使用飞机辅助动力装置(APU)替代设备、新能源车,因地制宜地开展机场区域分布式能源、微电网设施建设,以及优先使用低能耗产品等。

#### 2. 低碳管理

机场应采取碳排放清单编制、碳排放核算/核查、开展碳排放审计等措施,摸清机场碳排放设施设备和结构,以此制订分阶段碳减排目标和实施计划,实现碳排放的有效管控。

### 2.3.3　环境友好

#### 1. 环境治理

环境治理包括环境污染防治、环境管理等。

针对环境污染防治,机场应充分考虑环保要求,在废气、废水、噪声、固体废弃物治理等方面,应用环保工艺流程,优先选用环保材料,设置相应的处理设施设备,着力实施污水处理、油污分离、除冰液收集与无害化处理、垃圾分类与无害化处理等方面的措施,严格落实环保标准要求,减少污染物排放。

针对环境管理,机场应重视环境影响评价工作,围绕环境保护目标,建立环境管控体系,通过环境监测与反馈平台,加大对污染排放物和噪声的监测,对机场环境现状及存在问题进行动态管理,并实施科学合理的改善措施。

#### 2. 环境优化

环境优化包括环境相容、景观绿化等。

针对环境相容,机场应结合所在地区的气候、资源、生态环境、社会发展水平以及净空环境、电磁环境、噪声影响等因素,因地制宜开展机场环境相容性规划和实施工作。

　　针对景观绿化,机场应优先选择本土、适生植物,结合机场鸟防要求,优化植物搭配方式,提高场区绿化面积,结合海绵城市建设理念,因地制宜采取雨水收集利用等措施,改善区域环境质量,提升机场区域内景观绿化价值。

　　机场海绵城市建设可参照《海绵城市建设评价标准》执行。

## 2.3.4　运行高效

### 1. 航空器运行

　　机场应在规划建设阶段,结合空地运行环境,科学选择跑滑构型,优化航空器滑行路线,系统规划航站楼及站坪布局,合理确定塔台选址,为航空器提供高效运行的基础设施条件。

　　机场应会同各方大力推进协同系统的建设及应用,发挥机场协同决策机制(Airport Collaborative Decision Making,A-CDM)作用,协调释放空域容量,优化飞行程序和系统流程,合理配置地面保障资源,提升服务保障能力,特别是复杂天气保障水平,提高航班正常率,保证航空器高效运行。

### 2. 地面交通运行

　　机场应合理规划地面保障车辆交通路线,减少车辆行驶距离,提高运行效率。统筹做好场内交通衔接,利用快捷运输方式,实现多航站楼间及航站楼与停车设施间的高效互通。

　　机场应会同政府管理部门科学规划建设综合集疏运交通体系,提高机场公共交通服务能力,实现进离场交通与市内交通的运行高效、有效衔接和便捷换乘,合理构建便捷环保、经济适用的绿色交通体系。

　　航空器运行高效和地面交通运行高效强调通过运行高效减少机场运行对于环境的影响。

# 第 3 章

## 我国绿色机场建设
## 专项规划与主要任务

## 3.1 指导思想

以习近平生态文明思想为指导,党的二十大坚持以人民为中心的发展思想,科学把握新发展阶段,完整、准确、全面贯彻新发展理念,服务构建新发展格局,坚持稳中求进工作总基调,以促进民航高质量发展为主题,以实现碳达峰、碳中和为引领,以改革创新为动力,以实现减污降碳协同增效为总抓手,坚持系统观念,统筹污染治理、生态保护、应对气候变化,增强绿色民航治理先进性、协同性、开放性,着力提升民航运行智慧化、低碳化、资源化水平,建立健全民航绿色低碳循环发展体系,构建民航运输与生态环境和谐共生格局,为推动民航发展全面绿色转型开好局,起好步。

## 3.2 基本原则

坚持全面系统。强化顶层设计,发挥制度优势,坚持前瞻性思考、全局性谋划、战略性布局、整体性推进,统筹国内国际两个大局,正确认识和把握好发展和减排、整体和局部、短期和中长期的关系,实现民航安全、绿色、效率、服务相统一。

坚持创新驱动。深入推进民航绿色发展体制机制改革,坚持有为政府和有效市场两手发力,加大技术、政策、管理创新力度,增强民航绿色发展动力和活力,逐步实现可再生能源替代,不断提升行业绿色发展上限,拓展行业发展空间。

坚持效率优先。把节约能源资源放在首位,提高民航全要素生产率,推进民航能源资源结构优化、精准配置、全面节约、循环利用,推动民航能源资源利用效率稳步提升和碳排放强度持续下降。

坚持开放融合。着力推进民航行业与绿色环保等产业融合发展,增加绿色民航有效供给。立足国情和民航发展阶段,统筹做好航空减排对外合作,为全球民航可持续发展贡献更多中国智慧。

## 3.3 我国《绿色机场建设行动纲要（2020－2035年）》[①]

### 1. 坚持集约节约使用资源

建立科学合理的绿色绩效管理和评估机制,以全生命周期理念综合评估绿色建设的综合效益。在航站楼建设中推行绿色建筑标准,尤其是大型机场航站楼。规划先行,

---

① 参见《中国民航四型机场建设行动纲要(2020—2035年)》民航发〔2020〕1号。

集约利用土地、市政设施等资源,客(货)均资源占有或消耗量显著降低。避免大拆大建,加强老旧设施更新利用,新型节能材料、工艺、技术、设备广泛应用,推广废旧材料再生和综合利用。机场施工管理水平大幅提高,推广应用绿色环保建筑材料,大幅节约建筑材料,降低水、电等能源消耗,减少工程施工中产生的灰尘、噪声、有毒有害废弃物等污染。

优化机场能源供给结构,可再生能源、新能源、清洁能源逐步取代传统能源。鼓励建设机场能源管理系统,能源管控更加智能、精细、高效,能耗评价科学合理,兼顾节能与旅客舒适性。

2. 确保机场低碳高效运行

利用空地一体化、模拟仿真等技术手段提高跑滑系统规划设计水平,航空器及车辆、设备等地面运行效率持续提高,碳排放大幅减少,达到世界领先水平。

在确保安全的前提下,通过提高管理水平、改进运行模式、优化保障流程等切实提高机场尤其是大型机场运行保障效率。推进设备、车辆、人员等地面保障资源共享、统一调配,利用新技术实现地面服务各环节、各工种无缝衔接、高效协作。充分利用技术手段提高机坪运行管制能力,推进大型机场机坪管制移交。加强对全国机场机位的信息管理,出台政策措施推进机位资源的优化配置,实现过夜机位资源的总体平衡。持续推进机场保障车辆和设施设备"油改电",提升机场运行电动化、清洁化水平。创造条件引导旅客利用公共交通抵离机场。

3. 实现机场与周边环境和谐友好

推进"多规合一",加强机场总体规划与周边区域规划的协调对接。以保护机场及周边环境质量、生态安全为目标,全面评估环境影响,提升机场总体规划方案的环境合理性。在城市空间结构、基础设施(供电、供水、排水、热力、燃气、通信、交通等)规划中充分考虑机场发展需求,预留空间。机场选址尽可能避开生态环境敏感区。

加强机场环境监测、管控和治理,有效管控机场运行与野生动物活动的相互影响,降低飞机噪声对机场周边区域的影响,减少污染物排放。明确职责,加强对机场及周边净空、电磁环境的保护。

## 3.4　"十四五"期间我国绿色机场建设的主要任务

根据《"十四五"民航绿色发展专项规划》,"十四五"期间我国民航绿色机场建设的主要目标与任务如下。

## 1. 规划目标

到 2025 年,民航发展绿色转型取得阶段性成果,减污降碳、协同增效的基础更加巩固,措施机制更加完善,科技支撑更加有力,产业融合发展成效显现,行业碳排放强度持续下降,低碳能源消费占比不断提升,民航资源利用效率稳步提高,为全球民航低碳发展贡献更多中国实践。到 2035 年,民航绿色低碳循环发展体系趋于完善,运输航空实现碳中性增长,机场二氧化碳排放逐步进入峰值平台期,绿色民航成为行业对外交往靓丽名片,我国成为全球民航可持续发展重要引领者(表 3-1)。

表 3-1 "十四五"时期民航绿色机场发展主要指标

| 指标 | 2020 年 | 2025 年 |
| --- | --- | --- |
| 单位旅客吞吐量[①]能耗(kg 标煤) | [0.948][②] | [0.853] |
| 单位旅客吞吐量二氧化碳排放(kg) | [0.503] | [0.43] |
| 单位旅客吞吐量综合水耗(L) | [70] | [60] |
| 场内纯电动车辆占比 | 16% | 25% |
| 可再生能源[③]消费占比 | 1% | 5% |

注:①机场单位旅客吞吐量是指单位折算旅客吞吐量,即旅客吞吐量与货邮吞吐量按每位旅客 90 kg 折算后相加;②[X]表示取整;③机场可再生能源包括机场自给的清洁能源(太阳能、地热能等)以及通过交易购买的"绿电"等。

## 2. 加快完善绿色治理体系

### 1)健全政策监管体系

深入推进绿色指标体系建设,建立健全能耗与排放监测、报告和核查机制,强化减污降碳重大专项监督管理。加强各级监管机构能力建设,支持采用数字技术,推进线上线下一体化监管,鼓励探索通过政府购买服务等方式引入第三方专业机构参与监管,将相关费用纳入行政预算予以保障。加大能耗与排放相关信息公开力度,引导社会公众、新闻媒体共同参与监督。

### 2)健全标准体系

加强绿色发展标准体系顶层设计,建立健全标准体系,修订完善各类专业规章标准中与绿色发展不相适应的内容。同步部署绿色技术研发、标准研制和产业推广,加大绿色发展标准化工作投入,提升标准质量。优化标准供给结构,大力发展团体标准,健全绿色民航法规政策采信团体标准、企业标准的机制。完善碳排放核算核查标准,锻造绿色机场设计施工、运维管理、评价考核等标准长板,加快补齐机场电动车辆设备、塑料污染治理、清洁能源自给、气声环境质量监测溯源、除冰雪废液无害化处理回用等领域标准短板,筑牢行业减污降碳底线。加强绿色发展标准实施监督,建立健全标准质量评估和维护更新机制。

　　3）健全企业主体责任体系

　　建立健全民航企业能耗与排放监测机制,根据监测情况,及时采取行政指导、行政约谈、公开通报等措施,督促引导民航企业主动适应绿色发展要求,强化守法合规意识和内部考核激励,加快建立健全能源资源消费台账管理制度,压实绿色发展企业主体责任。科学编制实施绿色发展规划和碳达峰、碳中和行动方案,探索有效模式和有益经验。开展绿色机场树标杆行动,促进企业间对标对表,推广成熟经验和先进做法,带动行业绿色发展整体水平提升。

　　4）健全绿色供给体系

　　推动民航运输与先进制造业深度融合,强化业务关联、链条延伸、标准互补、政策协同,支撑机场绿色低碳循环发展。鼓励各类资本有序参与绿色机场投资、建设和运行,探索依托行业协会设立低碳民航基金的可行性。鼓励创建更多适应机场绿色发展需求的技术咨询、系统设计、设备制造、运营管理、绩效评价、节能改造、碳排放权交易等专业化服务主体。深入推行合同能源管理、合同节水管理。支持基础较好的大型机场集团培育壮大具有国际竞争力的节能环保服务企业,提升行业绿色转型专业化水平,带动我国绿色民航管理、技术、装备、服务、标准等"走出去"。

## 3. 深入实施低碳发展战略

　　1）加快推广绿色低碳技术

　　机场建设落实适用、经济、绿色、美观的新时期建筑方针,积极使用绿色建材和绿色施工工艺,加强装配式建筑技术应用,加大建筑材料循环利用。鼓励新建机场全面执行绿色智能建筑标准,既有机场建筑设施积极选用先进高效技术设备,加快实施节能降碳改造。加强机场用电精细化管理,支持采用先进光伏、储能等新技术建设机场区域智能微电网,提高电力柔性负荷,稳步提升机场清洁能源自给、存储和消纳能力。加强人工智能、5G 等新技术应用,促进无纸化出行效率和便捷度提升,减少资源能源消耗。提升数据中心、新型通信等信息化基础设施能效水平。支持民航公共机构选用先进技术开展建筑设施节能降碳改造,提升能源自给水平,加大清洁能源消费,努力打造净零碳民航机关、校园、医院等。

　　2）提升运营管理效能

　　不断提升管理精细化、精准化、精确化水平。加强政策统筹,建立健全民航建设项目节能和碳排放评估审查机制。机场规划设计运行维护实施全过程碳排放管理,强化机场固定资产投资项目用能和碳排放综合评价,从源头推进节能降碳。持续推进机场智慧能源监控系统、智慧物流体系等项目建设,以传统基础设施数字化发展为牵引,加强传感器和控制芯片应用,促进机场客货流、能源流、数字信息流适配统一,优化机场用能结构和智能调节能力,健全机场能源管理体系。

3）强化空管支撑保障

持续增强空管部门生态环保意识和保障能力，为提升空域资源使用效率、减少民航碳排放提供重要支撑。开展空管部门对低碳民航建设贡献评价研究，促进空管效率评价指标管理。支持空管部门加快推进流量管理系统建设。加强空管新技术应用和技术融合，不断优化航班尾流间隔和进出港程序。

4）建立基于市场的减排机制

综合考虑国家中长期低碳发展目标和民航高质量发展要求，有序推动民航基于市场减排机制建设，完善配套法规政策标准，补齐机构能力短板，注重与技术、运行等非市场减排措施协同，促进行业碳排放强度下降，助推有关机场率先实现碳达峰。

**4. 深入开展污染防治**

以提升机场区域环境质量为重点，推动各机场完善机场牵头、驻场单位积极参与的污染防治联合工作机制，构建民航大气、噪声、污水、固废等污染协同防治格局。

1）深入开展大气污染防治

适时发布机场区域大气污染防治技术推广目录。依法推进机场区域空气质量监测体系建设，鼓励机场编制大气污染物排放清单。促进机场基于大数据、5G 等新技术提升机位分配智能化水平，加快跑滑设施和程序改造升级，有序推进单发滑入、电动滑行等技术应用，减少飞机滑行排放。持续深入推进机场运行电能替代，安全高效使用电动设施设备，减少航空燃油和汽柴油消费。到 2025 年，机场场内电动车辆设备占比达到 25％以上，汽柴油消费占比力争降至 5％以下，机场场内充电设施与电动车辆设备数量比不小于1：3，年旅客吞吐量 500 万人次以上机场飞机辅助动力装置替代设备使用率稳定在 95％以上。加快淘汰机场场内老旧车辆设备，持续开展场内燃油车辆设备尾气治理。督促北方及高原地区机场供热系统改造，有序淘汰燃煤锅炉，因地制宜推进太阳能、地热能、空气能应用，实现煤炭消费稳中有降。鼓励年旅客吞吐量 500 万人次以上机场有序推进陆侧综合公共交通运输系统优化改造，提升运行和衔接效率。

2）加强航空器噪声污染防治

加强部门协同，推动完善航空器噪声治理相关法规标准建设，依法依规推进航空器噪声污染防治。研究构建以用地相容管理和运行程序优化为重点的航空器噪声治理体系，重点开展噪声监测体系和基础能力建设，研究建立监测结果发布机制。到 2025 年，全国年旅客吞吐量 500 万人次以上机场基本具备航空器噪声事件实时监测能力。鼓励京津冀、长三角、粤港澳大湾区、成渝、海南等地区的年旅客吞吐量 1 000 万人次以上机场率先开展航空器噪声治理试点工作，严格管控不达标航空器运营。

3）深入实施节水行动

大力开展民航节水控水行动，强化水资源刚性约束，严格控制用水总量，大幅提高水资源利用效率。推动机场因地制宜开展智能节水系统与污水收集处理回用等设施建设改造,加强管网漏损排查与控制。开展节水型机场和民航公共机构示范,推广应用先进技术和管理方法。到 2025 年,年旅客吞吐量 500 万人次以上机场再生水利用率力争达到 20%以上,单位旅客综合水耗五年均值力争控制在 60 L 以内。推动开展绿色除冰雪行动,加强除冰雪废液资源化利用,探索超疏水等先进技术在民航除冰雪领域应用。

### 4) 系统开展固废治理

加强机务维修过程的废矿物油与含废矿物油危险废弃物的规范化管理,降低废弃油污对环境影响。实施民航塑料污染治理行动,严格管控一次性不可降解塑料制品使用,到 2025 年,民航机场和航班一次性不可降解塑料消费强度较 2020 年显著下降。鼓励航空物流企业加强航空集装器、托盘等标准化装载单元器具循环共享,提高货邮包装回收利用。推动民航机场、公共机构进一步规范垃圾分类收集、储存和运输,积极参与所在地"无废城市"建设,提升垃圾社会化、专业化处理能力。

### 5) 促进生态系统质量改善

落实生态保护红线要求,强化机场生态选址,依法依规开展机场等民航基础设施建设项目生态环境影响评价,严格管控可能危害生态功能区、自然保护地以及各类海域保护线等的民航运输及相关建设活动。在确保民航飞行安全前提下,鼓励开展机场生态防鸟技术研究与应用。

## 5. 全面提升绿色科技创新能力

### 1) 建设绿色科研创新平台

引导构建市场导向的绿色民航技术创新与应用体系,注重发挥企业创新主体作用,推进各方科研力量优化配置和资源共享,促进绿色民航政产学研用深度融合,加快研发成果转化和规模化应用。围绕民航低碳发展战略、民航环境影响数据库和评估模型建设、环境影响监测和评估、生态环境保护技术与对策等领域,推动实施一批具有前瞻性、战略性重大科研项目。围绕民航低碳、零碳、负碳等先进技术研发、验证与成果应用,打造一批开放型实验室、工程中心。升级完善绿色民航专家库,提升民航绿色发展决策科学性、合理性和可行性。

### 2) 完善绿色人才培养体系

加强人才队伍建设,健全以能力、质量、实效为导向的绩效评价体系,全方位培养、引进、用好绿色民航人才,造就更多有影响力、竞争力和全球视野的绿色民航领军人才和项目团队。支持民航院校围绕习近平生态文明思想学术化、学理化,创新师资培养机制,完善课程体系和教材体系,开展高水平中外合作办学,扎实推进新能源、碳减排、碳交易、循环经济等绿色民航专业学科建设和人才培养,为深入推进民航绿色发展培养更多复合型、外向型、高层次人才后备军。鼓励民航协会联合高校、科研机构、企业开展绿色民航专业培训,有序推进民航碳排放管理员职业体系建设,促进行业中从事绿色发展相关工作的领导干部和业务骨干不断提升专业素养和业务能力,增强推动民航绿色低碳循环发展的本领。将学习贯彻习近平生态文明思想作为干部教育培训的重要内容,在民航局党校教学计划中纳入碳达峰、碳中和相关课程,深化民航各级领导干部对行业绿色发展工作重要性、紧迫性、科学性、系统性的认识。

# 第 4 章

## 我国大型枢纽机场的绿色机场建设评价指标体系

## 4.1 概述

绿色机场建设评价指标体系的构建是机场可持续发展方法论的重要组成部分。建立科学的绿色机场建设评价指标体系,不但可以使得机场可持续发展可衡量、可操作,而且能够指导机场可持续发展的实践工作,从而使得绿色机场建设的理论体系臻于完善,同时有利于正确评价枢纽机场生态管理水平,探索增强机场可持续发展能力的有效途径和关键环节,并为贯彻落实绿色发展理念,推进机场高质量发展,促进机场降低资源消耗、减少碳排放、保护生态环境、提高运行效率、保障舒适卫生,引领绿色机场建设提供指导,也是落实我国"双碳"目标任务的重要组成部分。

大型枢纽机场是指在航空运输系统中具有重要战略地位和高度连接性的机场。这些机场在全球航空网络中扮演着关键角色,通常是航班的集散地,将来自不同城市和国家的航班连接起来,实现乘客和货物的平稳转移。但是,目前关于大型枢纽机场的概念并没有明确的界定。美国联邦航空管理局(FAA)对于大型枢纽机场的定义为:年客运量超过全国航空客运量1%的通用型大型机场为大型枢纽机场(Large Hub);在我国《民用机场总体规划规范(2000)》中,只对枢纽机场进行了模糊定义:即全国航空运输网络和国际航线的枢纽,运输业务特别繁忙的机场称为枢纽机场,但没有涉及枢纽机场规模的划分。此后,在《运输机场总体规划规范》和《绿色机场规划导则》当中,则进一步根据机场目标年旅客吞吐量,将民用运输机场分为超大型机场、大型机场、中型机场和小型机场。其中:

(1)超大型机场为目标年旅客吞吐量8 000万人次以上(含8 000万人次)的机场;

(2)大型机场为目标年旅客吞吐量2 000万~8 000万人次(含2 000万人次)的机场;

(3)中型机场为目标年旅客吞吐量200万~2 000万人次(含200万人次)的机场;

(4)小型机场为目标年旅客吞吐量200万人次以下的机场。

因此,本书初步确定将大型枢纽机场界定为旅客吞吐量2 000万人次以上,即包含大型和超大型机场的枢纽机场。

大型枢纽机场通常具备以下特征:

(1)大型枢纽机场通常有大量的航班,涵盖国内和国际航线,航班频率也较高,以满足不同时间段的旅客需求。

(2)大型枢纽机场作为不同航线的交会点,乘客可以在这里换乘到其他目的地,实现航班的无缝衔接。

(3)大型枢纽机场通常有多家航空公司运营,这有助于增加飞行选择和灵活性。

(4)大型枢纽机场通常拥有现代化的设施,包括各种候机室、餐饮、商店、酒店等,为旅客提供便利和舒适。

(5)除了乘客运输,大型枢纽机场在货运和物流方面也扮演着重要角色,有完善的货运设施,便于货物的分拣、转运和配送。

（6）大型枢纽机场通常对周边区域的经济会产生积极影响,并有利于吸引投资、创造就业机会,促进商业和旅游活动的发展。

构建适用于大型枢纽机场的绿色机场建设评价指标体系具有多方面的意义,并将有助于更全面、精确地评估机场复杂项目的可持续性。

- 发挥示范作用与扩大行业影响:大型枢纽机场在航空网络中扮演着关键角色,其决策和实践对其他机场有很强的示范效应。这些机场的规模和影响力意味着它们能够在环保方面发挥领导作用,为整个行业树立可持续性的标杆。评价不仅可以凸显其在环保方面的努力,还可以将这些经验分享给其他机场,推动更广泛的环保实践。

- 定制化评估的必要性:大型枢纽机场的建设项目往往规模巨大,包括终端建筑、跑道、停机坪、货运区等多个领域。这些项目的规模和影响范围使得常规的绿色评价方法可能无法充分覆盖其特点。因此,构建适用于大型枢纽机场的绿色机场建设评价指标体系变得至关重要。

- 适应综合评估的需要:大型机场建设涉及复杂的技术、工程、社会和环境因素。适用于大型枢纽机场的评价指标体系需要综合考虑这些因素,包括土地使用、建筑设计、交通规划、能源消耗、水资源利用等。构建适用于大型枢纽机场的绿色机场建设评价指标体系有助于确保评估的全面性和准确性。

- 应对技术、工程和环保的挑战:大型机场建设可能面临独特的技术和工程挑战,例如如何在复杂的地质条件下建设稳固的基础设施,如何降低能源和水资源消耗。评价指标体系应该能够捕捉这些挑战,为项目提供合适的解决方案。

- 引导可持续规划和设计:构建适用于大型枢纽机场的绿色机场建设评价指标体系可以在项目规划和设计阶段就引入环保和可持续性的理念。例如,可以要求项目在设计阶段考虑能源效率、再生能源应用、可持续材料的使用等。这有助于从一开始就将可持续性融入项目建设当中。

- 提高社会认可度:大型机场建设通常与土地使用、环境影响等社会问题密切相关。适用于大型枢纽机场的绿色建设评价指标体系可以帮助机场在社会层面提高项目的认可度。通过关注环保和社会责任,机场可以更好地满足社会期望。

- 满足成本收益的考量:大型机场建设涉及巨额投资,绿色建设评价指标体系可以帮助机场确定如何在环保和经济效益之间取得平衡。通过评价,机场可以优化投资,降低未来的运营成本,并提高资源利用效率。

- 满足可持续性和长远发展:大型机场的建设项目通常具有较长的周期,评价指标体系可以帮助确保项目在未来的运营中保持可持续性。这涉及如何建设设施以便未来升级和扩展,以及如何在项目建设完毕后继续监测和改进环保表现。

- 促进社会合作和提升透明度：适用于大型机场的绿色建设评价指标体系可以促进
  机场与利益相关者之间的合作和透明度。这有助于确保项目在环保方面不仅仅
  是自我声明，而是受到独立的、客观的评估。

综合来看，构建适用于大型枢纽机场的绿色机场建设评价指标体系有助于确保机场
在建设和运营过程中注重环保和可持续性，为机场、社会和周边环境带来更多的积极影
响。该指标体系应当作为机场可持续发展与否、可持续发展程度的参照系。根据指标体
系的建立，评价一个大型枢纽机场现阶段社会、经济、环境、资源及其相互间的协调程度是
否满足绿色机场发展对其的约定。所以，绿色机场建设评价指标体系应当能够反映机场
可持续发展的各个方面的现状，能够反映机场发展的各个方面的变化趋势和变化率，能够
体现机场发展各个方面的协调程度。同时，绿色机场的评价应以机场总体作为评价对象，
包括机场公司组织边界覆盖范围内的设施。此外，应当结合四型机场的建设要求，因地制
宜，综合考虑机场所在地域的气候、环境、资源等条件及规模，在实现机场功能的前提下进
行指标构建。

目前国内关于绿色机场建设评价指标体系的理论研究与实践案例有很多，本书着重
参考了由中国民航局、中国民用机场协会等机构发布的《四型机场建设导则》《绿色机场评
价导则（征求意见稿）》《四型机场绿色性能评价规范》《绿色机场规划导则》《绿色建筑评价
标准》《绿色航站楼标准》《民用机场能源资源计量器具配备规范》《民用机场航站楼能效评
价指南》等文件，从资源节约、低碳减排、健康舒适、环境友好及运行高效等方面对绿色机
场评价指标体系进行了介绍。

## 4.2 资源节约

### 4.2.1 土地资源集约利用

#### 1. 功能分区

机场功能区规划应在满足安全高效、集约用地、统筹发展的前提下，遵循全局性、整体
性和系统性原则，统筹规划机场、航空公司、空管、航油及其他驻场单位的设施，因地制宜
地将不同功能的设施混合布置，超大型、大型机场宜规划综合管廊。同时，超大型、大型机
场应综合考虑机场定位、旅客吞吐量预测、国际旅客比例、航空公司市场份额等因素，统筹
规划航站楼的数量、位置、规模、分工、建设时序，以及楼前交通系统布局和航站楼之间交
通联系方案。

规划机场近期、远期总平面方案时，应做到统筹布局、合理衔接、有序发展，近期规划
方案应安全高效、适度超前，注重方案的可实施性；远期规划方案应综合利用各种资源、预

留发展空间,注重规划的可操作性和包容性。

总平面规划应综合考虑周边自然环境、城镇、交通线网、市政设施等条件,做好机场内、外的协调和衔接工作,确定机场与外部的各种接口。参考《运输机场总体规划规范》第6章、第11章和《绿色机场规划导则》4.3节。

### 2. 建筑与跑道构型

应结合场地自然条件和机场功能需求,对机场建筑的体形、平面布局、空间尺度、围护结构等进行节能设计,且应符合国家节能设计标准的要求。航站楼构型应以人为本,合理控制旅客步行距离,旅客出港流线的最远距离。超大型、大型机场航站楼近机位数宜不低于预测客机位数的70%,同时宜研究组合机位和可转换机位的适应性。大型、超大型机场主要远距平行跑道的间距应适应航站区发展和飞机高效运行的需要,同时跑道构型应按仪表飞行规则(IFR)、理想的空域条件进行规划,超大型、大型机场出现云高低于60 m或跑道视程(RVR)小于550 m的气象条件时应相应规划Ⅱ类/Ⅲ类精密进近跑道。

参考《运输机场总体规划规范》第7章、《绿色航站楼标准》6.2节和《公共建筑节能设计标准》。

### 3. 单位占地面积起降架次

机场应结合发展需要,综合分析土地利用规模、土地利用结构、土地利用强度及土地利用效益,提高单位占地面积起降架次。

从规划中土地集约利用的角度来说,单位占地面积起降架次越大,说明机场在满足一定量业务水平的前提下,规划用地更加集约。

《民航局关于加强民用运输机场总体规划工作的指导意见》及《机场总体规划技术指标(试行)》提出,大、中型枢纽机场的总用地效能指数,即年起降架次与机场总用地规模比值的参考值为1.5万架次/km²。

### 4. 站坪岸线长度

站坪岸线长度代表着航站楼提供近机位的能力。在航站楼建筑面积相同情况下,提供更多的站坪岸线长度或更多的机位数,是航站楼空侧用地高效的体现。鼓励在航站楼设计中优化构型,提高站坪岸线长度。同时,航站楼规模越大,其单位建筑面积提供近机位的能力和集约用地水平越趋向减弱。建议在满足航站楼业务量的前提下,合理控制航站楼建筑规模。

机场应综合考虑航站楼建筑规模、使用需求及飞机运行效率等,优化航站楼构型,合理增加站坪岸线长度。

机场应根据机场不同时段的飞机高峰起降架次、机型组合及各种停放需求等因素,综合确定机位数量;超大型、大型机场宜规划 10%~20% 的缓压机位。

参考《绿色航站楼标准》条文 5.2.2,《运输机场总体规划规范》条文 2.1.23,《绿色机场规划导则》条文 5.4.1。

### 5. 地下空间开发规划

地下空间开发利用是节约土地资源、提高土地利用效率、弥补地上空间不足的重要措施,符合绿色低碳发展的要求。地下空间一旦开发很难改变,有必要合理规划开发。地下空间的主要功能类型为地下交通、地下商业服务、地下市政、地下公管公服、地下仓储、特殊功能等。机场合理开发地下空间,需将地下空间综合利用与地上建筑及功能空间紧密结合,统一规划建设地下车库、轨道交通车站、地下道路、地下综合管廊、地下雨水调蓄设施、人防工程、地下室、地下仓储、地下变电站、地下能源供给设施、地下垃圾收集转运设施等。

参考《绿色生态城区评价标准》条文 4.2.3。

## 4.2.2 节能与能源利用

### 1. 能源综合管控

(1) 开展能源利用专项规划。

(2) 依据机场能源需求预测,合理规划供电、供气和供热、供冷站的容量,并靠近负荷中心布置。参考《航站楼高大空间节能设计和运行应用指南》第 8.1.1 条"能源站宜尽量靠近航站楼,与航站楼供冷输送距离不宜过大"。

(3) 冷热源、输配系统和照明等各部分能耗进行独立分项计量。根据《用能单位能源计量器具配备和管理导则》和《民用机场能源资源计量器具配备规范》,一级计量——对机场各种能耗(如电、燃气、水、集中供冷和供热等)实现独立分类计量,并对机场各单体建筑单独计量;二级计量——在一级计量基础上对机场各种能耗系统(如冷热源系统、输配系统、空调系统、暖通系统、照明系统、行李系统、水系统等)实现独立分类计量;三级计量——在二级计量基础上对机场各种设备(如水泵、各类电机等)实现独立分类计量。

(4) 获得《能源管理体系要求》的能源管理体系认证。

(5) 实施能源资源管理激励机制,管理业绩与节约能源资源、提高经济效益挂钩。

(6) 建有能源利用实时监测系统、智慧能源管理系统。其中包括具有完备能源利用实时监测系统,并定期开展能源审计;通过智慧能源管理系统对机场能源实现系统化管理。

2. 能源消耗管控

（1）综合能耗管控目标。能源绿色机场建设的核心目标是降低机场能耗。据调研，机场综合能耗受到诸多因素影响，例如机场所处地域气候类型、机场规模（航空业务量、航站楼建筑面积）、机场运行饱和度、机场改扩建、自然灾害等特殊事件，其中，地域气候类型对机场综合能耗影响最为显著，同等规模情况下，东北与华北严寒地区机场能耗要远高于其他区域机场，而气候温和地区机场能耗要远低于其他区域机场。与此同时，机场航站楼建筑面积决定了机场基准能耗，而机场运行饱和以后，机场能耗还将随着航空业务量增长而增长。因此，需要在满足机场正常运行和发展需要基础上，制定明确的能耗控制目标，并且观察是否达到单位旅客能耗指标。

（2）是否采取有效措施降低机场航站楼综合能耗强度。可通过比较航站楼综合能耗强度与《民用机场航站楼能效评价指南》4.3 节规定的能耗约束值进行判断。航站楼能耗指标的先进值应达到《民用机场能效评价指南》的引导值要求或低于同地区、同规模机场航站楼能耗指标平均值 20％以上。

（3）是否采取措施降低机场货运区能耗。《绿色工业建筑评价标准》制定了共性的、统一的工业建筑能耗指标计算和统计方法，要求货运区单位建筑面积（单位容积、单位产品）能耗指标比国内同行业基本水平降低 5％，可以按照此方法进行货运区能耗指标计算。

3. 能效转换管理

（1）机场供暖空调、生活热水系统的冷、热源机组能效是否均优于现行国家标准的规定以及能效限定值的要求。例如国家标准《公共建筑节能设计标准》强制性条文 4.2.10、4.2.14 和 4.2.19，分别对电机驱动的蒸气压缩循环冷水（热泵）机组的性能系数（COP）、名义制冷量大于 7 100 W、屋顶式空气调节机组的能效比（EER）、直燃型溴化锂吸收式冷（温）水机组的性能参数提出了基本要求。同时，超大型、大型机场拟采用燃气冷热电三联供系统时，应专题论证其接入当地电网的可行性，以及余热利用的经济性。

（2）合理利用蓄能技术。①根据机场当地分时电价，经过技术经济分析，合理采用水蓄冷或冰蓄冷等技术，高效利用冷源设备。②根据机场电力负荷及场地内铺设光伏发电设备的可用条件，合理配备电力储能系统，高效利用可再生能源所发电能。

（3）选用节能高效的照明、电气、动力设备。①光源、三相配电变压器、电动机的能效值不低于国家相应能效标准的节能评价值要求。②风机、水泵动力设备（消防设备除外）的能效值达到现行《通风机能效限定值及节能评价值》和《清水离心泵能效限定值及节能评价值》规定的 2 级及以上能效等级。

### 4. 建筑绿色节能

（1）对于机场建筑围护结构的热工性能是否进行优化。相关标准要求包括外墙、屋顶、外窗、幕墙等围护结构的传热系数 $K$ 值以及太阳得热系数 $SHGC$ 值的要求，具体标准参照《公共建筑节能设计标准》。

（2）航站楼是否达到绿色建筑星级标准。航站楼是机场内的资源消耗重要部门，应成为降低机场资源消耗，提升机场生态质量的着力点之一。在绿色机场规划设计中应强调对航站楼能耗要求，以控制整个机场的资源消耗水平。因此，航站楼应符合《绿色航站楼标准》的要求和《绿色建筑评价标准》的规定，达到绿色建筑一星级标准。同时，在一星级绿色建筑成为绿色机场基本要求的基础上，鼓励实施更高星级绿色建筑，提高航站楼绿色星级要求，对机场内建筑的性能提升尤为重要。

（3）是否制定绿色建筑专项规划。绿色建筑专项规划方案是机场区域内实施绿色建筑发展的纲领性文件，对机场内绿色建筑的管理有重要的意义，应结合总体规划开展编制工作，以指导机场内的绿色建筑发展。绿色建筑专项规划中应明确绿色建筑发展的目标定位及具体的绿色建筑布局方案，并从管理角度提出保障绿色建筑实施的措施。新建民用建筑应按照《绿色建筑评价标准》的规定全部达到绿色建筑一星级及以上标准，其中达到绿色建筑二星级及以上标准的建筑面积比例不应低于30%。

（4）机场项目建设施工按照《民用机场绿色施工指南》执行。机场内建筑项目应按照《建筑工程绿色施工规范》中的减量化、资源化、无害化的要求进行施工，严格控制扬尘，对建筑垃圾的产生、收集、运输、储存、处置、利用实行全过程控制。

## 4.2.3  节水与水资源利用

### 1. 机场建筑平均日用水量

机场建筑平均日用水量应不高于《民用建筑节水设计标准》中的节水用水定额上限值与下限值的平均值。

### 2. 水资源利用提高措施

应采取有效措施提高机场水资源利用率。根据《绿色生态城区评价标准》相关条文，管网漏失水量包括：阀门故障漏水量，水池、水箱溢流漏水量，设备漏水量和管网漏水量。为避免漏损，可采取以下措施：

（1）给水系统中使用的管材、管件，应符合现行产品标准的要求；

（2）选用性能高的阀门、零泄漏阀门等；

（3）合理设计供水压力,避免供水压力持续高压或压力骤变;

（4）做好室外管道基础处理和覆土,控制管道埋深,加强管道工程施工监督,把好施工质量关;

（5）水池、水箱溢流报警和进水阀门自动联动关闭。

按使用用途、付费或管理单元情况,对不同用户的用水分别设置用水计量装置,统计用水量,并据此实行计量收费,以实现"用者付费",达到鼓励行为节水的目的,同时还可统计各种用途的用水量和分析渗漏水量,达到持续改进的目的。也可以根据用水计量情况,对不同管理单元进行节水绩效考核,促进行为节水。

给水配件阀前压力大于流出水头,给水配件在单位时间内的出水量超过额定流量的现象,称超压出流现象,该流量与额定流量的差值,为超压出流量。给水配件超压出流,不但会破坏给水系统中水量的正常分配,对用水工况产生不良的影响,同时因超压出流量未产生使用效益,为无效用水,即浪费的水量。因它在使用过程中流失,不易被人们察觉和认识,属于"隐形"水量浪费,应引起足够的重视。给水系统设计时应采取措施控制超压出流现象,应合理进行压力分区,并适当地采取减压措施,避免造成浪费。

绿化灌溉应采用喷灌、微灌、渗灌、低压管灌等节水灌溉方式,同时还可采用湿度传感器或根据气候变化的调节控制器。可参照《园林绿地灌溉工程技术规程》中的相关条文进行设计施工。

目前普遍采用的绿化节水灌溉方式是喷灌,其比地面漫灌省水 30％～50％。微灌包括滴灌、微喷灌、涌流灌和地下渗灌,比地面漫灌省水 50％～70％,比喷灌省水 15％～20％。当 90％以上的绿化面积采用了高效节水灌溉方式或节水控制措施时,方可判定本条得分。

采用非传统水源,可减少对市政常规水源的消耗,是节水的重要措施之一。

### 3. 再生水供水系统

根据《绿色生态城区评价标准》相关条文,再生水指生活污水经处理后,达到再生水回用水质标准,可以用于冲厕、绿化、浇洒等用途的非饮用水。这一过程也称为污水资源化。

再生水处理厂以机场方为主体建设,再生水管网和自来水管网同步敷设和管理,可以保障再生水供应的水量、水压和水质,同时,有利于增强大众使用再生水的信心。因此,鼓励建设机场区域再生水系统。

市政再生水系统设计建设时,必须严格保障其用水安全可靠,做好防止误接误饮措施。对于再生水管材,要求在管材外壁上连续喷涂"再生水"字样;不得直接在管网上安装配水龙头;防止误接误饮措施不限于以上两种。

条文中"再生水供水能力和与之配套的再生水供水管网覆盖率均达到 20％"的含义是:按照机场区域内生活污水 100％得到再生利用为计算基准值。规划建设阶段:提交的再生水厂产水能力达到 20％,相应的再生水管网设计满足处理能力的配水需求;运营管理阶段:已经建设完成投入使用的再生水厂的生产能力达到20%,而且配套建设了满足处理能力的再生水供水管网。如果二者不一致,按较低值评分。

4. 非传统水源

根据《绿色生态城区评价标准》相关条文,非传统水源利用率指采用再生水、雨水等非传统水源代替市政供水或地下水供给景观、绿化、冲厕等作为非饮用水使用的水量占总用水量的百分比。

一般情况下,非传统水源利用评价包括收集系统、处理系统和回用系统三个方面。收集系统应明确原水收集范围,进行水量平衡计算;处理系统涉及执行的水质标准和处理工艺,宜进行技术经济可行性分析;回用系统需在满足水量、水质要求的基础上,提出确保供水安全的实施方案。

机场区域内浇洒、景观、洗车等用水应优先采用再生水和雨水,鼓励冲厕、空调循环冷却水补水等用水采用再生水和雨水。

## 4.2.4 节材与材料利用

### 1. 建筑材料

根据《绿色建筑评价标准》条文 7.1.10 的相关内容,鼓励使用本地生产的建筑材料(包括土建工程材料、市政工程材料和道路材料),提高就地取材制成的建筑材料产品所占的比例,要求机场建设过程中所用建筑材料中使用 500 km 范围内生产的建筑材料总量的比例不小于60%。

建材本地化是减少建材运输过程资源和能源消耗、降低环境污染的重要手段之一。鼓励选用本地化建材,是减少运输过程的资源和能源消耗、降低环境污染的重要手段之一。本条要求就地取材制成的建筑产品所占的比例应大于60%。500 km 是指建筑材料的最后一个生产工厂或场地到施工现场的运输距离。

### 2. 装配式建筑面积比例

根据《绿色生态城区评价标准》相关条文,建筑工业化是以构件预制化生产、装配式施工为生产方式,以设计标准化、构件部品化、施工机械化、管理信息化为特征,能够整合设计、生产、施工等整个产业链,实现建筑产品节能、环保、全生命周期价值最大化的可持续发展的新型建筑生产方式,涉及主体工程、装修装饰工程、管道工程等多个方面。现阶段,建筑工业化主要考虑主体结构(含围护结构)生产、施工方式,以装配式建筑来衡量。

装配式建筑是用预制的构件在工地装配而成,大大减少施工过程的资源消耗,建造速度快,受气候条件制约小,节约劳动力并可提高建筑质量,是实施绿色建筑的重要措施,应大力推广应用。

### 3. 绿色建材应用比例

根据《绿色生态城区评价标准》相关条文,绿色机场建设和运管鼓励采用对环境影响小的绿色建材,以减少对天然材料资源的消耗,并减少材料资源开发活动对生态环境的破坏。

绿色建材须通过相关评价认证方能得分,主要是指依据住房和城乡建设部、工业和信息化部《绿色建材评价标识管理办法》开展的绿色建材评价标识。

### 4. 再生资源回收利用率

根据《绿色生态城区评价标准》条文 7.2.11,在机场建设和运管过程中,须建立再生资源回收利用体系(或可被该体系覆盖),以有效减少机场区域内固体废弃物产生和排放。

再生资源回收利用包括废旧金属、废旧电器电子产品、废纸、废塑料、废旧木材、废旧纺织品、废玻璃、废陶瓷等的回收利用。

机场再生资源回收利用体系说明文件中应明确该机场区域内再生资源类别、已回收利用的再生资源量。

再生资源回收利用率计算公式如式(1):

$$R_R = \sum \frac{\left(\dfrac{E_1}{R_1} + \dfrac{E_2}{R_2} + \dfrac{E_3}{R_3} + \cdots + \dfrac{E_n}{R_n}\right)}{n} \times 100\% \tag{1}$$

式中　$R_R$——再生资源回收利用率(%);

$R_1, R_2, R_3, \cdots, R_n$——机场说明文件中所明确的第 $n$ 种再生资源的估算产生量;

$E_1, E_2, E_3, \cdots, E_n$——机场内统计的已回收利用的第 $n$ 种再生资源量。

### 5. 生活垃圾和建筑废弃物资源化利用

根据《绿色生态城区评价标准》条文 7.2.12,鼓励固体废弃物资源化利用,以减少机场建设和运管过程中因废弃物排放对环境质量的影响,并减少对天然材料资源的消耗,其中主要包括生活垃圾和建筑垃圾两部分。

生活垃圾的处理处置一直是各地城市管理中的工作重点,而实施城区生活垃圾资源化利用,可通过物质利用和能量利用的方式,为城区运管提供新型能源和资源,同时促进实现生活垃圾的减量化、无害化目标。在实际评价中,采用物质利用和能量利用的方式对生活垃圾进行处理的,属于资源化利用,例如运到垃圾处理厂用于焚烧发电或厨余垃圾回收堆肥等,可将其计入生活垃圾资源化率比例。一般情况下,应先对生活垃圾中可回收利用部分进行再生资源回收,而后对生活垃圾进行资源化利用。

建筑垃圾的规范化管理和资源化利用在国内处于起步阶段,其产生和处置与城区建设过程密切相关。因此,将城区建设和运管过程中可被资源化利用的建筑垃圾按其来源分为拆除类建筑垃圾、施工建筑垃圾和装修垃圾,可以有效实现建筑垃圾处理的减量化、资源化和无害化。在规划设计阶段,机场应制定建筑垃圾规范化管理文件或资源化方案。在实施运管阶段,对建筑垃圾的产生、收集、运输、储存、处置、利用实行全过程控制,实现容器化存放、专业化运输。机场内需拆除的废弃建筑或部分构筑物应实施绿色拆除,并分类资源化利用;建设工程施工过程中的建筑垃圾实现减量化,符合绿色施工标准要求;装修垃圾实现与生活垃圾分开收集、储运,进入无害化或资源化处理厂站。

## 4.3 低碳减排

### 4.3.1 低碳建设

1. 合理利用可再生能源

1)可再生能源利用专项规划

机场能源站供能方案直接影响机场能源系统的节能减排潜力。在能源站供能方案规划阶段,应结合机场及周边区域的可利用能源资源禀赋,尤其是可再生能源的禀赋进行能源利用专项规划研究。根据能源站所服务的终端能源用户的预测用能需求,计算多种供能方案在运行过程中的预测能耗及碳排放值。综合供能方案的节能性和碳减排潜力,确定最终的供能方案。

2)可再生能源比例

可再生能源类型包括机场区域可以利用的风能、太阳能、水能、生物质能、地热能等非化石能源。

可再生能源比例如式(2):

$$P = \frac{S}{C} \times 100\% \tag{2}$$

式中   $S$——可再生能源年供能总量,可再生能源每年供冷、供热、供电的总量(标准煤);

   $C$——机场能源年总消耗量,机场每年冷、热、电的总消耗量(标准煤)。

2. 新能源基础设施配置

1)智能微电网设施建设

微电网是相对传统大电网的一个概念,是一个能够实现自我控制、保护和管理的自治系统,既可以与外部电网并网运行,也可以独立运行,可以有效提高电网的抗灾害能力,保证网内电力供应的安全性;高效节能,可有效实现电力供应和消费的优质匹配,优化电力资源网内分配,且线损非常低;可有效解决风、光等清洁能源并网问题。这是实现主动式配电网的一种有效方式,是传统电网向智能电网的过渡。

与传统集中式能源系统相比,微电网具有许多优势,如微电网接近负荷,线损显著减少,建设投资和运行费用较省;分布式能源具备发电、供热、制冷等多种服务功能,可实现更高的能源综合利用效率;发展微电网有利于各类可再生能源的利用,减少了排放总量、征地、电力线路走廊用地和高压输电线的电磁污染,缓解了环保压力;微电网可以解决部分调峰和备用问题,做到与季节性和地域性的电力需求变化相适应,使得电力系统的经济性和安全性达到最佳平衡;微电网可以提高供电可靠性、供电质量和电网的安全性。

2) 机场 LED 光源替代

与传统照明技术相比,LED 灯具能有效降低能耗、碳排放和人员维修频次。

替代比例计算公式如式(3):

$$R = \frac{N_{\text{LED}}}{N_{\text{T}}} \times 100\% \tag{3}$$

式中　$N_{\text{LED}}$——机场 LED 灯数量;

　　　$N_{\text{T}}$——灯源总数,包括航站楼照明灯光、飞行区照明、助航和高杆灯。

3) 配备航空器 APU 替代设施

飞机在地面等待时间内所需电源和空调动力在没有外界供应的情况下均由飞机辅助发动机(APU)提供,以波音 777 机型为例,使用 APU 时每小时消耗燃料约 328 L,排放污染较大、成本较高。相比于采用 APU 为飞机供能,在站坪配置并使用地面动力装置(GPU)以及飞机预制冷空调系统(PCA),依靠电力为飞机提供能源,具有低成本、无噪声、无直接排放、安全舒适等优点。同时,还可节约飞机 APU 的维护费用和使用寿命。

4) 场内配备新能源特种车辆及其他车辆

机场内的特种车辆主要包括站坪内运行的牵引车、客梯车、摆渡车、引导车、行李传送车、升降平台车、行李拖车头、叉车、拖车、贵宾车等。其他车辆主要指在场内除特种车辆以外的地面机动车辆。在计算车辆配备比例时,应为申报范围全域的所有新能源车数量与相应车辆总数的比值,包括机场公司产权车辆和驻场航空公司产权车辆。

## 4.3.2　低碳管理

**1. 定期组织碳排放清单编制、碳核查、碳审计工作**

根据《四型机场建设导则》5.2.3 条第二款,机场应采取碳排放清单编制、碳排放核算/核查、开展碳排放审计等措施。鉴于机场的建设周期通常较长,本条要求机场相关部门结合机场的建设运行情况,定期组织碳排放清单编制、碳核查、碳审计等工作,以便及时反映机场改扩建、新增设备设施等产生碳排放源变化的情况。

碳排放清单编制、碳核查、碳审计等工作过程中的核算方法、边界及报告形式可参照《温室气体排放核算与报告要求》第 6 部分"民用航空企业"中对于机场企业的相关规定。若机场申报相关碳排放认证体系,且申报认证所要求的核算边界满足上述国家标准的要求,则相关碳核查数据和报告也可作为本条的采信资料。

## 2. 机场申报并获得相关机场碳排放认证体系认证

目前机场领域的碳排放认证体系影响力较大的为国际机场协会提出的机场碳排放认证(Airport Carbon Accreditation,ACA)体系。同时,国内相关单位也在筹备制定中国的机场碳排放认证体系。获得碳排放认证有助于机场自动完成每年国家针对机场行业的碳排查工作;发现能源消耗重点区域,明确节能减排要点;应对来自全球航空业的减排压力;极大提升机场公众形象。

## 3. 低碳运营管理

积极落实国家、行业碳达峰、碳中和总体要求,制定明确的碳减排政策,并有效实施低碳运营管理。

实现碳减排不能仅仅依靠技术、设备等硬件措施,更重要的是机场低碳管理制度与机制的形成。建立机场碳减排的专门管理体系,制定日常管理制度,并不断完善减排策略,可以形成稳定的工作机制,构建长期的制度保障,促进减排策略的与时俱进,并培养机场的低碳氛围。这样不仅能够保障减碳技术措施的落实,而且能够实现城区碳减排工作的可持续发展。

机场智慧能源管控平台应包含碳排放核算、分析等功能,其内容应包括但不限于机场碳排放足迹档案、碳排放量统计数据库、机场碳排放考核指标等,从而为机场的碳排放管理工作提供支持,以及实现运营过程的碳排放监测与管理。这不仅有助于详细地了解碳排放现状,对已经实施的碳减排措施效果进行评估,还可为制定节能减排措施提供依据和支撑。

## 4. 碳中和措施与碳交易

机场实施碳中和措施,积极参与碳排放交易,为碳排放治理贡献力量。

机场可通过降低能源消耗、使用可再生能源这些内部减排措施来减少排放量,然后再考虑将剩余的无法避免的减排量通过购买碳补偿项目如林业碳汇等方式来实现抵消碳排放量。

生态环境部发布了《碳排放权交易管理办法(试行)》(生态环境部令第 19 号),随着一系列文件的落地,全国碳排放权交易市场于 2021 年正式启动,覆盖了电力、钢铁、建材、有色、石化、化工、造纸、民航等八个行业。排放量达到 1 万 t 标煤的企业,即纳入温室气体重点排放单位,应当控制温室气体排放、报告碳排放数据、清缴碳排放配额、公开交易等信息,并接受监管。随着碳市场的启动,"十四五"期间,机场有望随着民航业纳入碳排放权交易市场。

民航"十四五"规划提出,鼓励有条件机场开展近零碳机场、近零碳航站楼建设。"近零碳"并不是不排放二氧化碳,而是达到二氧化碳接近零排放目标。

中国民航参与国际民航组织航空减排政策和技术标准制定,开展国际民航碳排放治理合作项目,支持联合国机构在推动全球民航可持续发展进程中发挥积极作用等,能够提高中国在国际民航标准制定中的话语权,提升中国民航在国际民航的影响力和地位,也有助于推动建立公平公正、各尽所能、互学互鉴的全球航空碳排放治理体系。

### 5. 低碳教育及实践

开展员工、旅客、公众绿色低碳教育及实践,构建多样的宣传教育模式与平台。开展绿色低碳教育是对机场员工及旅客普及绿色、环保和低碳生活理念以及基本专业知识的重要途径。绿色低碳教育的开展应针对不同对象实施不同方案。可由机场主导开展绿色低碳日,同时邀请绿色相关的非营利团体、社区、学校、企业等共同参与。

## 4.4　健康舒适

### 4.4.1　卫生健康

#### 1. 不出现机场责任原因导致的公共卫生安全事故或严重事故征候

机场应加强应对突发公共卫生事件的应急能力,针对不同类型、不同级别突发公共卫生事件,拥有完善的应急处置体系,满足机场突发公共卫生事件处置工作需要。

突发公共卫生事件,是指突然发生,造成或者可能造成社会公众健康严重损害的重大传染病疫情、群体性不明原因疾病、重大食物和职业中毒以及其他严重影响公众健康的事件。根据突发公共卫生事件性质、危害程度、涉及范围,突发公共卫生事件可划分为特别重大(Ⅰ级)、重大(Ⅱ级)、较大(Ⅲ级)和一般(Ⅳ级)共四级。

参考《中国民用机场服务质量评价指标体系》条文 8.1"安全一票否决指标"。

#### 2. 医疗救护服务

机场需要提供医疗救护服务,例如救护车、医疗人员、急救箱和医疗急救药品,高原机场应配备吸氧仪等,同时机场急救服务可覆盖最早和最晚航班旅客。

参考《中国民用机场服务质量评价指标体系》中条文 8.1"医疗救护服务"。

### 3. 配备自动体外心脏除颤仪

近年来,公共场所猝死事件频发已成为不可忽视的现象,《健康中国行动(2019—2030 年)》提出,完善公共场所急救设施设备配备标准,在学校、机关、企事业单位和机场、车站、港口客运站、大型商场、电影院等人员密集场所配备急救药品、器材和设施,配备自动体外除颤器,主要用于猝死患者的急救,对心源性猝死患者的心肺复苏抢救成功率能成倍提高。如果第一目击者会急救技能且在 4 min 内及时实施心肺复苏术,救活率可达到 50%。机场必须要获得医疗器械注册证,对其外箱和数据传输系统必须符合国家《中华人民共和国网络安全法》《医用电气设备》《医疗器械网络安全注册技术审查指导原则》等。

因此,航站楼内须配备有符合国家安全性与可靠性要求的自动体外除颤器,并始终处于良好使用状态。

### 4. 有效保障机场员工需求

机场为运行保障单位,岗位履职压力大,时间长,需要配套相应基层员工休息室,以激发员工爱岗敬业和主人翁精神,在休息空间规划上,建议做好资源规划和硬件改造,改善休息室空间分布、使用功能、设施配备与室内环境,满足员工吃饭、饭菜加热、更衣、洗澡、夜班休息等生产生活基本需求,对于员工休息室的基本配备条件,宜进行标准化规范化设计。尤其是机场飞行区一线员工在户外工作非常辛苦,常面临卫生、饮食等基本需求无法满足的困境,需要特别关注并改善这一状况。

建立日常的员工身心健康监测、监督机制,在身体健康方面,为机场员工提供免费测量血压、体重、腰围等健康指标的场所和设施等,定期组织体检等;在心理素质和心理健康方面,设立员工健康培训项目,安排心理疏导活动等,及早发现员工可能存在的健康问题。

员工职业健康与工作压力具有密切关联,机场应积极思考降低员工工作压力的途径,如为员工提供整洁卫生、绿色环保、舒适优美和人性化的工作环境,通过合理排班,减少员工疲劳风险,实施员工健康奖励等。

## 4.4.2  环境舒适

### 1. 暖通空调系统应具备应对重大突发公共卫生事件的措施

当重大突发公共卫生事件出现时,如果建筑室内暖通空调系统设计不当,气流组织设计不合理,系统不能及时调控就会导致疾病的进一步蔓延,尤其在人员密集的公共场所,这种情况会更为严重。因此,机场建筑内的暖通空调系统既要能保障室内人员热舒适,又要能应对重大突发公共卫生事件,保障人民健康。突发公共卫生事件出现时,针对建筑通风空调系统的设计与运行提出了以下要求:

（1）能形成合理的室外新风流经人员所在场所的气流组织;

（2）空调系统新风口及周围环境必须清洁,确保新风不被污染;

（3）新风口、排风口、加压送风口、排烟口设置与距离必须满足卫生要求;

（4）空调通风系统的常规清洗消毒应当符合《公共场所集中空调通风系统清洗消毒规范》(WS/T 396)的要求;

（5）建筑热湿环境及相应系统在突发公共卫生事件应急状态下应采用如下措施来加强室内外空气流通:①以循环回风为主,新、排风为辅的全空气空调系统,原则上应采用全新风运行,以防止交叉感染;②采用新风、排风热回收器进行换气通风的空调系统,应按最大新风量运行,且新风量不得低于卫生标准,达不到标准者应通过合理开启门窗,加强通风换气,以获取足额新风量;③对于只采用空调器(机)供冷供热的房间,应合理开启部分外窗,使空调房间有良好的自然通风;④当空调关停时,应及时打开门窗,加强室内外空气流通;⑤全空气空调系统与水—空气空调系统宜在每天启用前或关停后让新风和排风机多运行 1 h,以改善空调房间室内外空气流通。

## 2. 室内噪声

由于航站楼室内的乘客频繁流动、交谈和播音广播等原因,并且受航站楼高大空间影响,室内声环境欠佳,经常出现广播通知清晰度不够,或者广播通知难以引起乘客注意的情况。调研发现,航站楼室内噪声强度通常处于较高水平,平均值在 55~70 dB 之间。乘客抱怨的噪声主要为室内交谈导致的混响声,而室外飞机噪声对室内声环境影响较小。建议应对旅客聚集区及高大空间区进行专项声学设计,合理优化语言传输指数和控制混响时间,减小环境噪声,确保广播声音清晰。

在建筑设计、建造和设备系统设计、安装的过程中,通过对典型航站楼室内声环境的空场模拟分析,发现机场指廊高度越高,语言传输指数越小。但在平均净高不超过 8 m 时,语言传输指数难以达到 0.5 以上,但可保证达到 0.45 以上。因此应该尽量控制指廊的高度不超过 8 m,以保证语言传输系数不受影响。当指廊高度过高时,应增加更多的吸音措施。

在围护结构设计上,采用轻型屋盖系统,应采用隔声材料、吊顶等,防止雨噪声,对于噪声源空间的墙面及顶棚做吸声处理;噪声源空间与有安静要求的空间之间的墙体和楼板做隔声处理,选用隔声门窗。

在设备系统设计、安装时,针对引起噪声与振动的原因采取控制措施,在建筑设计上确保噪声敏感区域远离噪声源,空调机房、水泵用房、变配电房等设备用房的位置安排在旅客密度小的区域。

### 3. 天然采光与眩光

充足的天然采光不仅有利于建筑使用者的生理和心理健康,同时也有利于降低人工照明能耗。各种光源的视觉试验结果表明,在同样照度的条件下,天然光的辨认能力优于人工光,从而有利于人们工作、生活、保护视力和提高劳动生产率。结合《绿色建筑评价标准》的采光系数要求和国内新建机场室内采光计算案例,需对航站楼主要功能区的采光系数提出要求。

此外,航站楼建筑一般进深较大,地下空间容易采光不足。通过天窗、棱镜玻璃窗以及导光管等技术的应用,可有效改善这些空间的天然采光效果。

### 4. 热湿环境

航站楼应满足室内热环境舒适度的要求。其中,温度、湿度是影响人体热舒适的重要指标,直接影响旅客对于航站楼的舒适体验。

航站楼室内温度、湿度应符合《航站楼高大空间节能设计和运行应用指南》的规定。

### 5. 室内气流组织

航站楼内主要功能区域,如出发厅、迎客厅等,其通风或空调供暖工况下的气流组织需满足要求,避免冬季热风无法下降,避免气流短路或制冷效果不佳。航站楼建筑高大空间的空调具有其特殊性,气流容易出现明显的分层现象,且垂直方向温度梯度很大。因此,要实现出发厅、迎客厅等高大空间良好的热环境,关键在于设计合理的气流组织,并进行气流组织设计计算和分析。

### 6. 遮阳措施

遮阳设施的面积占外窗透明部分比例 $S_Z$ 按式(4)计算:

$$S_Z = S_{Z_0} \cdot \eta \tag{4}$$

式中  $\eta$ ——遮阳方式修正系数,对于活动外遮阳设施,$\eta$ 为 1.2;对于中置可调遮阳设施,$\eta$ 为 1;对于固定外遮阳(含建筑自遮阳)设施,$\eta$ 为 0.8;对于可调内遮阳设施,$\eta$ 为 0.2;

$S_{Z_0}$ ——遮阳设施应用面积比例。活动外遮阳、中置可调遮阳和可调内遮阳设施,可直接取其应用外窗的比例,即装置遮阳设施外窗面积占所有外窗面积的比例;对于固定外遮阳,按大暑日 9:00—17:00 之间所有整点时刻其有效遮阳面积比例平均值进行计算,即该期间所有整点时刻其在所有外窗的投影面积占所有外窗面积比例的平均值。

对于按照大暑日 9:00—17:00 之间整点时刻没有阳光直射的透明围护结构,不计入计算。参考《绿色建筑评价标准》。

### 7. 自然通风

自然通风是在风压或热压推动下的空气流动,是实现节能和改善室内热舒适的重要途径。因此,为有效利用自然通风,航站楼要具有一定的通风开口面积比,换气次数每小时不小于 2 次。

航站楼设计应采取加大通风开口面积的措施,改善自然通风效果。

### 8. 室内空气环境监控与公示系统

为了维持舒适卫生的室内空气环境,须对室内空气环境指标进行持续监测和控制。随着传感装置和智能化技术的完善普及,对建筑内空气环境指标的实时采集监控成为可能。当所监测的空气环境指标偏离理想阈值时,系统应作出警示,建筑运行管理方应对可能影响这些指标的系统及时调试或调整。将监测发布系统与建筑内空气环境调控设备组成自动控制系统,可实现室内环境的智能化调控,在维持建筑室内环境舒适卫生的同时,减少不必要的能源消耗。考虑到部分空气质量参数指标在线监测技术准确度及经济性在现阶段无法满足实时监测应用推广要求,故现阶段选择空气温度、湿度、PM10、PM2.5、$CO_2$ 五个具有代表性和指示性的室内空气环境指标进行监测。其中 $CO_2$ 除可以直接反映室内污染物浓度情况外,还可作为标志物间接反映建筑新风量及空气置换效果。监测系统传感器应符合相关标准要求。

室内空气环境质量指数发布系统应对各项分指标分别进行实时连续测量、显示、记录和数据传输,读数时间间隔不得长于 10 min;每小时对数据进行平均,核算出室内空气环境质量表观指数,并进行持续公示更新(每小时一次)。应在旅客主要流线区域安装监测点位,且每 1 000 m² 不少于 1 个监测点。

## 4.5　环境友好

### 4.5.1　环境治理

#### 1. 环境污染防治

1)污水处理

水污染物排放应符合相关国家和地方标准,或在满足要求的前提下委托具备相应能力的处理厂进行处理。污染物排放满足排污许可证管理要求。通过污染源控制、水体自净能力提升、管理控制等方式提升水环境质量。污染源控制包括初雨截留、排口封堵、外部来水控制以及局部生态净化等措施,河道自净能力提升包括河道清淤、驳岸生态化改造、局部增氧曝气和生态浮床技术应用,管理控制包括信息化监管、排水信息联动、建立水质突发预警机制等。对于景观水体,一方面在雨水进入景观水体之前,利用生态设施削减径流污染,如充分利用植物和土壤渗滤作用;另一方面,可采用生态驳岸、生态浮床、水生动植物净化等方式提升景观水体质量。

2）油污及垃圾处理设施布局

根据《绿色机场规划导则》条文 11.4.3,"机场内污水处理厂、油库、垃圾转运站宜布置在航站楼、生活区主导风向的下风向处"。考虑到机场在新建航站楼及生活区配套设施的过程中往往会受到场地内既有设施布局具体情况的限制,鼓励在规划设计阶段考虑这些设施对主要人员活动区域的影响,并予以规避。

3）光污染防治

建筑物光污染包括建筑反射光、夜间的室外夜景照明以及广告照明等造成的光污染。光污染会让人的视觉感到不舒服,还会使人降低对灯光信号等重要信息的辨识力,甚至对飞机起降产生影响,带来安全隐患,因此机场在设计时更应关注此问题。

光污染控制对策包括降低建筑物表面(玻璃和其他材料、涂料)的可见光反射比,合理选配照明器具,采取防止溢光措施等。

4）除冰液使用与处理

具体考察包括机场是否使用符合国家有关标准的除冰液、除雪剂,推广使用环保型除冰液,以及除冰废水是否妥善收集处理。

机场除冰液的应用为机场运行与安全提供了有效保障,然而大规模的除冰液喷涂及撒布,会给机场环境带来不利影响。除冰液回收可采用废液回收管道系统,也可以利用设备或定点除冰坪回收装置进行回收。

2. 环境管理

1）噪声管控

机场应加强对航空噪声影响的管理和控制,包括关注机场是否合理制定航空噪声监测计划,进行跟踪监测和动态管理,并建立监测结果发布机制;是否实施科学合理的改善措施。超大型、大型机场或声环境敏感区多的机场应规划飞机噪声自动监测系统,实现飞机噪声的跟踪监测。

参考《绿色机场规划导则》条文 10.3 及《四型机场建设导则》《"十四五"民航绿色发展专项规划》。

2）大气污染物排放管理

机场的大气污染物排放应符合相关国家和地方标准、行业标准及地方政策法规的要求,并满足排污许可证管理要求。包括:机场锅炉、污水处理设施等各类排放大气污染物的设施是否按照环境影响评价要求落实污染治理措施,并能够稳定达标排放;机场是否采取有效措施控制道路、施工扬尘;机场是否实施清洁柴油车行动,推广清洁能源汽车,基本淘汰"国三"及以下排放标准汽车;机场现有柴油车(机械)尾气排放是否符合国家及地方相关污染物排放限值要求。超大型、大型机场应制定合理有效的大气环境监测计划,建设环境空气自动监测设施,并进行跟踪监测、动态管理,以及实施科学合理的改善措施。

参考《绿色机场规划导则》及《四型机场建设导则》等。

3) 水质管理

水质管理包括机场区域雨、污水是否采用分流排水;机场区域餐饮、维修等废水是否采取合理有效的预处理措施,且符合相关排放标准或纳管标准要求;机场是否制定合理有效的水环境监测计划并实施。

水质监测指标主要包含溶解氧(DO)、高锰酸钾指数($COD_{Mn}$)、五日生化需氧量($BOD_5$)、总磷(TP)、氨氮等($NH_3-N$),水质评价标准采用《地表水环境质量标准》(GB 3838—2002)。依据管理需求开展河湖水和景观水体水质监测,建议每个季度至少采样监测一次,发生突发性水污染事件时必须进行水质监测。

参考《中华人民共和国水污染防治法》《民用机场环境保护管理规定》《进一步加强环境保护评价管理建设绿色机场的通知(征求意见稿)》等。

4) 固废管理

机场实行垃圾分类收集、密闭运输。各类固体废弃物的处理处置符合相关国家和地方标准、行业标准等要求;无法自行处理的,将固体废弃物委托给具备相应能力和资质合规的处理厂进行处理。具体包括:机场是否建立规范和完整的垃圾分类制度或流程,垃圾得到有效分类;机场一般固体废弃物处理处置是否符合相关标准要求;机场危险废弃物(含疫区垃圾)的收集、贮存、转运与处置是否符合相关法规及标准要求。机场航站楼、停车楼内是否提供一次性不可降解塑料袋;航站楼内商超、餐饮、旅客休息区等区域是否提供一次性不可降解塑料吸管、搅拌棒、餐/杯具、包装袋等。

参考《绿色机场规划导则》及《绿色生态城区评价标准》《民航行业塑料污染治理工作计划(2021—2025)》等。

## 4.5.2　环境优化

### 1. 环境相容

1) 生态保护

落实生态保护红线管控要求,满足相关自然保护地、饮用水水源保护区、文物古迹、特殊种质资源以及重点保护野生动植物、古树名木等管理要求。

严格管控填海、高填方等可能危害生态功能区、自然保护地以及各类海域保护线的民航运输及相关建设活动。对机场造成的生态扰动和破坏采取有效的生态修复措施。

依据中共中央办公厅、国务院办公厅印发的《关于划定并严守生态保护红线的若干意见》，生态保护红线原则上按禁止开发区域的要求进行管理。严禁不符合主体功能定位的各类开发活动，严禁任意改变用途。依据《"十四五"民航绿色发展专项规划》，"落实生态保护红线要求……严格管控可能危害生态功能区、自然保护地以及各类海域保护线等的民航运输及相关建设活动"。

2）环境规划

机场环境规划包括内部环境规划、规划环境影响评价、外部环境要求。

内部环境规划包括绿地规划、鸟类活动防治、噪声控制、污水、废水、垃圾、大气污染防治要求等。

规划环境影响评价包括环境现状调查分析、环境影响预测、环境影响评价、环境影响减缓措施等，应符合国家、行业的有关规定。

机场总体规划应对当地政府提出外部环境要求，包括机场净空障碍物限制、土地使用相容性、电磁环境保护、鸟类活动控制、光污染控制、烟尘控制等要求。

超大型、大型机场宜规划噪声、大气、水环境等综合环境管理系统，实现环境规划、环境监测、环境质量分析等多种功能的整合，推进环境管理的科学化、信息化与精细化。

参考《绿色机场规划导则》《四型机场建设导则》。

3）净空管理

机场需加强净空管理，保障飞行环境安全。具体包括是否依据《民用机场飞行区技术标准》，按照机场远期总体规划，制作机场障碍物限制图；是否建立净空保护区定期巡视检查制度，并指定部门和人员负责日常巡视检查工作；机场管理机构是否及时将最新的机场障碍物限制图报当地政府有关部门备案。

参考《运输机场运行安全管理规定》等。

4）电磁环境管理

机场需加强电磁环境管理。包括机场管理机构是否及时将最新的机场电磁环境保护区域报当地政府有关部门备案和建立机场电磁环境保护区巡检制度，且发现受干扰问题及时报告；机场是否采取有效措施防止无线电等对机场内外重要保护目标的干扰；机场是否做好电磁辐射防护，加强电磁辐射设施的运行管理。

参考《运输机场运行安全管理规定》等。

5）噪声达标区覆盖率

航空噪声达标区是指航空噪声排放符合国家标准的区域。航空噪声污染是指航空噪声超过国家规定的环境噪声标准，并妨碍人们学习、生活等正常活动的现象。达标区覆盖率是指噪声达标区面积与机场周围敏感区总面积的比值。

参考《绿色机场规划导则》《四型机场建设导则》。

6）机场鸟防

机场需严格落实鸟击及动物侵入的防范工作。具体包括机场是否进行鸟类及其他动物活动监测,并定期开展鸟类和其他动物活动情况信息的收集、分析及评估;是否合理制定机场鸟击及动物侵入防范实施方案,采取对鸟类和其他动物伤害小、有效的驱赶技术和保护措施。

参考《运输机场鸟击及动物侵入防范管理办法》《运输机场运行安全管理规定》等。

2. 景观绿化

1）雨水径流总量控制率

年径流总量控制率指标是指通过自然和人工强化的渗透、集蓄、利用、蒸发、蒸腾等方式,场地内累计全年得到控制的雨量占全年总降雨量的比例,是评估排水分区对雨水控制能力的一项重要指标。

机场应用低影响开发建设模式,加强对场区雨水径流源头水量、水质的控制,有效缓解机场内涝,防止径流污染;采取有效的水土流失预防和治理措施,改善和保护机场生态环境。

参考《海绵城市建设技术指南》《水土保持法》第三十八条、《绿色机场规划导则》条文11.3 等。

2）绿地率

绿地率是指机场范围内各类绿地的总和与总用地面积的比值。

机场区域应按照功能区合理规划绿地,机场区域内的总体绿地率宜不小于30%。

参考《绿色机场规划导则》条文 11.2.2。

3）绿化形式

机场绿化结合机场区域净空限制及鸟防要求,优化植物搭配方式和多样化绿化形式。植物配置是否遵循适地适树的原则,以乡土植物为主,防止外来植物入侵,是否构建与周边生态环境相协调的植物群落;根据机场不同空间尺度、功能分区的特点进行绿色景观设计,注重多层次、季节性景观变化,合理采用立体绿化方式。绿化方式以草、灌为主,适当结合乔木植物,防止鸟类对飞行安全产生影响,保证净空安全。超大型、大型机场进场路为高速公路或城市快速路且用地条件允许时,宜规划绿化隔离带。

参考《绿色机场规划导则》条文 11.2.1、《四型机场建设导则》条文 5.2.4 及《运输机场总体规划规范》条文 22.2.4。

## 4.6 运行高效

### 4.6.1 航空器运行

**1. 每月航班放行正常率**

民航局每年都会出台《航班正常考核指标和调控措施》,并在每月通报考核情况。其中规定旅客吞吐量 2 000 万人次(含)以上的机场(以上一年为基准)当月放行正常率和航班起飞正常率加权平均值低于 75%(不含)且排名后 3 位的,予以通报批评;连续 2 个月每月低于 75%(不含)且排名后 3 位的,自通报下发之日起连续 3 个月停止受理该机场客运加班、包机和新增航线航班申请(正常航班换季、特殊加班和包机及新开国际航线除外)。

**2. 出港延误时间**

根据民航局《航班正常管理规定》规定"航班出港延误"是指航班实际出港撤轮挡时间晚于计划出港时间超过 15 分钟的情况。根据《绿色机场规划导则》第 5.3.8 条,"超大型、大型机场的飞机平均离港无延误滑行时间宜不超过 15 分钟"。

**3. 机场原因造成不正常航班占计划航班比例**

机场原因造成不正常航班占计划航班比例,统计一年内的每月机场原因造成的不正常航班数量与机场计划航班数量,计算每月二者比例取平均值,并进行现场数据调研或抽样测量。

**4. 航班平均滑行时间**

机场应提高地面保障效率,减少飞机滑行时间,根据《民航航班正常统计办法》,机场平均滑行时间为反映机场航空器地面运行效率的指标,分为机场平均滑出时间和机场平均滑入时间。

计算公式如式(5):

$$\overline{T}_{出} = \frac{T_{出}}{N_{离}}$$

$$\overline{T}_{入} = \frac{T_{入}}{N_{到}} \tag{5}$$

式中　$\overline{T}_{出}$——机场平均滑出时间;

　　　$T_{出}$——离港航班滑出总时间;

$N_{离}$——离港航段班次；

$\overline{T}_{入}$——机场平均滑入时间；

$T_{入}$——到港航班滑入总时间；

$N_{到}$——到港航段班次。

年平均地面滑行时间，根据机场提供的一年的月度平均滑出、滑入时间，计算逐月平均值后，再取二者平均值。

### 5. 近机位比例

充分考虑机位运行效率和旅客便捷登机的需求，适当提高近机位比例。近机位比例计算方法为近机位数除以参数预测的客机位数。根据《运输机场总体规划规范》条文11.4.3，航站区指标为 3 的机场应规划近机位。航站区指标为 4 及以上的机场规划近机位比例应不小于 70%，超大型、大型机场宜结合航班时刻、航班正常性、机位周转效率、运行保障能力等因素，按实际运行满足旅客使用登机桥比例不小于 90% 的要求，规划近机位数量。

### 6. 航班靠桥率

航空器靠桥是机场地面保障的一个环节，可减少上下客梯车、摆渡车以及摆渡旅客等过程，让旅客流程更方便快捷，乘机体验更为舒适，同时还可减轻机场地面保障部分工作强度，为航班准点提供有力支持。当机场廊桥数量无法满足所有航班靠桥的需求时，有的航班只能停在远机位上，由摆渡车接送旅客往返航站楼。调研显示，80% 的旅客在意所乘航班是否靠廊桥。

### 7. 机场地面保障运行效率

机场与空管、地面服务单位及其他航班保障相关单位应当加强协同合作，提高机场地面保障运行效率。

随着航班量与旅客吞吐量快速增长，机场尤其是大型、超大型机场的空中、地面资源保障能力不足的问题凸显，直接带来航班正常率下降、旅客出行体验变差等一系列问题，甚至引发诸多安全风险。机场采取与空管、地服等相关单位协同运行策略、程序或机制能够解决机场尤其是大型机场运地面运行保障、决策能力不足的问题，提高地面运行效率，提升服务品质。民航局为了提高机场整体运行效率，打破空管、机场、航空公司等保障单位信息壁垒，促进协同运行，尤其是进一步提升地面运行效率和大面积航班延误下的快速响应和处置能力，于 2017 年发布《关于进一步统筹推进机场协同决策建设的通知》，要求行业各单位进一步统筹推进机场协同决策（A-CDM）建设。

## 4.6.2　地面交通运行

**1. 降低交通碳排放与提高绿色交通出行**

参考《绿色生态城区评价标准》条文 8.1.1,"城区的交通规划应对降低交通碳排放与提高绿色交通出行提出指导性措施与总体控制指标"。机场综合交通系统规划包括机场内部交通系统规划和机场与外部交通系统规划。

**2. 制定机场内部交通规划,合理确定场内路网规划和道路等级**

参考《绿色机场规划导则》条文 7.4.2,"应根据场内交通量预测,合理确定场内路网规划和道路等级"。根据《运输机场总体规划规范》的 18.4 节,超大型、大型机场应采用进场路与场区道路立体交叉的形式。当大型、中型载客汽车占进场路车流量比例不小于8%时,宜规划巴士专用车道。超大型、大型机场航站区道路系统不应规划为兼顾货运交通。

**3. 多式联运**

机场宜规划布局交通中心,打造机场综合交通枢纽,提供多种大容量公共交通换乘方式,实现多式联运。

根据《运输机场总体规划规范》条文 18.3.5,"超大型、大型机场可结合市场需求和客观条件,规划航空运输与其他交通方式的联合运输模式,提升机场集疏运能力和旅客服务体验",同时,"超大型、大型机场应依据交通需求、外部交通条件统筹规划出租车、机场巴士、城市常规公交等公共客运服务设施。出租车、机场巴士落客区应位于航站楼出发车道边。出租车、机场巴士上客区宜位于航站楼到达车道边"。此外,根据《绿色机场规划导则》条文 7.2.2,"超大型、大型机场宜规划轨道专线;进离场交通线路应直达市区并与市内交通有效衔接、便捷换乘",以及条文 7.32,"超大型、大型机场应规划以机场为核心的综合交通枢纽,实现不同交通方式之间的便捷换乘",将大容量公共交通换乘方式种类数量作为评价机场综合交通枢纽的交通辐射能力和便利性的指标,并按照当前超大型、大型机场交通换乘方式种类调研进行分值设置。

**4. 交通中心最远端与航站楼出入口步行距离**

根据《绿色机场规划导则》条文 7.3.5,"楼前公共交通站点、轨道交通站等应靠近航站楼,至航站楼步行距离宜不超过 200 m,超过 300 m 时应设置高效、便捷的接驳设施";《运输机场总体规划规范》条文 18.5.4,"对外轨道系统车站位置应缩短与航站楼的换乘距离,实现无缝衔接,新建车站的站厅距主要航站楼的出入口宜不大于 100 m";《绿色航站楼标准》条文 5.4.6,"公共交通站点到达最近航站楼出入口的步行距离宜不大于 200 m,超过 300 m 时应设置自动步道、捷运系统等高效、便捷接驳设施"。

### 5. "一市多场"的轨道交通衔接

拥有多个超大型、大型机场的城市应考虑各机场之间的轨道交通联通与衔接。

根据《运输机场总体规划规范》条文 18.3.2,"拥有多个大型机场的城市应结合各机场分工定位、交通衔接要求等,提出各机场之间的轨道交通联通规划"。根据国家发改委《关于促进枢纽机场联通轨道交通的意见》,北京首都国际机场与大兴国际机场间的城际联络线被列入 11 个重点项目清单之中。

### 6. "一场多楼"的衔接

拥有多个航站楼的机场应按航站楼容量、分工、建设时序统筹规划航站区道路系统,合理设置机场巴士、出租车、私人小汽车的交通流线,高效衔接各航站楼。

根据《运输机场总体规划规范》条文 18.4.4,"规划多个航站楼的机场应按航站楼容量、分工、建设时序统筹规划航站区道路系统,高效衔接各航站楼,合理设置机场巴士、出租车、私人小汽车的交通流线,以避免各航站楼进出车流相互干扰"。

### 7. 旅客公共交通保障率

通往机场的主要公共交通与城市主要服务区域之间应提高公共交通的通达性、便捷性,提高旅客公共交通保障率。

根据《绿色机场规划导则》条文 7.2.1,"应根据机场定位、交通流量预测等确定机场对外交通方式,公共汽车、机场巴士、轨道交通等公共交通设施保障能力不宜低于 45%"。

机场旅客公共交通保障率体现了机场与城市、区域之间的公共交通支撑的能力,鼓励绿色出行,降低绿色机场碳足迹。公共交通保障率指公共交通设施的运输能力与年旅客吞吐量的比例,其中公共交通包括城市轨道交通、机场巴士、公交汽车、长途汽车、铁路,不包括出租车和小汽车。

### 8. 工作区公共交通覆盖率

机场红线区内采取紧凑开发,缩短交通距离,提供步行和自行车友好的道路条件,并应根据机场从业人员的需要合理设置公共交通线路,提高工作区公共交通覆盖率,促进机场从业人员绿色出行。根据《绿色生态城区评价标准》条文 8.2.2,"城区公交站点 500 m 覆盖率达到 100%,轨道交通站点 800 m 覆盖率达到 70%";《2017 年中国主要城市公共交通大数据分析报告》中提到"我国 24 个主要城市公交线网覆盖率超过 70%,11 个城市

500 m 站点覆盖率超过 80%";近年来,我国开展绿色机场建设研究的如北京大兴、成都天府、青岛胶东等机场均提出了 500 m 半径公共交通覆盖率达到 90%~95%的指标要求。因此,按照 70%、80%、90%指标划分分值。

机场工作区 500 m 半径公共交通覆盖率指机场工作区公共交通站点 500 m 半径覆盖的建成区域面积占工作区整体建成区域面积之比。

机场从业人员指在机场红线范围内从事航空运输、航站楼管理、商业餐饮服务,以及其他管理服务的全部就业人员。机场从业人员绿色出行是指乘坐公共交通、自行车和步行到达机场红线区内,以及在机场内部各功能区之间的出行。

## 4.6.3　旅客通行

### 1. 机场应制定大面积航班延误应急预案和应急处置手册

根据《民用运输机场服务质量》条文 6.14.3,"应制定大面积航班延误应急预案和应急处置手册,预案中应明确单位职责分工、组织指挥、信息共享、处置程序和服务保障等内容,并进行定期演练,保留演练和修订记录"。

### 2. 机场无障碍设施普及率达到 100%

根据《绿色机场规划导则》条文 7.3.9,"应规划便利的无障碍通行设施"和《绿色航站楼标准》条文 10.4.1,"应符合《无障碍设计规范》和《民用机场旅客航站楼无障碍设施设备配置》有关规定"。

### 3. 航站楼旅客最远步行距离

根据《运输机场总体规划规范》条文 11.3.6,"新建、扩建航站楼的构型应结合航站楼规划容量控制旅客步行距离;航站楼内旅客最远步行距离不应大于表 4-1 的要求。高原机场航站楼应考虑机场标高对旅客行走的不利影响"。航站楼内旅客最远步行距离是由航站楼正立面中心点沿进出港流程至最远登机口,包含旅客行走和使用自动步道的平面距离,不包含乘坐旅客捷运系统和楼层转换的距离。

表 4-1　航站楼内旅客最远步行距离

| 年旅客吞吐量(万人次) | 航站楼内旅客最远步行距离(m) |
| --- | --- |
| >2 000 | 950 |
| 500~2 000 | 750 |
| ≤500 | 400 |

### 4. 旅客值机时间

旅客值机是民航地面服务的一个重要组成部分,是为旅客办理乘机手续、接收旅客托运行李,引导旅客上下飞机等旅客服务工作的总称,是民航旅客运输服务连接地面运输和空中运输最关键的一环。旅客值机时间是体现机场运行效率的重要指标之一。根据《民用运输机场服务质量》条文 6.4.5.1 和 6.4.5.2,"95％的国内经济舱旅客乘机手续排队及办理时间不应超过 10 分钟;95％的国际经济舱旅客乘机手续排队及办理时间不应超过20 分钟"。

### 5. 旅客安检时间

安检主要是检查旅客及其行李物品中是否携带枪支、弹药、易爆、腐蚀、有毒放射性等危险物品,以确保航空器及乘客的安全。联检是海关、边防、动植物检疫,是和出入境有关的安全检查。旅客安检与联检时间是衡量旅客流程效率以及机场运行效率的重要指标之一。"安检指标"与"联检指标"最低分值时间可参考《民用运输机场服务质量》条文6.5.4。

### 6. 行李提交时间

应合理控制行李提交时间,大型及超大型机场最低分值时间要求参考《民用运输机场服务质量》条文 7.3.2,"第一件行李应在 20 分钟内交付旅客;全部行李应在 1 小时内交付完毕"。其余分值时间要求根据各机场旅客服务承诺调研设置。

### 7. 旅客中转最短衔接时间

应简化优化值机、安检、行李托运等中转流程,可参考国际民用航空组织(International Civil Aviation Organization，ICAO)、国际航空运输协会(International Air Transport Association，IATA)等制定的国际标准,并根据国内外机场中转时间调研统计情况设置。

第 5 章

国外绿色机场
环境认证体系

## 5.1 概述

近年来,航空业界对生态认证体系的兴趣日益浓厚,这些体系表明了航空业对环境的承诺。今天几乎所有的空中交通管制中心和机场都实施了符合 ISO 14001 UNE 的环境管理系统。例如由国际机场协会发起的机场碳排放认证至 2023 年已执行到第 13 年。根据国际机场协会发布的碳认证 ACA 的 2019—2021 年报,2019 年 5 月至 2021 年 5 月,有 30 个新机场获得认证,总计 304 个机场。在同一时间段内,另有 38 个机场开始进行了第 13 年报告期的认证。

此外,欧洲航空安全组织推动的协作式环境管理(Collaborative Environmental Management,CEM)进程使机场核心运营利益相关方之间的合作正规化,并将其联合运营的环境影响降到了最低。这可以通过制定通用的高标准和必要的推荐做法,以及在务实的协议中建立协作式环境管理工作安排以适应当地的需求和能力来实现。

最近,全球范围内越来越多的机场正在努力根据几个世界公认的建筑评级标准对其航站楼以及某些其他建筑和基础设施进行认证。这些标准是最先进的可持续建筑评估程序,并承认用于减轻某些环境影响的最先进技术,例如水和能源消耗、土地使用、污染物、废弃物管理以及航空标准尚未有效涵盖的其他领域。

然而,目前所有这些标准和倡议并没有完全涵盖机场航空活动造成的所有影响,尽管其中有些是针对航空领域的,但在对环境有重大影响的某些领域仍缺乏必要的关注。

通过探讨如何对不同的机场环境计划和方法进行综合考虑,有利于形成一个更全面和系统的框架,以最大限度地减少机场及其周围的航空环境影响。该框架应旨在考虑所有与机场相关的活动和影响,包括机场陆侧和空侧的开发及运营,以及空中航行和飞机地面运行产生的影响。它还应考虑机场及其周边的整个航空生命周期,同时考虑基础设施的开发及其运营和报废活动。最后,它还应致力于合作整合并最大限度地利用不同利益相关者的努力和资源,特别是机场管理者、航空服务提供商以及在机场环境中提供服务和开展活动的第三方公司,以及其他用户和乘客。

本章将对国际机场协会碳认证计划 ACA、欧洲航空安全组织的协作式环境管理 CEM 和绿色建筑评价标准(Green Building Rating Standards,GBRS)这三个当今最主要的机场环境认证框架进行讨论和比较,并对最新的环境认证系统和评级模型进行比较,分析其优势和局限性。同时,从国际机场协会的碳认证计划和欧洲航空安全组织为鼓励环境管理合作所做的努力出发,强调了绿色建筑评价标准系统作为更全面的机场环境认证补充的可能性,特别是能源和环境设计先锋(Leadership in Energy and Environmental Design,LEED)认证体系。此外,还介绍了如何基于机场运营模型,采用不同层次的基准来解决机场利益相关方和航空当局的环境问题,并将其与最先进的评级模型进行比较,以确定这些模型的差异和扩展性需求。最后,尝试对新的评价体系进行探索性研究[115]。

## 5.2　环境认证、标准和评级系统的基准比较

### 5.2.1　机场碳排放认证

机场碳排放认证 ACA 由国际机场协会于 2009 年发起,致力于减少机场运营中的碳排放,并最终实现碳中和。机场碳排放认证不仅是目前全球机场业中唯一受到各类机构广泛认可的机场碳管理认证,也是唯一一个借由国际公认准则所确定的全球性机场碳减排标准,它为全球任意地方、任何类型的机场提供了一个可量化的、独特的碳管理通用框架和工具。同时,机场不仅可将机场碳排放认证作为其日常运营管理的一部分,也可以作为长期战略来执行。

机场碳排放认证基于温室气体排放报告和核算的现有国际标准而设计,其中包括温室气体议定书和 ISO 14064 等。它要求机场测量其温室气体($CO_2$)排放,并由独立的第三方确保其排放清单符合 ISO 14064,并且设置了相应的框架和管理系统,以评估碳足迹并确定减少排放的项目。因此,该方案与国家和国际碳排放管理和报告是一致的、兼容的和相适应的。关于机场碳排放认证的核心内容与要求如下[116]。

**1. 机场边界盘查**

在计算碳足迹之前,明确定义机场盘查边界非常重要。机场的盘查边界由既定的组织和运营边界共同构成,机场需要根据这些边界来正确计算和报告排放量。

1)设置组织边界

机场运营的法律和组织结构各不相同,包括全资运营、法人和非法人合资企业、子公司等。在设置组织边界时,为了核算和报告温室气体排放,机场应采用某种方法来定义构成公司的业务和运营。

2)设置操作边界

根据温室气体协议,运营边界定义了基于公司既定组织边界的运营的直接和间接排放范围。操作边界(范围 1、范围 2、范围 3)在设置组织边界后确定。在此基础上,再统一应用于运行边界选择,从而对每个运行水平的直接和间接排放进行识别和分类。排放源(活动/设施)可按照如下 3 个范围进行分类。

范围 1:由机场拥有和/或控制的排放源所产生的直接温室气体排放,例如,由拥有或控制的锅炉、熔炉、车辆等燃烧产生的排放。

范围 2:机场消耗的外购电力、蒸汽、热量或冷却产生的间接温室气体排放。范围 2 排放实际发生在购买电力的发电厂。

范围3:所有其他间接排放,这些排放是机场活动的结果,但来自非公司所拥有和/或控制的来源(如飞机移动、第三方运营的车辆和设备、场外废弃物管理等)。这些来源可以位于机场场所(地理边界)内或外部。

2. 认证级别及要求

机场碳排放认证会为达到相应标准的机场颁发6个级别的认证:1级(量化,mapping)、2级(减排,reduction)、3级(优化,optimisation)、3+级(碳中和,neutrality)和4级(转型,transformation)以及4+级(过渡,transition),每提升一级,对碳排放的管理要求就越高。各级别具体认证要求见表5-1。

表5-1　各认证级别的要求

| 必备要素 | 1级<br>(量化) | 2级<br>(减排) | 3级<br>(优化) | 3+级<br>(碳中和) | 4级<br>(转型) | 4+级<br>(过渡) |
|---|---|---|---|---|---|---|
| 政策声明 | 减少排放的政策承诺 | | | | 绝对减排的政策承诺 | |
| 碳足迹 | 机场控制下的排放(范围1和范围2) | | 范围1和范围2+选定范围3排放源 | | 范围1和范围2+所有重要操作范围3排放源 | |
| 目标和执行 | — | 制定范围1和范围2的碳减排目标(绝对或相对) | | | 制定范围1、2或范围1、2、3的长期绝对减排目标排放量,符合IPCC 1.5℃或2℃路径 | |
| 目标路径 | — | 不需要目标路径 | | | 目标排放路径的定义和达到目标的里程碑 | |
| 目标符合性 | — | 需要对过去3年的平均值进行年度改进 | | | 每6年通过碳足迹、中期里程碑和目标年评估一次合规性。允许偏离路径15%。必须实现里程碑和目标,不得有任何偏差 | |
| 碳管理 | — | 制订碳管理计划以实现目标,并根据认证级别制定不同要求 | | | | |
| 利益相关者管理 | — | | 制订利益相关者参与计划 | | 制订利益相关者伙伴关系计划 | |
| 中立 | — | | | 剩余排放的抵消(范围1、2和员工出差) | — | 剩余排放的抵消(范围1、2和员工出差) |
| 更新周期 | 每年1次;每2年验证一次 | | 每年1次;或在特定条件下每3年一次;中间年份未经证实的碳足迹 | | 每3年1次;中间年份未经证实的碳足迹 | |
| 核准验证者 | 1—3/3+级批准的验证者 | | | | 4/4+级批准的验证者 | |

### 3. 确定排放源

在此框架内,机场应确定相关排放源,并确定其在哪里控制排放(范围 1、范围 2 和机场运营商的员工出差),以及在哪里可以指导或影响其他利益相关者活动的排放(范围 3)。尽管边界因机场而异,但表 5-2 提供了一个典型机场如何定义其足迹边界的示例。这只是一个指导性示例,每个机场需要根据其具体活动和设施情况完成这项工作。

表 5-2　典型机场碳足迹边界示例

| | 直接控制 | 咨询与指导 | 间接影响 |
| --- | --- | --- | --- |
| | 机场公司拥有所有权/控制权的设施、服务、活动和设备 | 机场公司所拥有/控制并可提供指导的分包商、密切合作伙伴和供应商的设施、服务、活动和设备等 | 只可通过机场影响发挥作用的松散合作伙伴、租户、客户、政府机构等拥有/控制的设施、服务、活动和设备等 |
| **范围 1——直接排放** | | | |
| 固定源 | 锅炉、熔炉、燃烧器、涡轮机、加热器、焚化炉、发动机、消防演习、照明设备、发电机等 | — | — |
| 移动源 | 汽车(空侧/陆侧)、卡车、员工巴士、地面动力装置、施工车辆和植物等 | — | — |
| 工艺排放 | 现场废弃物管理、废水管理等 | — | — |
| 其他 | 制冷剂损失、除冰物质、装置泄漏,尤其是灭火二氧化碳、燃料箱等 | — | — |
| **范围 2——能源间接排放** | | | |
| | 购电、供暖、制冷等产生的排放 | — | — |
| **范围 3——其他间接排放** | | | |
| 飞机 | — | 飞机地面运动、发动机启动至怠速(加速)、发动机反向推力、滑行、APU、PCA 等 | 起飞、着陆、进近、爬升、从起点到目的地的巡航等 |
| 固定源 | — | 锅炉、熔炉、燃烧器、涡轮机、加热器、焚化炉、发动机、消防演习、照明等 | 第三方锅炉、熔炉、燃烧器、涡轮机、加热器、焚烧炉、发动机等 |
| 移动源 | 机场公司员工的商务旅行 | 第三方运营的车辆、GSE 设备和地面动力装置、员工乘坐自己的车辆/通勤、运输、施工车辆等 | 出差(第三方)、陆上或海上通道(乘客)、员工旅行/通勤(第三方)、第三方自有车辆等 |

续表

| | 直接控制 | 咨询与指导 | 间接影响 |
|---|---|---|---|
| | 机场公司拥有所有权/控制权的设施、服务、活动和设备 | 机场公司所拥有/控制并可提供指导的分包商、密切合作伙伴和供应商的设施、服务、活动和设备等 | 只可通过机场影响发挥作用的松散合作伙伴、租户、客户、政府机构等拥有/控制的设施、服务、活动和设备等 |
| 工艺排放 | — | 机场废弃物的场外管理/处置等 | 废弃物,处置安排如下:由第三方制作等 |
| 基础设施 | — | 密切合作伙伴消耗的电网电力和燃料等 | 其他第三方消耗的电网电力和燃料等 |
| 其他 | — | 制冷剂损失、除冰物质、装置泄漏,尤其是灭火二氧化碳、燃料箱等 | 制冷剂损失、除冰物质、装置泄漏,尤其是灭火二氧化碳、燃料箱等 |

根据机场碳排放认证指南,机场可以通过多种方式减少二氧化碳排放,例如节能照明、供暖、混合动力或电动地面车辆、现场可再生能源、能源管理工具和员工行为改变等。在该计划的两个最高级别,运营商必须与机场现场的其他利益相关方合作,实施机场合作决策(A-CDM)等计划,以支持通过连续下降操作降低航空公司碳排放,并为往返机场的乘客提供更清洁的运输解决方案。

目前,新西兰的克赖斯特彻奇国际机场(Christchurch International Airport)成为世界上第一个达到 4 级的机场,而美国的达拉斯-沃思堡国际机场(Dallas-Fort Worth International Airport)和印度的英迪拉·甘地国际机场(Indira Gandhi International Airport)则是第一批达到了 4＋级的机场。2021 年 4 月,罗马菲乌米奇诺机场(Rome Fiumicino Leonardo da Vinci Airport)是欧洲第一个达到 4 级以上的机场,而 2021 年 7 月,鹿特丹海牙机场(Rotterdam The Hague Airport)是世界上第一个直接通过 4 级以上认证的机场。

## 5.2.2 协作式环境管理 CEM

由欧洲航空安全组织推动的协作式环境管理是扩大环境影响范围管理的有效方法,因为它主要针对机场的三个核心运营利益相关方:机场运营商、飞机运营商和空中导航服务提供商(Air Navigation Service Providers,ANSPs)。CEM 不是一个认证系统,而是一个规范,它将机场及其周边的核心运营利益相关者之间的合作正式化。目标是通过制定通用的、高水平的要求和必要的推荐做法,建立 CEM 工作安排,或在务实的协议中灵活地修改现有安排,以适应当地的需求和能力,从而最大限度地减少其联合作业的环境影响。

对不同利益相关者负责范围内影响源的责任可以通过对彼此业务所面临的相互依赖

性和约束的共同认识和理解进行考虑。这反过来又可以促进制定共同的环境解决方案，然后在此基础上进行联合规划与合作执行。因此，CEM 可用于增强利益相关者之间的各种关系。例如，ANSPs 帮助机场提高容量，机场和 ANSPs 帮助航空公司节约燃料，从而有助于形成高效的机场运营。

CEM 在合作协议中明确包含了以下主题：

- 噪声；
- 当地空气质量(LAQ)；
- 温室气体排放；
- 氮氧化物排放；
- 颗粒物(PM)，包括超细颗粒(UFPs)；
- 黑炭；
- 燃料燃烧；
- 二氧化碳排放；
- 海平面变化和恶劣天气事件等气候变化给空管(空中交通管理)运行带来的风险；
- 实施连续下降操作(CDO)；
- 检讨及协调引入新的运作概念，以改善环保表现；
- 确定影响之间及其潜在解决方案之间的相互依赖性；
- 确定每个利益相关方在交付解决方案时必须作出的权衡(就容量、运营灵活性、成本和客户服务标准等问题而言)；
- 完善机场和通信、导航和监视及空中交通管理基础设施；
- 与外部利益相关者的互动；
- 交流；
- 确定适用的地方、国家和欧洲立法；
- 符合州或地方计划，如空气质量计划或气候行动计划；
- 影响机场的任何其他环境问题。

协议还可以包括以下部分：

- 废弃物管理和一般垃圾管理；
- 野生动物危害管理；
- 保护生物多样性；
- 具有特殊科学价值的领域或同等领域；
- 风力涡轮机、生物质能、太阳能电池板等可再生能源的可能性；
- 机场附近的土地使用；
- 第三方风险。

### 5.2.3　绿色建筑评价标准与能源和环境设计先锋认证体系

**1. 绿色建筑评价标准**

为了解决机场基础设施开发的环境影响,世界上大多数机场都采用了不同的绿色建筑评价标准。这些标准关注的主要焦点均集中在环境可持续性方面。目前已在一定程度上应用于机场环境评估的方法主要有:

(1) 英国于 1990 年开发的英国建筑研究院环境评估方法(Building Research Establishment Environmental Assessment Method,BREEAM);

(2) 美国于 1998 年开发的能源和环境设计先锋认证体系(LEED);

(3) 加拿大国家资源局于 1998 年联合 14 个国家开发的绿色建筑评估工具(GBTool);

(4) 日本于 2003 年研发的建筑物综合环境性能评价系统(Comprehensive Assessment System for Building Environmental Efficiency,CASBEE)。

能源是评估和认证绿色建筑的主要评估标准,也是大多数现有绿色建筑标准中考虑最多的方面。能源类别着眼于减少能源使用、高峰负荷能源、能源监测和报告、节能电器、设备和系统以及可再生能源的使用。动态能量模拟在绿色建筑评价标准中发挥着重要的作用,它目前被应用于能源与环境设计先锋认证 LEED 机场航站楼或英国建筑院环境评估(BREEAM)建筑认证。如今,机场能源消耗有很高的比例集中在航站楼,因为航站楼是机场中消耗能源最多的部分,尤其多用于照明、供暖、通风和空调(HVAC)系统设计、电力设备等方面。

在研究层面,目前机场能源模型设计的文献尚存在空白。机场航站楼的建筑各具特色,其各自鲜明复杂的建筑特征也为能源模拟带来了不小的问题。例如具有高天花板或开放平面空间的大型玻璃幕墙、各种功能空间、24 h 运营、声学、安保和安全、入住率、建筑年龄和再开发等。

根据场地标准,需要评估与场地相关的项目,如场地位置、场地规划、场地设计、场地评估、可用的场外服务以及场地再生和开发。该标准更加关注绿色建筑项目实施过程中的可持续性。

室内环境标准涵盖了一系列与室内环境相关的指标,如声音环境、热舒适性、照明和照度、健康通风、空气质量、卫生、居住者健康设施以及视觉和听觉舒适性。

土地和室外环境涉及土地的使用、污染土地的修复、生态改善、对生物多样性的长期影响、栖息地的创造和恢复、改善室外热舒适性、无障碍社区设施、活跃的城市环境、私人室外空间和公共交通。

材料的评估标准主要从材料来源、材料的有效使用、回收和认证材料的使用以及材料的环境影响等方面评估建筑物。用水标准主要关注水质、节水性能、水循环、节水设备的使用和替代水源。在一些方法中,水的标准被列入被称为"资源"的更高标准之下。

英国建筑院环境评估(BREEAM)认证和能源与环境设计先锋(LEED)认证是目前机场建筑中应用最多的两种系统。大约有 270 座与机场相关的建筑被能源与环境设计先锋(LEED)认证或正在认证过程中。另一方面,虽然英国建筑院环境评估认证(BREEAM)已经成为世界上最全面的评估建筑物和综合体可持续性的方法之一,但它在机场领域的应用才刚刚开始。

2. 能源与环境设计先锋(LEED)认证

1) 能源与环境设计先锋认证绩效打分系统

能源与环境设计先锋(LEED)认证是一个以生态为导向的建筑认证项目,旨在确保建筑符合环境要求,提供健康的工作环境,并能盈利。这个系统是由美国绿色建筑委员会(USGBC)设计的。自 1998 年启动以来,能源与环境设计先锋(LEED)认证标准已应用于全球 150 个国家和地区的 119 000 多个项目,覆盖超过 12.82 亿 m² 的建筑空间,全球每天有 15.8 万 m² 的空间得到认证。

能源与环境设计先锋(LEED)认证是自愿的,它包含一套适用于所有建筑类型的可持续性规则和策略。拥有适用于各种结构的特殊评级系统,包括学校、零售和医疗机构。评级系统既适用于新建筑和经大规模翻新的建筑,也适用于已有建筑。

经过 20 多年的发展,美国绿色建筑委员会的能源与环境设计先锋(LEED)绿色建筑评价系统已成为最受欢迎的方法,用以证明建筑物已采取某些措施来改善其环境影响。最新版本的 LEED V4 致力于提高环境和人类健康 6 个关键领域的绩效。

(1) 可持续发展的场所;

(2) 用水效率;

(3) 能源和大气;

(4) 材料和资源;

(5) 室内环境质量;

(6) 位置和交通。

位置和交通由于更加强调和关注交通这一导致全球变暖的主要因素,被添加到了所有的评级系统中。其中主要包括降低日常通勤相关成本、污染和资源消耗的策略。

此外,该系统已经发展到包括 21 个分级系统调整,这些调整可以分为五大类。

(1) 建筑设计与施工(BD+C);

(2) 室内设计与施工(ID+C);

(3) 运营和维护(O+M);

（4）邻里发展（ND）；

（5）社区。

然而尽管其在航站楼和其他机场建筑中的应用水平很高，但对于机场环境的评价的适用性依然有限。

能源与环境设计先锋（LEED）评级系统中的每个类别都包括先决条件和积分。先决条件是任何能源与环境设计先锋（LEED）认证项目都必须包含的必备要素或绿色建筑策略。积分是可选的要素或策略，项目可以选择通过这些要素或策略来获得能源与环境设计先锋（LEED）认证的分数。

该评级系统旨在"基于每项积分的潜在环境影响和人类利益"来分配分数。这些都是用之前的 6 个环境影响类别来衡量的。能源与环境设计先锋（LEED）评级系统满分为100，分为 6 个积分类别，而项目可按照分值获得四个级别的认证。

（1）认证：40～49 分；

（2）白银：50～59 分；

（3）黄金：60～79 分；

（4）白金：80 分及以上。

2）能源与环境设计先锋认证系统在机场的应用现状

一些机场已经采用了能源与环境设计先锋（LEED）计划，并根据其特定计划量身定制了机场的可持续发展指南和指标。然而，该倡议几乎仅限于美国地区。2014 年，共有51 个项目在北美国际机场理事会（ACI）注册，包括旧金山国际机场、芝加哥奥黑尔国际机场、纽约和新泽西港务局、洛杉矶机场和哥伦布国际机场。圣地亚哥国际机场因其新的节能绿色航站楼成为世界上第一个获得能源与环境设计先锋（LEED）白金的机场。然而，能源与环境设计先锋（LEED）通常与建筑结构联系在一起，并没有应用于整个机场，而只是应用于机场的一些建筑。这种低水平的认证可能是由于机场拥有许多需要特殊认证的建筑。在机场，人们会遇到类似商业建筑的旅客候机楼，里面有商店、休息区、停车场等，有办公楼或其他类似于工业建筑的区域（维修机库、货物仓库、供电建筑等）。机场还拥有一些特定的设施，如控制塔、跑道和滑行道、专用于电信和无线电导航设备的区域、机坪停机位等。

## 5.2.4  主要环境认证、标准与评级基准的比较

从前文的讨论中可以看出，由于各评价方法的影响类别、得分率、评分项及积分之间缺乏无缝对应，因此对于这些方法的比较十分复杂。表 5-3 将每种环境评估方法的标准归纳至相同的类别中，以便形成统一的参考框架。

表 5-3　环境评级系统的基准

| 种类 | 标准 | 方法 | | | | | |
|---|---|---|---|---|---|---|---|
| | | ACA | CEM | CASBEE | LEED | BREAM | GBTool |
| 室内环境/健康和舒适管理 | 热舒适 | √ | | √ | √ | √ | √ |
| | 照明设备 | | | √ | √ | √ | √ |
| | 空气质量 | | √ | √ | √ | √ | √ |
| | 低排放材料 | | | √ | ++ | √ | √ |
| | 噪声和声学 | | √ | √ | NA | √ | |
| | 暖通空调系统 | | | √ | √ | ++ | √ |
| | 通风系统 | √ | √ | √ | √ | ++ | √ |
| 服务质量 | 工作能力 | | | + | NA | − | √ |
| | 耐用性和可靠性 | | √ | + | NA | − | √ |
| | 灵活性和适应性 | | √ | + | NA | | √ |
| 场地室外环境/环境负荷/可持续场地/场地生态、污染和土地利用 | 生态小区的保护和创造 | | √ | − | √ | √ | ++ |
| | 城市景观 | | √ | ++ | − | − | − |
| | 地方特色和户外宜人性 | | | ++ | − | − | − |
| | 位置选择 | | | √ | + | √ | √ |
| | 建筑热负荷 | √ | √ | √ | √ | √ | √ |
| | 自然能源利用 | √ | √ | √ | √ | √ | √ |
| 能源和大气 | 建筑服务系统的效率 | √ | √ | √ | √ | √ | √ |
| | 有效操作 | √ | √ | + | NA | NA | NA |
| | 能耗和二氧化碳模拟排放 | √ | √ | √ | + | + | + |
| | 调试先决条件 | √ | √ | NA | NA | + | + |
| | 水资源和保护 | | | ++ | ++ | ++ | ++ |
| | 雨水和中水回用系统 | | | + | √ | √ | √ |
| 资源和材料/资源消耗 | 耗水量 | | | + | √ | √ | √ |
| | 低环境负荷的材料 | | | √ | √ | √ | √ |
| | 现有建筑结构的再利用 | | | ++ | ++ | ++ | ++ |
| | 可回收材料的数量 | | | ++ | ++ | ++ | ++ |

续表

| 种类 | 标准 | 方法 | | | | | |
|------|------|------|------|------|------|------|------|
| | | ACA | CEM | CASBEE | LEED | BREAM | GBTool |
| 场外环境/位置和运输 | 空气污染 | √ | √ | √ | √ | √ | √ |
| | 氮氧化物排放 | | √ | + | NA | + | + |
| | 噪声 | √ | √ | √ | √ | √ | √ |
| | 震动 | | | √ | √ | √ | √ |
| | 风灾和阳光 | | | √ | √ | √ | √ |
| | 障碍 | | | √ | √ | √ | √ |
| | 光污染 | √ | | √ | √ | √ | √ |
| | 热岛效应 | √ | | √ | √ | NA | NA |
| | 本地基础设施上的负载 | | | √ | √ | √ | √ |
| | 位置和交通 | | | √ | √ | √ | √ |

注:＋＋重要标准,＋详细评估,NA 不适用于该方法,√纳入考虑的标准,－几乎不考虑的标准。

主要环境认证、标准和评级系统的基准阐明了以下关键主题。

1. 从最大化环境管理效率和效果的角度来看整体方法的价值

如前所述,从不同的环境角度来看,每个主要的机场环境计划都可以被认为是同类中最好的。然而,没有一个能够单独有效地处理机场内和机场周围所有航空影响的最优机场环境计划。

国际机场协会的机场碳认证计划 ACA 是机场能够实施碳管理的最佳实践,最终目标是实现碳中和。协作式环境管理充分说明了 ANSPs 的活动,从而为机场的高效运营作出了贡献。绿色建筑评价标准侧重于基础设施的建设、开发和进一步运营,鉴于大多数机场基础设施的扩建,这一点尤为重要。然而,它们仍然需要一些升级来考虑除了普通建筑以外的机场特殊基础设施和设备。

协调这三者的整体方法可能会最大限度地提高环境管理的效率和效力。此外,整体概览可用于指导单个机场合作伙伴的行动,并有可能鼓励更大程度的协调努力。

2. 如何在一个方案中处理施工和运营影响

机场碳认证和协作式环境管理旨在从根本上减少机场运营带来的环境影响,但很少关注机场发展和扩建活动带来的影响,并无意中造成了机场运营和建设影响之间的脱节。

另一方面,绿色建筑评价标准系统找到了处理这种问题的有效方法,因为涵盖了建筑物或设施从设计、建造、运行、维护和退役的整个生命周期所产生的环境影响。目前,绿色建筑评价标准已经被机场用来认证他们的航站楼和主要建筑。绿色建筑评价标准可以很容易地适用于除机场以外的一些航空建筑。然而,要将这些评级系统推广到所有机场基础设施,如跑道、滑行道、停机坪、除冰区、飞机停放处等,还需要付出更大的努力。

### 3. 协调需求和责任要求之间的平衡

机场是复杂的社会技术系统,由大量不同的私营或公共实体运营,这些实体相互作用,为实现安全高效的航空运输运营的最终目标作出贡献。在如此复杂的环境中,组织问题可能是实施全球认证制度的一个难题。然而,与此同时,机场是高度管制的环境,具有由国际民用航空组织(ICAO)定义的国际技术、操作、管理和经济标准的共同基础。特别是,国际民航组织制定了对美国具有强制性的"机场和运营商义务认证标准和推荐做法"。作为这一系列机场认证程序和最低要求的一部分,机场的实际经营者责任原则非常突出。该原则规定,机场经营者应对机场内发生的任何航空活动负责。

为了履行这一职责,机场运营商应建立管理系统和程序,以确保第三方、承包商或在机场运营的任何私人或公共实体提供的服务和活动符合同一机场的质量和安全水平。

此外,机场有义务实施环境管理体系,该体系涵盖机场的所有活动、产品和服务,这些活动、产品和服务会对环境产生有利或不利的影响,例如材料消耗、排放、溢出等。

根据《温室气体议定书》,机场碳认证通过定义机场"运营边界"和边界内的排放源来解决这些排放源的责任问题。

通过对相互依存关系的共同认识和理解以及在联合规划和实施中的合作,并建立对不同利益相关方负责的影响来源的问责制。

问责制和透明度是绿色建筑评价标准的基石。为了处理复杂基础设施的建设和运营中可能涉及的大型供应链,绿色建筑评价标准考虑通过第三方认证程序扩大问责制。

这些方法不是相互排斥的,而是相互补充的,这将在机场这样一个复杂的环境中极大地促进环境效率。所有这些要素提供了一个框架,允许定义和实施适用于所有机场活动的环境认证,并整合所有在机场环境中运营的公司。

## 5.3　差距分析和最佳实践基准

表 5-4 总结了当前阻碍绿色建筑评级系统有效应用于机场环境可持续性的问题,并提出了新的类别和认证标准,以将能源与环境设计先锋系统扩展到机场环境当中并填补空白。

表 5-4 差距分析和新的类别与标准

| 空气污染 | 生物多样性影响 | 气候变化 | 土地征用 | 景观 | 噪声 | 水污染 | 用水量 | 浪费 | 绿色机场认证模型 | | LEED V4 for BD＋C：新建和重大修缮 |
|---|---|---|---|---|---|---|---|---|---|---|---|
| | √ | | | | √ | | | | 噪声评价与管理① | APT | |
| | √ | | | | √ | | | | 声学隔离计划 | | |
| | √ | | | | √ | | | | 声学效率 | | |
| | √ | | | | √ | | | | 发动机测试限制 | 噪声 | 不存在于当前的 LEED 标准中 |
| | √ | | | | √ | | | | 弹道精度 | | |
| | √ | | | | √ | | | | 路由使用限制 | AN | |
| | √ | | | | √ | | | | 跑道使用优先级 | | |
| √ | √ | | | | √ | | | | 夜间飞行限制 | | |
| √ | √ | | | | | | | | 机场废气管制 | | |
| √ | √ | | | | | | | | 生态汽车 | | |
| √ | √ | | | | | | | | 使用生物燃料 | APT | |
| √ | √ | | | | | | | | 室内空气质量 | | |
| √ | √ | | | | | | | | APU 和 GPU 的使用限制 | 污染和排放 | 不存在于当前的 LEED 标准中 |
| √ | √ | | | | | | | | 连续下降接近 | | |
| √ | √ | | | | | | | | 连续上升偏离 | | |
| √ | √ | | | | | | | | 量身定制的抵达 | AN | |
| √ | √ | | | | | | | | 发动机接地的使用限制 | | |
| √ | √ | | | | | | | | 关于航线运行优化 | | |
| | | √ | | | | | | | 能源消费管理② | APT | 能源和大气室内环境 |
| | | √ | | | | | | | 使用可再生资源 | | |
| | | √ | | | | | | | 空调设备控制 | 能源 | |
| | | √ | | | | | | | 室内照明 | | |
| | √ | | | | | | | √ | 危险废弃物处理③ | APT | 材料和资源 |
| | √ | | | | | | | √ | 废弃物回收利用 | | |
| | √ | | | | | | | √ | 基础架构生命周期的影响 | 材料和浪费 | |
| | √ | | | | | | | | 建筑材料的选择 | | |

续表

| 机场环境影响 | | | | | | | | | 绿色机场认证模型 | LEED V4 for BD+C: 新建和重大修缮 |
|---|---|---|---|---|---|---|---|---|---|---|
| 空气污染 | 生物多样性影响 | 气候变化 | 土地征用 | 景观 | 噪声 | 水污染 | 用水量 | 浪费 | | |
| | | | | | | ✓ | ✓ | | 用水量的控制 | |
| | | | | | | ✓ | ✓ | | 减少室外用水量 | |
| | | | | | | ✓ | ✓ | | 减少室内用水量 | |
| | | | | | | ✓ | ✓ | | 降低处理过程中的水消耗量　APT　水资源　水效率 | |
| | | | | | | ✓ | ✓ | | 径流管理 | |
| | | | | | | ✓ | ✓ | | 废水处理 | |
| | | | ✓ | ✓ | | | | | 选址 | |
| | | | ✓ | ✓ | | | | | 与公共交通的连接 | |
| | | | ✓ | ✓ | | | | | 与私人交通的连接　APT　土地使用 | 可持续发展站点 地点和运输 |
| | | | ✓ | ✓ | | | | | 土壤保护 | |
| ✓ | | | | | | | | | 减少光污染 | |
| ✓ | ✓ | | | | | | | | 保护生物多样性　APT　生物多样性和景观 | |
| ✓ | | | | | | | | | 减少热岛效应 | 能源和大气 |

注:①双波浪线:标有双波浪线的标准是新的绿色机场认证方法所特有的,即它们不存在于当前的 LEED 标准中;②粗下划线:标有粗下划线的标准与 LEED 已经包括的类别和标准没有显著差异;③双下划线:标有双下划线的标准部分包含在 LEED 标准中,主要专门针对新的绿色机场认证方法,尽管其中有些适用于机场的实践和解决方案不同于其他建筑。

　　必须指出的是,与最初的能源与环境设计先锋模型相比,双波浪线和双下划线标准在新的航空系统中有很大的不同。更具体地说,绿色机场包括两个类别(噪声、污染和排放),这两个类别被认为是机场环境影响的主要驱动因素,目前的认证系统(不仅仅是能源与环境设计先锋认证标准)没有充分解决这两个类别。这两个类别可被添加到任何认证系统中,以授予机场绿色建筑称号。尽管噪声和污染差异很大,但它们并不是唯一的差异,还有 10 项标准存在显著差异。

　　值得注意的是,指导绿色建筑评价标准发展的目标之一是扭转建筑对全球气候变化的影响。例如,在 LEED V4 中,总分 100 分中有 35 分用于奖励减缓气候变化的策略。这也是适应机场环境的绿色建筑评价标准的首要考虑因素。

　　这种方法解决了结构的规划、设计、建造、操作和终止,并考虑了能源、水、室内环境质量、材料选择和位置。绿色机场建筑和基础设施减少了垃圾填埋，实现了替代交通使用，并鼓励保留和创造植被覆盖的土地区域和屋顶。它奖励关于建筑位置的深思熟虑的决定，奖励鼓励紧凑发展与交通和设施的联系。当建筑物消耗较少的水时，避免了从水源抽取、处理和泵送水到建筑物所需的能量。此外，进出建筑的材料运输减少，降低了相关的燃料消耗。其他承认减轻全球气候变化影响的方式有建筑运营能源使用、运输能源使用、材料和水使用的所隐含的能耗、更清洁的能源供应的温室气体排放减少或非能源驱动因素带来的全球变暖潜能的降低。

# 第 6 章

## "数智"赋能面向未来的绿色大型枢纽机场建设

随着旅客数量的持续增长,如何满足旅客的个性化需求可能会成为未来机场管理中最关键的聚焦点。由于流程数字化、管理数字化必然成为未来管理模式中最基本的基础设施和必然要求,因此,形成相对统一的数字化服务、运营集成体系,实现基于人工智能技术的辅助智能决策和基于旅客大数据分析的创新商业模式将是未来机场建设的标志行动。而数字化、互联网技术和人工智能技术作为未来机场最关键的引领技术,智慧化也将成为未来机场模式最重要的画像。因此,面向未来的绿色机场建设,应是以智慧化赋能机场绿色建设与发展的机场,是在数字基础设施、数字技术和人工智能的支撑下,面向机场绿色智慧应用,满足四型机场建设需求,具备资源节约、低碳减排、环境友好和运行高效特征的机场。

# 6.1　未来机场模式的理论分析

## 6.1.1　未来通用技术的理论判断

"科技是第一生产力",科学的发展和技术的创新对于企业发展和经济发展至关重要。约瑟夫·熊彼特于 1912 年发表的《经济发展理论》一书,首次提出"创新"及其在经济发展中的作用,成为创新理论的开拓者。随后,他在 1939 年出版的《经济周期——资本主义运行的理论、历史的和统计分析》一书中进一步指出技术创新是经济周期的一个关键解释因素,技术创新使传统企业被淘汰,创新企业获得发展,创新周期形成经济周期。随后的大量学者研究也验证了技术创新在经济周期性运行中的作用。1925 年,苏联经济学家尼古拉·康德拉季耶夫在论文《经济生活中的长期波动》中提出了经济的长波周期理论,即康波周期,但他并未明确给出导致这种跨越五六十年的经济长周期的内在动力。创新理论的研究学者们指出正是由于新技术创新的周期性变动,使得经济周期遵循了这种长波周期的变动,即技术创新是康波周期形成的根本原因[117]。

基于创新理论和经济周期理论,回顾英国工业革命至今技术发展和经济发展的历史(表 6-1)。不难看出,人类社会至今已经经历了五次主要的技术创新周期。每一次技术创新周期大都持续 60 年的时间。每一周期都围绕着一种关键的技术创新(通用技术)发展。目前,全球正处在以信息和通信技术(ICT)为通用技术的技术创新周期的末端。那么,未来的新一轮技术创新周期的通用技术是什么呢?现在还无法给出一个确定的答案。但无论是理论界还是实业界,大家已经有一个基本的认知,那就是人工智能技术非常可能成为下一个技术创新周期的通用技术。

正如 20 世纪 60 年代的人们没有办法预测 35 年之后互联网的发明,并开始商业化应用,从而彻底改变了人类社会一样,现在也很难预测人工智能技术在未来的 20 年、30 年,甚至 50 年之后,会给经济和社会带来怎样的变革。但毫无疑问,人工智能技术拥有广阔的发展和应用前景。以人工智能技术为代表的下一次技术创新周期以及由此产生的经济周期必然会给未来的企业和经济带来新的挑战和发展机遇,而且非常有可能孕育出新的管理模式。大规模航空枢纽机场的运营和管理将受到怎样的影响和产生怎样的变化,及如何应对这种机遇与挑战是机场行业相关的学者、管理者和所有员工必须思考的一个关键问题。

表 6-1 工业革命至今的技术创新周期

|  | 兴起 | 狂热 | 转折点 | 协同 | 成熟 |
|---|---|---|---|---|---|
| 工业革命(英国) | 18 世纪七八十年代 | 18 世纪八九十年代 | 1793—1797 | 1798—1812 | 1813—1829 |
| 蒸汽和铁路时代 | 20 世纪 30 年代 | 20 世纪 40 年代 | 1848—1850 | 1850—1857 | 1857—1873 |
| 钢铁、电力和重工业 | 1875—1884 | 1884—1893 | 1893—1895 | 1895—1907 | 1908—1918 |
| 石油、汽车和大规模生产 | 1908—1920 | 1920—1929 | 1929 | 1943—1959 | 1960—1974 |
| 信息与通信技术(ICT) | 1960—1980 | 1980—2000 | 2000 | 2000—2010 | 2010—21 世纪20 年代 |
| 人工智能技术 | 21 世纪 20—40 年代 |  |  |  |  |

资料来源:陈华,康益,武小军.浦东机场对基于数字化和人工智能技术的未来机场管理探索[J].上海质量,2022(1):12-15.

## 6.1.2 未来机场的特征与管理模式

围绕着对不同的通用技术在不同的技术创新周期和经济周期中的所起到的作用,可以将机场发展按照不同的技术创新周期划分为传统机场、现代机场和未来机场,其时间跨度与表 6-1 中的主要技术创新周期基本一致。在此基础上,下文从不同维度对机场发展的三个阶段进行描述和比较(表 6-2)。

表 6-2 未来机场的特征

|  | 传统机场 | 现代机场 | 未来机场 |
|---|---|---|---|
| 时代 | 1903—20 世纪 60 年代 | 20 世纪 60 年代—21 世纪 20 年代 | 21 世纪 20 年代— |
| 技术创新—经济周期 | 石油、大规模制造为代表 | 信息技术为代表 | AI 技术推动的新周期 |
| 核心技术 | 传统通信技术 | ICT 技术、Internet | AI、VR、AR 等 |
| 顾客流量 | 少量—中量 | 大量 | 超大量 |
| 运营模式 | 服务于少量旅客的简单机场运营模式 | 服务于大量旅客的复杂机场运营模式 | 服务于超大量旅客的高度复杂、高速响应和高度个性化服务的运营模式 |

续表

| | 传统机场 | 现代机场 | 未来机场 |
|---|---|---|---|
| 营销模式 | 小规模营销—大规模营销 | 大规模营销、市场细分 | 一对一营销 |
| 决策系统 | 个人决策—低 ICT 技术下的决策 | 高 ICT 技术支撑下的决策、专家系统 | 数据驱动的智能决策 |
| 管理复杂性 | 低—中 | 中—高 | 高 |
| 管理柔性 | 低 | 中 | 高 |
| 突发事件反应效率 | 低 | 中 | 高 |
| 顾客需求的认知方法 | 全样本调查 | 抽样方法 | 大数据分析 |
| 管理焦点 | 功能实现(低成本) | 流程效率(消除浪费) | 个性化需求 |
| 代表管理模式 | 福特生产方式 | 丰田生产方式 | 领先机场管理模式 |
| 核心竞争力来源 | 先发优势、低成本 | 自然垄断、流程效率 | 区位优势、数据、服务生态体系、AI 智能决策 |

资料来源:陈华,康益,武小军.浦东机场对基于数字化和人工智能技术的未来机场管理探索[J].上海质量,2022(1):12-15.

　　自 1903 年美国莱特兄弟发明飞机之后,航空技术逐步成熟并开始进入商业化运作,直至 20 世纪 60 年代,这是传统机场发展阶段。这个时期全球民用航空还未进入高速发展阶段,机场对民用航空的服务还停留在基本的保障服务上,旅客流量少,需求相对简单,机场管理的复杂性低。因此无线电、电话、电报等传统通信技术就足以支撑机场正常的运营和管理。

　　随着二战后信息与通信技术的发展,商业的全球化逐步加速,民用航空的客流呈现爆发性增长,基于传统技术的传统机场已经无法适应大流量顾客对民用航空高效、安全的要求。从 20 世纪 60 年代到 2020 年左右,机场行业完成了现代机场从萌芽到成熟的历程。现代机场是围绕着信息和通信技术为核心构建的,为应对大量出现的旅客、复杂多变的民航飞行要求,形成了以提升运营流程效率为最关键的管理聚焦点的一种机场管理模式,机场各个运营流程的专业化、标准化、精细化以及定制信息系统的大量使用使得现代机场能够应对这种高复杂性和管理柔性下的机场运营模式。这种运营管理方式,在制造业上所对应的就是"丰田生产方式"。而所谓的准时化生产方式(just in time, JIT),敏捷制造,也都是以消除浪费,提升流程运行的效率和应对大规模制造为核心思想的一种管理方式。

　　进入 21 世纪以来,随着互联网在全球范围内商业化应用,新技术企业大量涌现,使得消费者的需求越来越多样化,对个性化、定制化的需求越来越旺盛,标准化、同质化的产品逐步丧失市场。在民用航空领域,随着旅客全球流动,不同民族、文化和国家的旅客数量持续增长,大型枢纽机场如何满足这些旅客的个性化需求将逐步成为未来机场管理中最关键的管理聚焦点。传统的大规模制造下的管理模式已经不再适用,大规模定制化的管理将成为主流。只有识别出每位旅客的不同需求,才能提供精准化的服务,这就要求机场通过流程数字化、管理数字化掌握及时的旅客、机场运营大数据,并通过人工智能技术辅助管理决策。基于以上分析,本书暂时定义这种以数字化为特征,人工智能技术为通用技术的未来机场运营管理模式为"领先机场管理模式"(表 6-3)。

表 6-3 现代机场和未来机场管理模式的对比

| | 现代机场 | 未来机场 |
| --- | --- | --- |
| 战略意图 | 关注独立系统效率提升为基础的战略 | 围绕整合的数字化机场执行的战略 |
| 市场洞察 | 基于样本调查、小数据基础上的市场战略 | 对市场的大数据分析、预测,精准营销等 |
| 业务设计 | 基于短板问题、分立系统设计高效的业务流程 | 围绕数据增值和辅助决策系统设计的业务流程 |
| 创新 | 充分利用 ICT 技术,推动机场管理和运维创新 | 以 AI 为核心技术创新下的持续技术创新并应用于机场管理 |
| 人才 | 高效、应对单一任务 | 高端复合型人才 |
| 关键流程 | 持续性的跟踪、反馈系统,流程导向、结果导向 | 基于大数据和 AI 的预测前瞻性管理,流程介入[①]、结果引导 |
| 组织 | 专业化 | 柔性、融合 |
| 绩效来源于 | 高效运营 | 顾客满意和忠诚 |

注:①流程介入指在问题产生之前就通过大数据分析和 AI 技术提前预测到,采取预防性措施介入原有流程中,引导最终结果朝向企业预测结果发展。

## 6.2 基于联合国可持续发展目标的绿色机场可持续发展目标

### 6.2.1 联合国可持续发展目标

2015 年 9 月,世界各国领导人在历史性的联合国峰会上通过了《2030 年可持续发展议程》。2016 年 1 月 1 日,《2030 年可持续发展议程》的 17 项可持续发展目标(sustainable development goals,SDGs)正式生效。在今后 15 年内,随着可持续发展目标在所有国家普及,各国将调动所有力量消除一切形式的贫困,战胜不平等,遏制气候变化,同时确保没有国家落后。

可持续发展目标以联合国千年发展目标(MDG)的成功为基础,旨在进一步消除一切形式的贫困。新目标的独特之处在于呼吁所有国家(不论该国是贫穷、富裕还是中等收入)行动起来,在促进经济繁荣的同时保护地球。新目标指出,消除贫困必须与一系列战略齐头并进,包括促进经济增长,解决教育、卫生、社会保护和就业机会的社会需求,遏制气候变化和保护环境。世界上任何国家和组织都可以采用这些目标,尤其是商业和工业部门在实现可持续发展目标方面发挥着重要作用。表 6-4 为联合国可持续发展目标的具体内容。

表 6-4   联合国可持续发展目标

| SDGs | 内容 |
|---|---|
| | SDG1:在世界各地消除一切形式的贫困 |
| | SDG2:消除饥饿,实现粮食安全、改善营养和促进可持续农业 |
| | SDG3:确保健康的生活方式、促进各年龄段人群的福祉 |
| | SDG4:确保包容、公平的优质教育,促进全民享有终身学习机会 |
| | SDG5:实现性别平等,为所有妇女、女童赋权 |
| | SDG6:为所有人提供水和环境卫生,并对其进行可持续管理 |
| | SDG7:确保人人获得可负担、可靠和可持续的现代能源 |
| | SDG8:促进持久、包容、可持续的经济增长,实现充分和生产性就业,确保人人有体面工作 |
| | SDG9:建设有风险抵御能力的基础设施、促进包容的可持续工业,并推动创新 |
| | SDG10:减少国家内部和国家之间的不平等 |

续表

| SDGs | 内容 |
|---|---|
| 11 SUSTAINABLE CITIES AND COMMUNITIES | SDG11:建设包容、安全、有风险抵御能力和可持续的城市及人类住区 |
| 12 RESPONSIBLE CONSUMPTION AND PRODUCTION | SDG12:确保可持续消费和生产模式 |
| 13 CLIMATE ACTION | SDG13:采取紧急行动应对气候变化及其影响 |
| 14 LIFE BELOW WATER | SDG14:保护和可持续利用海洋及海洋资源以促进可持续发展 |
| 15 LIFE ON LAND | SDG15:保护、恢复和促进可持续利用陆地生态系统、可持续森林管理、防治荒漠化、制止和扭转土地退化现象、遏制生物多样性的丧失 |
| 16 PEACE, JUSTICE AND STRONG INSTITUTIONS | SDG16:促进有利于可持续发展的和平和包容社会,为所有人提供诉诸司法的机会,在各层级建立有效、负责和包容的机构 |
| 17 PARTNERSHIPS FOR THE GOALS | SDG17:加强执行手段、重振可持续发展全球伙伴关系 |

资料来源:https://www.un.org/sustainabledevelopment/zh/

随着越来越多的企业开始认同可持续发展理念,对于成功企业的衡量也从仅考虑财务绩效,发展到开始综合考虑环境管理、经济增长和社会责任方面的平衡成就。John Elkington 曾于 1997 年提出了名为"三重底线"(triple bottom line,TBL)的企业综合绩效分析框架。TBL 提出了企业解决问题的价值观,明确了企业的目标,并考虑到了企业所有利益相关者的需求。但是由于 TBL 在界定和衡量可持续性方面存在不一致的地方,因此要将其思想与可持续目标(SDGs)结合起来,建立清晰、简明、一致和可比较的可持续分析框架,帮助企业发展出可持续的经济模式。

## 6.2.2 绿色机场的可持续发展目标

对于机场企业来说，机场的每个主要活动、问题与发展约束都与可持续的特定维度紧密相关。例如资源节约、能源优化、航空器运行效率、地面综合交通建设等因素倾向于可持续的经济维度。乘客体验、员工发展、机场安全和安保、公共卫生等属于机场的社会范畴。碳排放管理、污染物处理、生态建设、环境治理等与环境因素有关。当然其中许多因素会同时涉及多个领域的可持续发展目标，表6-5将绿色机场的可持续发展目标与联合国可持续发展目标相匹配。

表6-5　绿色机场的可持续发展目标

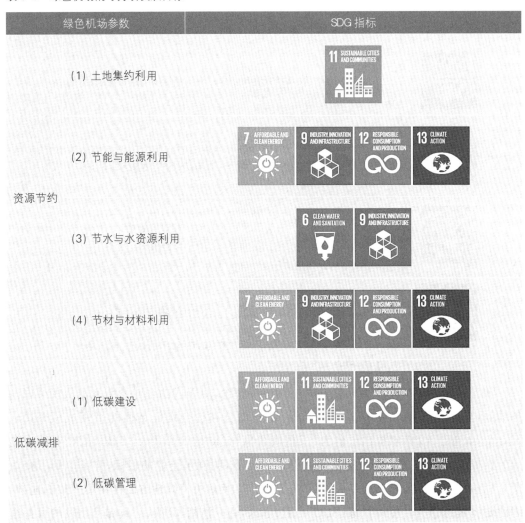

续表

| 绿色机场参数 | | SDG 指标 |
| --- | --- | --- |

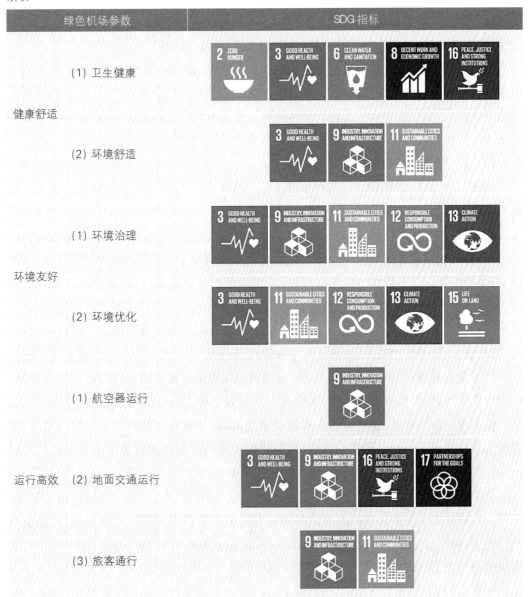

1. 资源节约

1）土地集约利用

机场土地集约利用需综合分析土地利用规模、土地利用结构、土地利用强度及土地利用效益,科学合理规划土地利用范围,例如提高单位占地面积起降架次,优化航站楼构型,合理增加站坪岸线长度等;针对平面综合利用,在土地红线范围内注重土地集约利用,从平面规划建筑构型、功能设施集合等方面实施控制;针对空间立体开发,注重地上空间的利用、地下空间的开发,从竖向设计、建筑空间利用等方面实施控制,统一规划建设地下车库、轨道交通车站、地下道路、地下综合管廊、地下雨水调蓄设施、人防工程、地下室、地下仓储、地下变电站、地下能源供给设施、地下垃圾收集转运设施等。

城市是思想、商业、文化、科学、生产力、社会发展等的枢纽,其最好的一面是使人们能够在社会和经济上得到发展。然而,要让城市继续创造就业机会和繁荣,同时不给土地资源造成压力,仍然存在许多挑战。机场这一系列举措有利于土地资源的节约和利用,减少城市土地拥挤现状,使得城市枢纽作用得到可持续发展,符合 SDG11 的目标。

2)节能与能源利用

机场节能与能源利用体现在能源综合管控、能源消耗控制、能源转换管理以及建筑绿色节能等方面。针对能源综合管控,机场需结合实际条件制定能源利用方案,依据需求合理规划供电、供气和供热、供冷站容量,并注重能源供给端的综合供配,建设智慧能源管控平台,保证机场能源系统与生产运行系统联调联动实现多能互补、能源合理供给和"源网荷储"平衡配置。针对能源消耗控制,机场需明确各区域能源消耗控制目标,完善计量系统,提倡实现分项计量,建立绿色绩效管理机制,同时采取了一些具体有效的措施,如合理利用可再生能源如风能、太阳能、水能等,实施新能源车辆购置及改造项目,推进机场航站楼、飞行区 LED 替代项目,使用热能或电能储存,包括储能电池、冰蓄冷、水蓄热等蓄能技术。针对能效转换管理,机场需提高能效转换效率,应用节能高效的空调供暖设备系统、电力供应设备系统、机电设备系统、生活热水设备系统等,除此之外还应在能源管理方面获得能源管理体系认证、实施能源资源管理激励机制,并建有能源利用实时监测系统、智慧能源管理系统等。针对建筑绿色节能,新建建筑应符合绿色建筑及绿色航站楼相关标准,提倡对老旧建筑进行绿色节能改造,现建筑节能低碳。

能源是全世界面临的重大挑战和机遇的重要核心,可持续能源为人类的生活、经济甚至整个地球带来了机遇。机场的节能与能源利用举措能促进可再生能源利用,提高能源利用效率,确保每位旅客都获得现代能源服务,有助于实现 SDG7 的目标。同时机场对于节能技术的大力改进能够推动环保技术与创新的进一步突破,带动相关产业发展,为实现 SDG9 的工业化与创新目标提供可持续动力。此外,机场促进能源的高效利用、建造可持续的基础设施,有利于改善公共服务、提升人们的生活质量,推动可持续生产与消费方式的发展,符合 SDG12 的目标。最后,机场对于能源消耗的控制能够减少碳排放,减少对全球变暖和气候变化的影响,这在 SDG13 的气候行动中至关重要。

3)节水与水资源利用

绿色机场建设需针对水资源消耗控制采取有效措施,合理降低水资源消耗量,从人均日生活用水量、管网漏损防控和节水设施设备应用等多维度实施控制,例如限制机场建筑平均日用水量,选用性能高的阀门、零泄漏阀门,合理设计供水压力等。针对非传统水资源利用,机场应加大非传统水资源在景观、绿化、洗车、冲厕等非生产性和非饮用性用途中的利用比例,合理建设市政再生水供水系统,因地制宜选择中水、雨水等。

人人享有清洁的水是人类想要生活的世界的重要组成部分,缺水、水质差和卫生设施不足将会对全世界贫困家庭的粮食安全、生计选择和教育机会产生不利影响。机场对水消耗的控制和再生水资源的利用,在为旅客提供清洁饮用水的同时节约了水资源,确保能够实现 SDG6 对于清洁用水和环境卫生的要求。同时,机场参与市政再生水供水系统的建设有利于城市公共基础设施的投资和完善,改善人们的生活水平,并且提高资源利用效率、推动节水技术进一步创新,在实现环境目标的基础上促进工业化可持续发展,符合 SDG9 的愿景。

4)节材与材料利用

绿色机场的材料用量控制、材料综合利用主要是通过建材本地化、装配式建筑、绿色建材、再生资源回收利用等一系列措施,最大限度减少浪费并进行适当的废弃物处理。针对建材本地化,机场选用本地生产的建筑材料,提高就地取材制成的建筑材料产品所占的比例;机场采用对环境影响小的绿色建材,以减少对资源的消耗和对生态环境的破坏。针对装配式建筑,机场建筑采用预制的构件在工地装配而成,大大减少施工过程中的资源消耗,节约劳动力并可提高建筑质量。针对再生资源回收利用,机场建立再生资源回收利用体系,实施生活垃圾和建筑废弃物分类资源化利用,提高再生资源回收利用率。

随着生态环境日益恶化,面对资源短缺的现实,材耗控制和回收利用成为绿色机场建设过程中节约资源的重要举措之一。机场减少建材开采、运输和施工过程中对资源和能源的消耗,提高能源利用效率,确保每位旅客都获得可持续的现代能源,与 SDG7 的目标相符。在基础设施建造过程中,运用装配式建筑,整合设计、生产、施工等整个产业链,实现建筑产品节能、环保、全生命周期价值最大化的可持续发展,促进建筑业现代化,有助于实现 SDG9 的目标。机场注重绿色建材、可持续的基础设施和固体废弃物的资源化利用,促进资源与能源的高效利用,营造可持续化发展的工作和生活环境,以确保可持续的消费和生产模式,符合 SDG12 目标的要求。此外,对绿色材料的使用和建材本地化,对固体废弃物资源化利用,以减少机场建设和运管过程中因材料开采、运输、使用和废弃物排放对环境质量的影响,同样符合 SDG13 的愿景。

2. 低碳减排

1)低碳建设

机场低碳建设主要体现在能源结构优化和新能源基础设施配置两方面。针对能源结构优化,机场应结合自身用能需求,制定分区域耗能控制目标,统筹利用各种能源,推动能源消费结构优化升级;不断提高能源利用效率,合理利用可再生能源,搭建清洁低碳、高效安全的现代能源结构,具体采取一系列措施例如采用太阳能、地热能等清洁能源,积极购买消费"绿电",采用 LED 灯具以替代传统照明光源等。针对新能源基础设施配置,机场需完善基础设施建设,提升机场终端用能清洁化水平,例如合理规划供电、供气和供热、供冷站的容量与位置、采取蓄冷技术(包括储能电池、冰蓄冷、水蓄热等技术)、优先使用低能耗产品、新能源车辆购置及改造等。此外,机场需建设能源监测与管理系统,对能源利用实时监测,定期开展能源审计,通过智慧能源管理系统对机场能源实现系统化管理,并因地制宜地开展机场区域分布式能源设施建设。

要克服城市发展过程中面临的困难,可以通过让城市继续蓬勃发展成长、改善资源利用、减少污染来达到。机场通过改善能源利用结构,提高能源利用效率,确保人人都获得可持续的现代能源服务,与 SDG7 的目标相符。机场使用清洁能源等举措能够降低碳排放,减少污染;新能源基础设施配置有利于城区基础设施减排的整体规划和落实,进一步改善城市环境,提高城市可持续发展能力,符合 SDG11 的目标。机场通过减少整个生命周期的资源消耗、环境退化和污染,同时提高机场服务质量,改善公共服务,有利于人们可持续生产和消费方式的发展,符合 SDG12 的目标。最后,通过机场低碳建设,从能源消耗和基础设施建设角度降低碳排放,减少机场碳排放对气候变化的影响,以确保满足 SDG13 中气候行动的要求。

2)低碳管理

绿色机场的碳排放管理包括制定碳排放计划、低碳运营管理、碳中和措施与碳交易、低碳教育及实践等方面。例如针对碳排放量的整体管控,机场需结合自身碳排放数据,根据行业总体减排目标,分阶段制定机场切实可行的减排目标和减排策略;为实现碳排放的有效管控,可建立碳排放管理体系和覆盖机场各用能环节碳排放信息管理系统,依靠精确的机场各用能环节碳排放数据,实现运营过程的碳排放检测与管理。同时,机场可积极实施达到碳中和的措施,通过降低能源消耗、使用可再生能源实现内部减排,通过交易碳补偿项目以抵销剩余无法避免的减排量,并且可开展近零碳机场航站楼、近零碳机场建设,积极参与国际民航碳排放治理,为碳排放治理贡献力量。机场还可开展一系列员工、旅客、公众绿色低碳教育及实践,构建多样的宣传教育模式与平台。

现在,气候变化影响着每个国家,使居民、社区和国家付出昂贵的代价,未来的代价甚至会更大。更多的人转向使用可再生能源和采取一系列其他措施,这将减少排放和增加适应的努力。在低碳管理过程中,机场降低能源消耗、使用可再生能源的环保减排措施,确保每位旅客都能获得可持续的现代能源,符合 SDG7 的目标。实现碳减排更重要的是机场低碳管理制度与机制的形成,通过建立机场碳减排的专门管理体系,不仅能够保障减碳技术措施的落实,而且能够实现城区碳减排工作的可持续发展,符合 SDG11 的目标。同时,通过碳排放管理、建设零碳建筑、低碳教育让消费者接受可持续的消费和生活方式,有利于城市减排工作的可持续发展,在提高生活质量的同时,减少整个生命周期的资源消耗和环境污染,增加经济活动的净福利收益,有助于 SDG12 目标的实现。最后,机场通过碳排放管理,促进减排目标的实现,减少碳排放及其对气候变化的影响,是实现 SDG13 目标的关键举措。

### 3. 健康舒适

#### 1）卫生健康

主要体现在拥有完善的应急处置体系,有应对突发公共卫生事件的应急能力。包括具有完备的医疗急救服务能力,配备救护车、医疗人员、急救箱和医疗急救药品、吸氧仪和有符合国家安全性与可靠性要求的自动体外心脏除颤仪,并始终处于良好使用状态。同时,机场应为员工配备员工休息室,满足员工生产生活基本需求。通过建立日常的员工身心健康监测、监督机制,采取综合措施降低或消除员工的工作压力,有效保障员工需求。

机场完善的应急处置体系极大地提高了人民的健康安全指数,是 SDG3 的重要体现。机场努力改善飞行区一线员工在户外工作时面临卫生、饮食等基本需求无法满足的情况,是 SDG2 和 SDG6 的目标。机场通过设置员工休息室满足员工吃饭、饭菜加热、更衣、洗澡、夜班休息等生产生活基本需求;为机场员工提供免费测量血压、体重、腰围等健康指标的场所和设施等,定期组织体检;为员工者提供整洁卫生、绿色环保、舒适优美和人性化的工作环境,通过合理排班减少员工疲劳风险。促进持久、包容、可持续的经济增长,实现充分和生产性就业,确保人人有体面工作,使人们能够拥有促进经济而不伤害环境的优质就业机会,等等,是 SDG8 目标的体现。机场为员工发展和福利方面提供的支持也符合倡导和平与正义的 SDG16 目标。

#### 2）环境舒适

机场的暖通空调系统具备应对重大突发公共卫生事件的措施,其新风口及周围环境清洁,确保新风不被污染,有利于形成合理的室外新风的气流组织。在室内噪声上,机场对旅客聚集区及高大空间区进行专项声学设计,有利于合理控制环境噪声,确保广播声音清晰。航站楼平面、空间布局合理有利于减少内部噪声干扰,并采取合理的屋面、墙面、内部构造设计和设置吸声材料以减少和消除多重回声、颤动回声和声聚焦。同时,机场通过天窗、棱镜玻璃窗以及导光管等技术的应用,有利于有效改善地下空间的天然采光效果。机场应采取眩光控制措施,对设置有标识和屏显的区域应采用遮光设计,减少直射光线造成的干扰。此外,机场航站楼应满足室内热环境舒适度的要求,给乘客带来舒适体验。针对气流分层现象,机场需合理设计气流组织,实现出发厅、迎客厅等高大空间良好的热环境。机场也应采取合理的遮阳措施和改善自然通风效果,在航站楼设置室内空气环境监控与公示系统,以维持舒适卫生的室内空气环境。

建筑暖通空调系统既要能保障室内人员热舒适,又要能应对重大突发公共卫生事件,保障人民健康。机场的降噪、采光、遮阳、通风等设施的增强进一步提高乘客的福祉,有利于实现 SDG3 这一目标,保障旅客健康。加强机场室内环境建设,使得行业发展可持续,使所有人的生活水平得到迅速和持续的提高,满足 SDG9 的目标。同时,机场的室内环境从方方面面出发,最大可能地减少污染和获取舒适感受,建设包容、安全、有风险抵御能力和可持续的小社区环境,为所有人提供机会,并使大家都能获得基本服务、能源、住房、运输和更多服务,这符合 SDG11 的定义。

### 4. 环境友好

#### 1) 环境治理

环境治理主要体现在环境污染防治和环境管理两方面。针对环境污染防治,机场可对航空噪声进行严格管控、跟踪监测和动态管理,建立监测结果发布机制,实施科学合理的噪声监测计划。同时,机场的大气污染物排放符合相关国家和地方标准、行业标准及地方政策法规的要求,并满足排污许可证管理要求,例如机场锅炉、污水处理设施等各类排放大气污染物的设施按照环境影响评价要求落实污染治理措施,并能够稳定达标排放;机场应采取有效措施控制道路、施工扬尘;实施清洁柴油车行动,推广清洁能源汽车。机场需充分考虑环保要求,在废气、废水、噪声、固体废弃物治理等方面应用环保工艺流程,优先选用环保材料,设置相应的处理设施设备,着力实施污水处理、油污分离、除冰液收集与无害化处理、垃圾分类与无害化处理等方面的措施严格落实环保标准要求,减少污染物排放。针对环境管理,机场需重视环境影响评价工作,围绕环境保护目标,建立环境管控体系。此外,机场应向地方政府有关部门报告机场建设发展对净空、电磁、噪声等周边环境的控制要求,并配合相关部门对涉及机场周围土地利用的国土空间规划的制定和实施通过环境监测与反馈平台,加大对污染排放物和噪声的监测,对机场环境现状及存在问题进行动态管理,并实施科学合理的改善措施。

#### 2) 环境优化

环境优化主要体现为环境相容和景观绿化两方面。在环境相容方面,涉及净空管理,保障飞行环境安全,建立净空保护区定期巡视检查制度等;还包括电磁环境管理,鸟击及动物侵入的防范工作等。在景观绿化方面,机场需优先选择本土、适生植物,结合机场鸟防要求,优化植物搭配方式提高场区绿化面积,结合海绵城市建设理念,因地制宜采取雨水收集利用等措施,改善区域环境质量,提升机场区域内景观绿化价值。

环境问题不是单一的社会问题,它与人类社会的政治经济发展紧密相关,同时也深深影响着人类的健康与整个社会的发展。机场根据所在地区的气候、资源、生态环境、社会发展水平进行统筹部署,对于净空环境、电磁环境、噪声影响因地制宜开展环境相容性规划和实施工作,有利于人类的健康福祉建设,符合 SDG3 的目标。机场通过一系列绿化措施和污染监管防治措施来保证经济的可持续性发展,贯彻落实环境优化,有助于 SGD11 的实现。机场结合海绵城市建设理念,通过提高绿化面积,提升绿化价值来改善区域环境质量,符合 SDG13 的目标。最后,机场结合鸟防要求,着力提升场区环境,用景观绿化抵抗气候变化,保护生物多样性,进一步实现可持续发展,符合 SDG15 的目标。

### 5. 运行高效

#### 1）航空器运行

在规划建设阶段结合空地运行环境,科学选择跑滑构型,优化航空器滑行路线,系统规划航站楼及站坪布局,合理确定塔台选址,为航空器提供高效运行的基础设施条件,以及推进协同系统的建设及应用,发挥机场协同决策机制作用,建设机场协同决策系统并正常运行,优化机场地面资源配置,提高地面运行效率。此外,还包括协调释放空域容量优化飞行程序和系统流程,合理配置地面保障资源,提升服务保障能力,特别是复杂天气保障水平,提高航班正常率,保证航空器高效运行。

技术进步是努力实现环境目标的基础,例如提高资源和能源的使用效率。没有技术进步和创新,就没有工业化;没有工业化,就不会有发展。机场通过不断完善自身建设,打破空管、机场、航空公司等保障单位信息壁垒,大力推动协同系统的建设与应用,有利于不断提高机场地面运行保障、决策能力,提高地面运行效率,提升服务品质,充分体现了SDG9 的发展目标要求。

#### 2）地面交通运行

机场需对降低交通碳排放与提高绿色交通出行提出指导性措施与总体控制指标,其中包括机场内部交通和机场外部交通两个方面。在机场内部交通运行方面,首先,机场需合理规划地面保障车辆交通路线,减少车辆行驶距离,提高运行效率,统筹做好场内交通衔接,并根据场内交通量预测,制定机场内部交通规划,合理确定场内路网规划和道路等级。其次,机场应利用快捷运输方式,实现多航站楼间及航站楼与停车设施间的高效互通以及机场各种交通换乘方式之间有效衔接。同时,机场交通中心宜临近航站楼,通过设置自动步道、捷运系统等高效、便捷的接驳设施,实现交通中心与航站楼实现立体换乘。对拥有多个航站楼的机场,应按航站楼容量、分工、建设时序统筹规划航站区道路系统,合理设置机场巴士、出租车、私人小汽车的交通流线,航站楼间通过设置电动步道、摆渡车等方式,高效衔接各航站楼。

在机场外部交通方面,首先,包括科学规划建设综合集疏运交通体系,提高机场公共交通服务能力,实现进离场交通与市内交通的运行高效、有效衔接和便捷换乘,合理构建便捷环保、经济适用的绿色交通体。其次,机场宜规划布局交通中心,打造机场综合交通枢纽,提供多种大容量公共交通换乘方式,实现多式联运。对拥有多个超大型、大型机场的城市应考虑各机场之间的轨道交通联通与衔接。通往机场的主要公共交通与城市主要服务区域之间提高公共交通的通达性、便捷性,提高旅客公共交通保障率。同时,机场红线区内采取紧凑开发,缩短交通距离,提供步行和自行车友好的道路条件,并根据机场从业人员的需要合理设置公共交通线路,提高工作区公共交通覆盖率,促进机场从业人员绿色出行。

机场地面交通设施的增强和工作场所设施的改善有助于乘客和雇员的福祉。这些步骤符合可持续发展目标 SDG3 的要求。通过完善机场内部交通系统和机场与外部交通系统，不断改造机场基础设施，使所有人的生活水平得到迅速和持续的提高，符合 SDG9 的目标。一项成功的可持续发展议程要求政府、私营部门与民间社会建立伙伴关系。机场为 SDG17 作出了贡献，因为它参与了与政府管理部门科学规划建设综合集疏运交通体系的对话，以改善乘客体验和安全。机场从业人员的需要合理设置公共交通线路，提高工作区公共交通覆盖率，促进机场从业人员绿色出行，提高员工出行的通达性、便捷性，机场在员工发展和福利方面提供的支持符合倡导和平与正义的 SDG16。

3）旅客通行

为了服务更多旅客，机场需要更大面积的航站楼，这需要进一步提高机场运营效率，优化航站楼内的动线设计。动线可以影响旅客的行动效率、航站楼空间功能，以及人对空间的感知，动线越合理、效率越高，旅客的体验也就越好。除了旅客流线（包括出发旅客、到达旅客、要客等三种流线），航站楼动线还包括行李流线、员工服务流线和情报信息流线等。这些动线设计的基本原则是各种流线的运作要持续畅通，旅客流线、行李流线和服务流线不交叉碰撞；旅客流线要直接明了，便于管理；行李流线要安全高效；服务流线要快捷高效；情报信息流线要迅速准确。

党的二十大报告中强调了"坚持以人民为中心的发展思想"和"完善残疾人社会保障制度和关爱服务体系，促进残疾人事业全面发展"的重要任务。机场作为高品质的交通运输设施，有义务应积极响应国家号召，贯彻绿色机场"以人为本"的服务理念，使对无障碍设施存在特殊需求的消费群体同等享受便利安全放心的乘机环境，更好地融入社会。

机场航站楼作为民航运输旅客吞吐量的载体，属于大规模人员聚集场所。对于整体运行而言，机场的主要功能是让旅客安全高效地从城市交通转入乘机模式。因此，高效的旅客安检与联检是保证机场运行效率的重要指标。同时当到港航班比较密集时，大量旅客在短时间内到达机场，就会形成短时间内的大规模到港客流。而航站楼内部空间复杂，流线曲折且到达旅客的行程大多需要经过楼层转换。当存在突发事件和大面积航班延误时，保持疏散路径畅通并合理制定大面积航班延误应急预案等工作就显得尤为重要。

科学合理设置机场动线，有效减少旅客步行距离，值机、安检、行李提交和旅客中转最短衔接时间，符合 SDG9 中关于发展优质、可靠、可持续和有抵御灾害能力的基础设施、大幅提升信息与通信技术的普及度的目标要求。同时，对于机场无障碍设施普及率的规定和对机场安检优化、应急预案和应急处置的要求，符合 SDG11 所提出的向所有人提供安全的、负担得起的、易于利用的、可持续的交通运输系统，改善道路安全，扩大公共交通，要特别关注处境脆弱者、妇女、儿童、残疾人和老年人的需要，以及向所有人，特别是妇女、儿童、老年人和残疾人，普遍提供安全、包容、无障碍、绿色的公共空间的内容。

## 6.3　基于数字化和人工智能技术的绿色机场可持续发展路径

### 6.3.1　支撑机场可持续发展的新兴技术

　　当前,新一轮的科技革命和产业变革正在如火如荼地进行,这股浪潮深刻影响着机场的建设与运行方式,使得人们对于机场的安全、效率、质量、环境等提出了更高的要求。而乘客和运营航班的增加更促使机场(尤其是繁忙的大型枢纽机场)开始大力投入数字化和智能化转型,以提高机场应对来自不同社会、经济和环境问题的挑战。其中的技术创新主要来自以大数据、云计算、物联网、5G、人工智能等为代表的新一代信息技术不断更新迭代,以及在人类社会生产生活的各个领域当中的技术应用(表6-6)。

表6-6　新一代信息技术汇总

| 技术 | 概念 | 特征 | 解决问题与实际应用 | 发展趋势 |
|---|---|---|---|---|
| 大数据 | 或称巨量数据、海量数据、大资料,指大小超出常规的数据库工具获取、存储、管理和分析能力的数据集 | 规模性 多样性 高速性 价值性 真实性 | 1. 描述性分析:总结和抽取信息并呈现 2. 预测性分析:分析事物发展趋势并进行预测 3. 指导性分析:指导与优化决策,增强决策科学性 可应用于舆情监控、信息检索、数据工程、情报分析、市场营销、医药卫生等领域 | 1. 预测、指导性深层次应用成为发展重点 2. 隐私保护和数据安全规范化制度化 3. 带来大数据信息技术体系和大数据治理体系的变革 |
| 云计算 | 用户可通过其提供的可用的、便捷的、按需的网络访问,按照使用量计费,进入可配置的计算资源共享池。这些资源能够被快速提供,同时实现管理成本或与服务供应商交互的最小化。包括三种服务模式: 1. IaaS(基础设施即服务) 2. PaaS(平台即服务) 3. SaaS(软件即服务) | 宽带接入 动态扩展 资源共享 计费服务 按需部署 | 1. 随时随地联网工作 2. 数据存储安全可靠 3. 运算能力强大 4. 用户使用方便快捷 5. 价格低廉 6. 效率提升 7. 便于集中监管和控制 应用于社交云、医疗云、教育云、金融云、交通云、电信云、政务云等 | 1. 总体趋势向开放、互通、融合、安全方向发展 2. 云计算产业规模不断增长;多云策略成为企业云共识 |

续表

| 技术 | 概念 | 特征 | 解决问题与实际应用 | 发展趋势 |
|---|---|---|---|---|
| 物联网 | 通过信息传感设备,按照约定的协议,把任何物品与互联网连接起来,进行信息交换和通信,以实现智能化识别、定位、跟踪、监控和管理的一种网络 | 全面感知 可靠传送 智能处理 | 1. 计算与服务:海量感知信息计算与处理 2. 网络与通信:接入与组网、通信与频管 3. 感知与标识:传感技术、识别技术(二维码、RFID标识技术等) 4. 管理与支撑:测量分析、网络管理、安全保障 实现物体之间的沟通与联系,赋予物体智能,建设智慧交通、智慧医疗、智慧安防以及智慧城市 | 1. 未来将集中于工业、交通和公共服务部门 2. 数据安全重视程度升高 3. 更多移动终端接入物联网,如智能家具、智能穿戴、自动化汽车等,物联网服务渐趋丰富 4. 高精度室内定位技术不断发展 |
| 人工智能 | 研究、开发用于模拟、延伸和扩展人的智能的理论、方法、技术及应用系统的一门新的技术科学 | 渗透性 替代性 协同性 创造性 | 1. 生物识别:采用人体的生物特征(指纹、人脸、虹膜等)进行身份识别 2. 自动驾驶:自动识别路况信息,供自动驾驶系统作为汽车运行的依据;完成数据分析,从而自主完成决策制定 3. 自然语言处理:通过深度学习人类语言的一般性规律来理解人类语言并进行处理,包括声音/文本语义处理、声学/语义模型建模等 | 1. 由"弱人工智能"向"强人工智能"和"超人工智能"发展,通过深度学习分析大量数据,甚至模拟人类智慧获得自主意识和思维 2. 未来进入"人工智能+"时代,广泛应用于社会生活生产各个领域 3. 道德伦理和法律问题研究不断深入 |
| 5G | 第五代蜂窝移动通信技术,继4G(LTE-A、WiMax)系统之后的延伸 | 高数据速率 减少延迟 节省能源 降低成本 高系统容量 大规模设备连接 | 1. 智慧交通:智能联网汽车、车路协同构建智慧交通 2. 智能工业:利用互联网实现智能工厂、智能制造、产业智能升级 3. 远程医疗:实现远程诊断与指导、远程监测与护理、医疗资源实时共享 | 1. 通信数据吞吐和传输速率提升,速度更快、效率更高、更智能化 2. 普及更多用户,注重提升用户体验 3. 为大数据、物联网、云计算等技术提供支撑,相互交叉融合 |
| VR技术 | 囊括计算机、电子信息、仿真技术于一体,其基本实现方式是计算机模拟虚拟环境从而给人以环境沉浸感 | 沉浸性 交互性 多感知性 构想性 自主性 | 1. 动态环境建模 2. 实时三维图形生成 3. 多元数据处理 4. 实时动作捕捉 5. 立体显示和传感器技术 应用于影视娱乐、教育、设计、医学、军事等领域,如VR游戏、VR实验室、虚拟购物等 | 1. 关键核心技术突破,如近眼显示、感知交互、渲染处理等 2. 产品有效供给更丰富 3. 重点行业应用,培育新模式、新业态 4. 搭建公共服务平台 5. 建立标准规范体系,增强安全保障能力 |

续表

| 技术 | 概念 | 特征 | 解决问题与实际应用 | 发展趋势 |
|---|---|---|---|---|
| 无线射频识别技术 | 非接触的自动识别技术,通过无线射频方式进行非接触双向数据通信,利用无线射频方式对记录媒体(电子标签或射频卡)进行读写,从而达到识别目标和数据交换的目的 | 适用性<br>高效性<br>独一性<br>简易性 | 1. 物流:货物追踪、信息自动采集、仓储管理应用、快递等<br>2. 交通:出租车管理、公交车枢纽管理、铁路机车识别<br>3. 身份识别:二代身份证、电子护照等电子证件<br>4. 防伪:贵重物件防伪、票证防伪 | 1. 成本更低、识别距离更远、体积更小<br>2. 超高频系统的应用将会更加广泛<br>3. 网络化管理实现系统的远程控制与管理<br>4. 射频识别阅读器设计与制造向多功能、多接口、多制式发展;多阅读器协调与组网技术发展 |

## 6.3.2 基于"数智"技术的未来机场发展情景展望

现代机场首先具有基本公共服务设施的属性,首要任务和功能是满足旅客基本的出行需求;其次,机场具有企业化经营的特点,在主营航空业务以外还会运营非航空业务,例如零售、餐饮、居住、广告、绿化等,为旅客提供多样化的商业服务和产品。从机场每天的旅客吞吐量以及经营的业务范围来看,一个大型机场每天旅客吞吐量可达 20 万人次,机场本身就是一个"小城市"。而未来机场将进一步趋向综合化、商业化、城市化发展,拥有城市的基本功能,提供城市的基本服务。

基于新一代信息技术的应用和智慧机场建设,不仅可以丰富和优化机场的综合服务功能,解决机场安全保障能力不足、运行管理效率不高、旅客服务质量不高等问题,促进未来机场的可持续发展,满足旅客日益增长的高质量、多元化需求,从而给旅客带来安全感、幸福感、获得感;还可以构建高效运转的智慧交通网络,为智慧城市建设提供基础设施保障,推动智慧城市基础设施智能化、公共服务便捷化,加速城市数字转型和智能升级。未来机场亟须将信息化、智能化技术应用于日常服务,保障人们安全、放心、便捷地出行。因此,本章结合部分信息化技术的应用以及我国机场现存亟待解决的问题,从旅客感知的角度生发想象对未来机场作出展望,以期为智慧机场及四型机场建设提供开拓性思路。

### 1. 基于用户画像的智能推送

在大数据时代背景下,用户画像智能推送服务将用户的每个具体信息抽象成标签,利用这些标签将用户形象具体化,并识别和预测各种用户的兴趣或偏好,从而有针对性、及时地向用户主动推送所需信息,以满足不同用户的个性化需求。

1）"One ID"出行

机场可以利用生物识别技术,以旅客面部特征信息为核心,将旅客身份信息与出行信息相结合,建立与每一位旅客信息数据库相联结的"用户画像",将之作为识别身份的"One ID"。从值机到登机,再到下飞机,整个流程只需"刷脸"即可畅行无阻。比如旅客人在家或者酒店,通过手机端应用程序"刷脸"就可以进行场外电子化值机;进入机场后,直接进行生物识别即可登机,不再需要提供纸质登机牌、身份证或护照。"One ID"通行简化了登机流程,既节省了旅客的等候时间、优化了旅客出行体验,也提高了机场的运行效率。

2）机场 App

未来机场将普遍开发应用机场 App,在旅客到机场前对旅客的登机口、登机时间、乘坐航班等基本信息进行收集整理分析,并且可以实时定位乘客位置,结合交通状况与航班延误情况,为旅客推送出行时间与出行路线选择建议。到达机场后,机场将通过大数据分析旅客进入机场的时间与登机状态,统筹安检口的拥挤程度、每一安检口到旅客登机口的距离与旅客随身携带行李的重量等,在 App 中为旅客推送最优安检口路径选择建议。

3）全息影像 AI

未来机场或许会推出全息影像 AI 个性化服务。全息影像 AI 代替传统人工和实体机器人为旅客推送所需信息,旅客可以和 AI 全息投影进行对话、互动,全流程指引旅客办理登机。全息影像 AI 也可以依据乘客历史数据、消费偏好、乘机信息等提供乘机需求、购物推荐等个性化内容,提供私人定制服务。

2. 基于先进技术的智慧安检

机场安检效率的提高是机场整体运行效率提升的关键点。如果安检程序繁琐、速度过慢,就会造成大量旅客在安检口聚集,影响旅客的出行体验和机场的运行效率。另外,安检安全防范问题也是加强机场安全保障能力的重要课题。

1）长廊式快速安检通道

旅客不用再费力气把沉重的行李箱提到安检传送带上,而是直接携带行李从长廊式安检通道通过,通道内的传感器扫描仪和 CT 设备等可以进行人身和行李的安检,并将实时图像发送后台系统,节省安检等候排队的时间。

2）旅客安全级别评估体系

旅客进入机场时采用生物识别技术,并通过以往的飞机乘坐记录扫描旅客信息,再结合征信和航行记录进行评估,对不同安全级别的旅客进行分级,以往的飞机乘坐记录和旅客信息均显示没有不良记录的,则鉴定为安全级别高,该类旅客可以免于传统安检,加快安检速度。

3）扫描技术升级

液体扫描仪:现行的扫描安检完全不允许带大容量的液体根本原因在于没有专业的

监测仪器监测液体是否有毒有害,液体扫描仪能将无害的液体与其他的区别开来。身体行为扫描仪:该扫描仪可以分析肢体语言,并指出可疑的行为,检查出是否有旅客需要机场人员的协助。扫描地垫:扫描地垫可以单纯针对脚部进行扫描,侦测藏在鞋子里面的违禁品,不需要旅客再脱鞋配合检查。生物特征扫描仪:对旅客进行生物特征识别扫描,以验证其身份。

### 3. 基于智能追踪的行李服务

现今我国大部分机场行李托运流程都较为烦琐,旅客办理完值机后往往需要拖着沉重的行李去行李托运平台单独办理托运,到达目的地后等待行李转盘的时间也较为漫长,还有可能出现行李丢失、损坏和误拿的情况。智能追踪技术的应用和机场行李服务的升级可以有效解决这个问题。

#### 1)行李追踪

RFID 标签和 RFID Reader 识别技术可以有效地对行李进行自动识别和自动分拣,提升机场行李系统实际处理能力,同时为实现全流程行李跟踪提供技术支撑。机场可以与航空公司合作开发手机端应用程序,为旅客提供行李的实时位置信息,旅客可以在手机端实时跟踪自己行李的位置,以防行李丢失。

#### 2)行李搬运机器人

该自动化机器人可以帮助旅客搬运行李,旅客只需扫描电子登机牌或"刷脸"即可使用。机器人内置专属标签程序,用来托运旅客行李,和旅客的手机绑定后,形成点对点的智能跟踪,根据旅客的行动方向自动规划路线,为旅客减少随身搬运行李的麻烦,同时也会降低丢失行李的风险。此外,未来机场可能实现了机场地铁联运的运输模式,旅客可以在机场预定行李搬运机器人,机器人会与旅客手机端实现实时位置共享,旅客进入地铁乘客专仓,行李机器人进入地铁行李机器人专仓,乘客下地铁时,行李机器人通过智能识别追踪与乘客在同一地铁站下车,并为乘客提供行李配送至地铁口模式,最终行李机器人复位到各个地铁站与机场,投入下一次的联动行李输送。

#### 3)一站式行李托运

未来机场可以开发一种行李传送处理系统,当旅客一进入机场航站楼,就可以直接放下托运行李到行李传送带上,由行李传送平台统一处理并传送到指定的位置进行单独托运,不用再去托运平台托运。如果旅客有需要,机场可以提供一站式托运行李服务,旅客出行不需要再带着行李,机场会提供车辆,从旅客的家中或酒店将行李搬出,并单独进行托运,直接运往旅客的目的地。旅客同样可以使用手机端实时定位追踪行李以防行李丢失。

**4. 基于虚拟技术的商业服务**

**1）虚拟商店**

未来机场会利用 AR、VR 等技术，通过多媒体、三维建模等方式打造虚拟商店，取代传统的实体商店，旅客可以模拟试用并挑选虚拟商品、自助付款，比如彩妆护肤店铺可以线上肤质测试、肤色识别，特产店铺可以通过 VR 等技术为旅客介绍产品的背景文化、展示产品的功能效用等。商店还可以根据旅客的心理价位预期，为其推荐合适的产品，同时可以结合旅客在机场的采购记录，建议旅客可能喜欢的商品与品牌。旅客可以选择由机场机器人流水线邮寄配送到家服务，无须在实体商店自提。

**2）模拟飞行**

未来机场或许会在航站区或飞机上提供 VR 游戏娱乐或 VR 模拟飞行服务，例如旅客戴上 VR 眼镜，展示驾驶舱全景，体验自己开飞机的感觉；或者将外界的即时影像投射在飞机舱体，模拟播放白云蓝天和日出日落，让旅客在享受飞行的同时比较能轻松地应对时差。

**5. 基于高度自动化的基础设施**

**1）自动化机器人**

未来机场航站楼内将会实现高度自动化运转，会有各种智能的机器人投入机场工作中，承担不同的职责，包括引导乘客、卫生清洁、餐饮服务、行李装运等，这些服务性工作全部由机器人完成，节省人力的同时提高机场的服务质量和运行效率。

**2）自动化助力车**

一般大型机场的登机口很多，距离很长，安检之后通常要走很久才到达指定的登机口。那么，针对"老、幼、残"特殊人群、时间紧急的旅客，机场可以配备到登机口的自动化助力车，缩短旅客由安检口到登机口的时间，加快运转速度。助力车内置自动导航、自动避让、自动驾驶等功能，旅客只需输入所要到达的登机口，电动助力车即可自动将旅客带到登机口。

**3）智能卫生间**

携带小孩的旅客可能存在自由行动上的不便，尤其有些机场还未实现母婴幼童特殊人士卫生间的设置。未来机场可能会设置智能卫生间，不仅具备洗浴设备和哺乳室，还配置了移动功能，旅客仅需在手机 App 上预定该项服务，该智能卫生间便可以自动识别乘客位置，随时随地为父母提供便捷的婴孩照顾服务，体现机场的人文关怀。同时，智能卫生间运用物联网提示卫生间数量、使用、排队情况，马桶座和供水部位安装了传感器，如果长时间未被使用，其会判断是否有污垢或是故障，便于及时清扫。

**4）智能座椅**

航站区可以开发自由行动的智能座椅，该座椅拥有自由伸缩、放置行李、点餐、看视频、按摩等功能和服务;此外座位上安装了调温装置,一旦有旅客落座即弹出调温外套覆盖旅客全身,自动感应旅客人体温度并为之调节至适宜温度,避免部分旅客无法适应航站楼设置的统一空调温度。

5) 飞行区自动化设施

未来机场的飞行区可以安置微型无人机进行监视,一旦发现有外来物损害(foreign object debris,FOD)情况出现立即降落清理,或者拍摄图像发送至系统后台,系统向附近的地面自动化工作车发出清理指令,快速清理 FOD 以保障飞行区安全。另外,可以开发无人驾驶摆渡车或者飞行器,负责从航站楼运送旅客到登机处,从而提升登机效率。

6) 空侧交通自动化设施

未来机场停车场可以配置共享式自动化无人驾驶汽车,为旅客提供远程预订、自动接送等服务。另外,未来可能会发明新型自动化载人飞行舱或飞行胶囊来实现机场到城市各站点间的短途运送,空中交通也许会成为新的交通方式。

## 6.3.3 "数智"技术赋能绿色机场建设的主要方式

### 1. 资源节约

1) 土地资源集约利用

土地规划和设计:通过收集和分析有关土地、地形和气候的信息,"数智"技术可用于协助机场规划与最佳的机场空间形态设计。例如,考虑到风向和气象数据,AI 可以推荐最佳的跑道布局,减少飞机起降时的燃料消耗。此外,还可以基于大数据与 AI 技术模拟不同的设计方案,以寻求最具效益及可持续性的土地利用方式,包括航站楼、停车区域和绿化带的布局与构型。

土地生态保护:"数智"技术可用于监测和保护机场周边土地的生态系统。通过监测野生动植物迁徙、水质和土壤条件等数据,机场可以采取措施来减少对当地生态系统的不利影响,例如建立野生动植物保护区或采用生态友好的建筑设计。

2) 节能与能源利用

能源监测和优化:可以采用"数智"技术监测机场的能源使用情况,实时追踪电力、照明和暖通空调等设备的运行状态。还可以根据需求和能源价格自动调整设备,以降低能源消耗和运营成本。例如,智能照明系统可以感知周围环境的亮度,自动调整照明强度,减少电能浪费。

可再生能源整合:"数智"技术可用于监测可再生能源(如太阳能和风能)的生产情况,以及基于天气预报情况优化清洁能源利用。还可协助机场规划太阳能发电场或风力发电场,并将可再生能源整合到机场能源供应系统当中,减少机场对化石燃料的依赖,降低碳排放。

3）节水与水资源利用

水资源监测和管理："数智"技术可用于监测机场的水资源使用情况，包括设备冷却系统和供水系统。通过智能监测，机场可以实时了解水资源的使用情况，识别潜在的浪费，并采取措施减少用水。例如，自动化系统可以控制灌溉设备，基于天气预报和土壤湿度来最小化用水量。

雨水收集和废水处理："数智"技术可用于辅助雨水收集系统的设计与维护，将雨水用于灌溉、冲洗和冷却等用途，减少自来水的需求。此外，还可用于监测和优化废水处理过程，以确保符合环保法规，降低环境影响。

4）节材与材料利用

材料选择和回收："数智"技术可以支持可持续材料的选择，例如使用可再生材料或可回收材料。同时还可用于跟踪建筑和机场设施中的材料使用，确保最大化材料利用率。

优化材料利用效率："数智"技术可用于分析建筑材料的使用方式，提出优化建议，减少浪费。例如，在建筑过程中，AI 可以优化切割和拼接材料的方式，以减少废料产生，降低材料成本，同时降低资源浪费。

2. 低碳减排

1）低碳建设

能源结构优化："数智"技术可帮助机场分析历史能源消耗数据，识别能源效率低下的区域和设备。通过大数据，机场可以了解哪些设施消耗的能源较多，并采取相应的措施进行改进。例如，通过监测建筑能耗，机场可以识别高耗能建筑，制定升级计划，设计采用高效的绝缘体系及隔热材料以减少能量的散失，并采用更为高效的暖通空调系统。此外，AI 系统还可用于预测能源需求，并根据需求自动调整能源供应。例如，在天气预报预示高温天气时，AI 可以提前增加空调系统的运行以确保乘客和员工的舒适度，但在低负荷时自动减少能源消耗。

新能源基础设施配置："数智"技术可帮助机场规划和配置新能源基础设施，如太阳能光伏板和风力发电机。数字孪生技术允许机场在虚拟环境中模拟新能源系统的性能。例如，机场可以使用数字模型来测试太阳能光伏板的最佳布局，以获取最大的日照和能源生产。同时，AI 可以使用气象数据、能源需求模型和设备性能数据，预测新能源系统的产能和效率。这有助于对机场新能源基础设施的适当规模进行规划，以满足可持续能源需求。此外，还可以根据不同的气象条件和需求自动调整新能源系统的运行模式，以最大限度地利用可再生能源。

2）低碳管理

碳排放清单编制："数智"技术可用于自动收集和整理机场各个领域的碳排放数据，跟踪和记录每个活动的碳排放量,从而形成全面的碳排放清单,并减少手动数据输入的错误和延迟。

碳排放核算与核查:"数智"技术可用于对海量碳排放数据进行自动分析,识别碳排放的模式和趋势,从而更好地理解碳排放的来源。同时,还可用于自动比较不同数据源的信息,核查碳排放数据的准确性和一致性,并生成可信的碳排放报告。

碳排放审计:"数智"技术可用于识别机场在碳管理方面的强项和改进空间,识别潜在的碳减排机会,例如在航班调度、建筑能效或交通管理方面实施更具体的节能措施。同时可以将碳排放数据可视化,帮助管理层更好地理解碳排放现状与发展趋势。例如通过数字孪生技术,可以在虚拟环境中模拟不同碳减排策略的效果,帮助机场决策者做出明智的决策,制定碳减排计划并追踪进展。

### 3. 健康舒适

#### 1)卫生健康

卫生监测:"数智"技术可用于实时监测机场内的卫生状况。传感器和监测设备可以自动监测包括空气质量、温度、湿度和噪声水平等相关指标。通过大数据分析,机场管理团队可以迅速识别卫生问题。例如,AI 图像识别可以检测卫生间是否需要清洁,自动发出警报并通知清洁人员。

健康安全:机场可以使用"数智"技术制定健康策略,特别是在疫情期间。大数据分析可用于跟踪旅客的移动和接触情况,帮助机场实施社交距离和卫生措施,例如,AI 摄像头可以自动检测旅客的体温异常,如发热,从而触发警报并引导有异常的旅客进行额外的健康检查。此外,数字技术还支持健康证明和疫苗接种记录的管理。

卫生设施管理:机场可以部署智能清洁机器人,用以自动巡视机场内的公共区域。它们可以及时发现并清理垃圾,保持卫生。还可以为机器人配备紫外线消毒设备来杀灭细菌和病毒,提高卫生水平。此外,机场还可以引入虚拟医疗助手,提供健康咨询、疫情信息和疫苗接种预约等服务,旅客可以通过智能终端与其进行互动。

#### 2)环境舒适

室内空气质量管理:"数智"技术可用于监测室内空气质量和优化室内空气质量。例如通过传感器实时检测二氧化碳浓度、湿度、温度等参数,并根据天气、人流量和时间等因素,系统自动调整通风和空调系统,以提供更舒适、健康的室内环境。

噪声控制:"数智"技术可用于监测机场内外的噪声水平,帮助机场管理团队了解噪声的来源、分布和水平,并可用于噪声的预测和提供噪声预防与控制措施。如调整航班时间表,以减少噪声干扰,以及协助噪声屏障设计和隔音材料选择,减少噪声的传播。

舒适性评估:机场可以使用"数智"技术进行乘客满意度调查,通过手机应用程序或电子终端,旅客可以提供反馈,为机场舒适性和服务质量评估提供数据。同时,还可以通过旅客面部表情和语音情感分析,了解其对机场环境的舒适度和满意度。如果系统检测到不满意或不适应的情况,可以触发警报,帮助机场员工及时解决问题。

舒适性定制:机场可以使用"数智"技术来提供个性化的舒适体验。例如,通过分析旅客的喜好和行为,机场可以根据每位旅客的偏好调整温度、光照和音乐等因素,以提供定制的舒适性。机场可以配置智能座椅和休息区域,这些座椅可配备传感器,用以自动调整座椅的角度和硬度,以适应旅客的体型和姿势。此外,还可利用 AI 推荐最佳的休息区域和时机,以减轻旅途疲劳感。

### 4. 环境友好

#### 1) 环境治理

环境污染防治:"数智"技术在监测环境污染方面发挥着关键作用。机场可以部署传感器网络,实时收集数据,监测空气质量、水质等。这些数据通过大数据分析平台进行处理,可用于迅速识别污染源及其发展趋势,并为机场管理团队提供行动方案,如限制某些设备的使用或调整飞机起降程序,以减少环境污染。

环境管理:机场可以建立智能化环境管理系统,通过将各种数据源整合在一起,包括大数据监测、传感器数据、气象信息、污染排放等,以提供实时的环境状况和预警信息,帮助机场管理人员做出迅速决策,采取必要的控制措施以应对环境问题。例如,通过智能控制系统可以实时监测废水处理厂的运行情况,根据实际情况自动调整废水处理过程,以确保排放达到环保标准。此外,AI 还可以协助管理垃圾处理设施,优化废物处理流程,最大程度地减少环境污染。

#### 2) 环境优化

环境相容:首先,在生态保护方面,机场可以利用"数智"技术创建生态模型,模拟建设项目对周边生态系统的影响。这有助于机场规划出最佳的建设方案,以减少对野生动植物栖息地的干扰。还可利用智能监控摄像头自动识别并记录野生动植物的行为,帮助机场管理团队了解和保护当地生态系统。其次,在环境规划方面,机场可以使用"数智"技术模拟不同建设方案的影响,实现机场与自然环境的协调发展。再次,在净空管理方面,机场可以实时监测并帮助优化航班计划和飞行路径。此外,还可利用智能监控摄像头捕捉鸟类图像,自动识别其种类及行为,并为机场推荐采取适当的驱鸟措施,以减少与鸟类相关的飞行安全风险。

景观绿化:机场可以使用智能模型来模拟不同植被和景观元素的布局,还可以帮助机场规划智能灌溉系统,以确保植被得到适当的水分供应,减少浪费。同时,AI 和大数据可用于监测与维护景观绿化,例如实时监测土壤湿度、光照和温度等以及植物的健康状况,自动识别植物疾病或虫害等问题,以采取相应的措施,保持景观的健康和美观。

5. 运行高效

1）航空器运行

飞机滑行优化：机场可以使用大数据和数字技术来创建数字化飞机滑行计划。通过考虑飞机的位置、航班时间表、跑道使用情况等因素，最大程度地减少滑行时间和燃料消耗。同时，还可以创建智能化实时更新方案，以应对交通状况和天气变化。此外，AI 系统可以为飞行员提供实时滑行指导，降低滑行延误和提高滑行效率，减少碳排放。

登机和卸货操作：机场可以使用大数据来创建数字化装卸计划以减少航班停留时间，提高机场运行效率和减少燃料消耗。同时，机场还可以部署 AI 机载设备提高操作的准确性和速度，帮助航空公司和地勤人员更高效地处理行李装卸和货物装卸。

供应链优化：机场可以利用"数智"技术来优化供应链管理，确保所需的燃料、食品、饮料等物资按需供应，以减少浪费和降低碳足迹。同时，还可利用大数据技术监测和优化供应链中的各个环节。例如，通过分析销售数据和需求趋势，机场可以更精确地订购物资，减少不必要的资源消耗。

飞行区地面活动管理：机场可以采用"数智"技术来管理飞行区地面操作，包括飞机滑行、登机桥使用和地勤车辆运行等以协调机场地面活动，减少拥堵和碳排放。此外，还可以管理和优化地勤车辆的运行路径，减少不必要的燃料消耗和排放。

2）地面交通运行

机场内部交通规划：机场可以建立高度智能化的交通管理系统，通过实时监测飞机位置、地面交通流量、航班时间表等数据，优化交通流动，以降低飞机等待时间和减少碳排放。同时，机场可以更加有效地预测交通高峰和拥堵情况，这有助于机场管理团队提前采取措施，如合理调整航班时间表或航线，以降低排放。

多式联运：机场可以建立数字化联运平台，整合不同的交通方式，使旅客能够方便地规划整个旅程，包括飞机、火车、公交、出租车等。这将鼓励乘客使用更环保的交通方式，减少个人汽车使用。此外，AI 还可以为旅客提供最佳换乘建议，考虑不同交通方式的时间表和可用性，方便旅客选择更节能和环保的出行方式。

轨道交通：一市多场的轨道交通系统需要整合不同城市的轨道交通数据，包括不同地铁线路的列车位置、运行状态、乘客数量等。基于这些数据可以实时监测和预测旅客交通流变化，以确保交通系统的协调和高效运行。同时，机场可以采用智能调度系统，根据各个场站的运行情况、航班信息以及城市交通状况来优化列车的运行计划，这有助于提高列车的准点率和运行效率，降低能源消耗。此外，机场内的轨道交通系统可以根据实时乘客流量和航班时间表调整列车间隔，减少不必要的等待时间，提高能源利用效率，降低碳排放。

一场多楼的衔接：机场内不同航站楼之间可以通过数字化系统实现智能连接，包括自动化行李传输系统和智能登机桥,这有利于降低旅客转机时间和能源消耗。此外,还可以为旅客提供智能导航服务,避免旅客迷路和浪费时间,提高整体效率。

旅客公共交通保障:机场可以提供智能化公共交通信息,包括公交、地铁和火车的时刻表、票价和换乘建议,以及监测公共交通工具的客流情况,并根据需求进行调整,确保公共交通工具能够满足旅客需求,减少拥挤和排放。

工作区公共交通:AI 系统可以优化班车调度,并根据员工需求和交通情况,提供最佳的班车计划以及优化员工通勤路线,从而降低班车空驶和资源浪费。

3)旅客通行

大面积航班延误应急预案和应急处置措施:机场可基于航班和气象信息等大数据,精准预测潜在的航班延误情况,为应急预案提供数据支持,并根据实时数据和模拟情景,为机场管理团队提供最佳的应急决策建议,加速应对措施的制定和执行。

机场无障碍:通过智能导航应用,行动不便的旅客可以轻松获取关于轮椅租赁、无障碍通道位置、电梯等信息,以实现更便捷的通行。此外,还可以提供语音识别和自动翻译等服务,帮助听力或语言障碍的旅客更好地与机场工作人员沟通。

旅客步行优化:机场可以利用"数智"技术智能化规划航站楼内的空间布局,包括对登机口分配、行李传输系统的优化等,以减少旅客需要步行的距离。AI 系统还可以帮助进行航站楼旅客动线设计,并根据旅客的目的地和时间表提供最佳的行走路径建议,减少步行距离,提高通行效率。

旅客值机:可通过提供数字化自助值机设备,方便旅客自助值机,减少纸质登机牌的使用,降低资源消耗;以及引入 AI 值机助手,为旅客提供实时信息和帮助,简化值机过程。

旅客安检:机场可以利用 AI 技术预测安检高峰时段,调配资源,减少旅客等待时间。同时,机场可以优化数字化安检流程,包括虚拟排队、电子通知等,以提高效率,降低拥堵。

行李提交:机场可提供数字化行李提交服务,旅客可使用手机应用或自助设备提交行李,减少排队等待时间,并利用 AI 追踪行李,确保行李与旅客同行,减少遗失情况。

旅客中转:机场可提供数字化中转服务,包括登机口导航、行李自动转运等,以提高中转效率。系统还可根据不同航班的时间表和可用性,为旅客提供最佳的中转建议,减少等待时间。

## 6.3.4　面向未来的大型枢纽机场的绿色发展思路

目前,"智慧 + 绿色"作为未来机场管理模式的核心关键词已成为共识,进一步来说,绿色机场应是以"智慧化"赋能机场绿色建设与发展模式的机场,"信息化、数字化、网络化"则是构成机场绿色底座与绿色智慧应用的技术体系与基础设施。因此,面向未来机场管理模式的绿色机场建设路径,应当是根据《中国民航四型机场建设行动纲要(2020—

2035 年)》和《四型机场建设导则》的要求,围绕机场绿色底座与绿色智慧应用建设,从资源节约、低碳减排、健康舒适、环境友好和运行高效等几个方面,探讨在数字基础设施支撑下的绿色机场建设、运营和管理的系统性解决方案与具体措施。具体来说,主要包括以下八个方面的内容。

(1)在绿色机场建设的顶层设计方面,首先,绿色机场的建设是一项系统工程,因此需要成立绿色机场建设领导小组,并从全生命周期角度对机场绿色建设水平进行综合评估;其次,应当对未来机场的发展阶段与特征进行预测和描述;第三,对面向未来机场发展模式的绿色机场建设所需具备的技术体系进行详细梳理,明确绿色机场的建设需求、业务逻辑与技术体系之间的对应关系;第四,制定未来机场模式下绿色机场建设的规划目标、任务与路线图。

(2)在绿色机场的数据自动化采集与综合智慧监测系统方面,应提升机场智能表具的安装覆盖率,实现用水、用能以及环境等数据采集和存储的自动化。构建综合监控管理系统,实现对智能表具以及用能设备的自动化巡视、监视、控制、管理等功能。在此基础上,提升数据标准化水平与数据共享程度,实现对机场绿色运营相关数据的自动分析、报表生成与辅助决策功能。

(3)在资源节约利用方面,首先,应推动再生水系统智慧运行技术的应用,完善再生水利用和无收益水管理,实现水资源综合利用和水平衡,提高水资源利用率。其次,在GIS 与智能技术支撑下,采用空间模拟等技术手段,优化机场旅客动线设计,提升机场空间利用率,优化机场空间构型与布局,实现土地的集约利用。并基于大数据与智能技术揭示机场各类主体的空间行为,完善绿色机场空间形态,提升机场的空间品质与空间运行效率。第三,基于全生命周期理念,提升机场绿色建设的智能化监测与管理,加强新型节能材料、工艺、技术、设备的应用,及废旧材料再生和综合利用。第四,持续推动智能化节能技术、智能照明技术、飞机地面空调技术、地源热泵技术、辐射空调技术、光伏发电技术等的研发创新与利用。完善节能设备的智能化管理手段,以智慧绿色底座和数字基础设施建设为依托,协同能源管理平台、智能设备监测系统,提高机场节能管控的智慧化水平。

(4)在绿色能源方面,持续完善机场数字化基础设施、绿色数据中心与其他绿色底座建设,深入研发与充分利用能源互联网综合管理平台技术,推动机场综合智慧能源管理平台建设与智慧储能系统建设。协同信息、能源等其他机场网络系统,探索智能微电网系统与可再生能源开发利用技术,推动机场一体化绿色能源电网建设,优化机场能源结构。并在数字化与智能优化控制技术支撑下,进一步解决清洁能源利用的不确定性问题和能源系统复杂性问题,从而实现绿色电网等机场能源系统的灵活调度和精细化管理,有效提升机场能源系统的负荷与储能容量。

(5)在绿色建筑方面,应探索机场数字化信息基础设施 CIM 平台建设,推动群智能建筑系统技术运用,赋能机场建筑的智慧运营,降低机场整体能源消耗。完善楼宇自控技术与能力,加速提升建筑节能水平和能源利用与管理效率;探索光伏与机场建筑的全面融合,推动光伏建筑一体化(BIPV)在机场的建设和应用比例,提高智能技术支撑下绿色建筑的"产能"能力;推动机场建筑的智能化与电气化,完善分布式储能与直流供电技术,提升建筑用电与机场整体电网系统的互动能力;通过机场综合智慧能源系统提升可再生能源的接入比例,优化航站楼等机场建筑的能源利用结构。

(6)在绿色交通方面,需基于"出行即服务"(Mobility as a Service,MaaS)的交通理念,采用智能网联技术构建机场绿色交通运营大数据平台,推动机场智慧交通与绿色出行的实现。在陆侧交通方面,集约化处理旅客的交通出行需求,基于大数据技术构建机场综合智慧绿色交通系统,提供灵活、高效、经济、环保的出行服务。推动新能源车与自动驾驶车辆的使用,以及智能充电系统技术的应用,优化新能源交通工具及配套设施。构建充电设施智能管理系统,全面支撑新能源车辆的有效使用。此外,通过车辆数据数字化与互联网+技术的综合运用,实现信息共享调度的优化,提升车桩管理效率及车辆的高效调度和资源利用率,实现机场的智慧化绿色交通运行。

(7)在环境友好方面,应充分利用物联网技术和智能化远程监测技术,建设实时、自适应进行环境参数感知的环境物联监测网络,实时采集污染源数据、水环境质量数据、空气环境质量数据、噪声数据等环境信息。利用云计算、模糊识别等各种智能计算技术,整合机场现有环境信息资源,建设具有高速计算能力、海量存储能力和并行处理能力的智能环境信息处理平台,将对各种环境信息进行智能分析和提供智能决策。在此基础上,建立与其他应急管理及污染源单位的日常管理业务系统的联系,推动机场多层智慧环境综合管理平台的建设和完善。结合智能建筑及其他绿色智慧应用技术,推动环境相容与景观优化的分析、规划与实施。

(8)在绿色高效运行方面,持续推动"一证通关+面像登机"技术,实现无纸化绿色出行。利用空地一体化、模拟仿真等技术手段提高跑滑系统规划设计水平,提高航空器及车辆、设备等地面运行效率,强化现场分析与监控,优化运行流程,减少运行能耗与碳排放强度。完善空侧运行的数字化、智能化水平,构建智能化综合机坪运行管理平台,实现飞行区运行数字化、图形化的全流程实时管控,优化机坪内设施服务体系建设。完善机场数字化基础设施建设,推动设备、车辆、人员等地面保障资源共享、统一调配,利用新技术实现地面服务各环节、各工种无缝衔接、高效协作。

# 下篇　实践案例

# 第 7 章

# 国外大型枢纽机场的绿色机场建设实践

## 7.1 芝加哥奥黑尔国际机场

### 7.1.1 概况

芝加哥奥黑尔国际机场(Chicago O'Hare International Airport)位于美国伊利诺伊州库克县东南方向,距芝加哥市中心 27 km,为 4F 级国际机场、大型航空枢纽。目前,奥黑尔国际机场与当地组织一起在机场内启动了数项可持续发展计划,以使空间更加环保。其中包括雨水收集,废水回收,使用风力涡轮机发电,安装太阳能电池板,种植屋顶花园,绿色车队车辆和电动汽车充电站。此外,还包括被称为"奥黑尔城市花园"的"气培花园"和世界上最大的养蜂场,该养蜂场拥有超过 100 万只蜜蜂。

### 7.1.2 绿色机场建设实践

1. 绿色屋顶项目

芝加哥奥黑尔国际机场目前拥有超过 3 065.8 m² 绿色屋顶。绿色屋顶是芝加哥奥黑尔机场现代化项目(O'Hare Modernization Program)的一部分,该项目在机场设计和建设的所有方面都考虑了环保因素。就环境可持续性而言,绿色屋顶主要有个三方面好处:减少雨水径流、降低城市热岛效应、减少建筑物能源需求。此外,植被环境将屋顶的寿命大大延长至 40~50 年,而普通屋顶的寿命仅有 20 年。这是因为植被形成了天然屏障,延缓了屋顶结构的老化。绿色屋顶需要的维护更少,也降低了建筑内冷热空调的需求。

2. 噪声管理项目

芝加哥航空管理局在奥黑尔国际机场和中途国际机场都实施了长期的噪声管理项目,并长期与社区噪声问题委员会保持着合作关系。芝加哥航空管理局主要通过以下四个途径来解决飞机噪声问题:消减、缓解、监测、宣传。自噪声管理项目启动以来,芝加哥航空管理局和当地社区都十分重视兰德隆与布朗公司(Landrum & Brown Incorporated)在噪声管理方面提供的持续服务和支持,其中包括:噪声管理的技术支持、机场噪声管理系统的日常功能管理、提供减噪方案实施报告,以及每年超过 50 次公共会议上的大量的社区宣传。兰德隆与布朗公司还帮助芝加哥航空管理局修订了"安静飞行方案",通过跑道和航路的定期轮换,更好地平衡机场周边社区的飞机噪声。

### 3. 绿色特许经营管理计划

2013 年 3 月,芝加哥航空部针对特许经营商户推行了一项绿色特许经营管理计划,鼓励机场特许经营商户减少垃圾排放、推行垃圾分类和回收、采用更多生态产品以及向旅客提供更为健康的食物。这一政策的具体要求有:禁止使用聚苯乙烯泡沫塑料(泡沫塑料)的一次性包装;禁止使用塑料包装袋及一次性的塑料容器和用具;固体垃圾废弃物要按照可回收物、可堆肥和废弃物的标准进行严格分类;只购买绿色的清洁剂、肥皂等清洁卫生用品;加大绿色食品的采购比例;打印纸要购买 100% 的再生成分纸张;遵照食品安全法,最大程度捐赠多余的食物;严格按照《机场可持续发展手册》的标准,推行"绿色飞机评价体系"。奥黑尔国际机场近 150 家特许经营商都必须参与其中,日后加入的新商户也必须将参与此项计划作为入驻基本条件。

### 4. 绿色车队计划

奥黑尔国际机场推行了一项绿色车队计划,先期投入运行了一批混合动力电动车,主要作为机场内的警车、内场监管车、摆渡车及运行指挥车等。同时,为鼓励机场员工及乘客使用清洁能源汽车,奥黑尔国际机场在停车场相对便捷的区域设置了专门的清洁能源车停车位,并增设了电动车充电站。这些举措有效改善了机场区域传统车辆的使用结构,降低了车辆运行带来的碳排放量,为机场可持续发展作出了贡献。

### 5. 航站楼内的气培花园

2011 年,芝加哥航空部在奥黑尔国际机场 T3 航站楼圆形大厅内建造了气培花园,这也是全球第一家实施气培或无土栽培花园的机场,开创了机场业界通过实施无土栽培、推动可持续发展的先河。无土栽培花园种植的植物根部悬浮在 26 个塔器上的 1 100 个种植洞孔中。植物所需营养成分通过这些塔器传输,也减少了暴露在外部的水资源的蒸发或浪费。这一气培花园目前种植了香菜、韭菜、四季豆、薄荷、红生菜、辣椒等可食用植物。通过几年的种植,证实了在机场航站楼内实施气培花园的可行性,并充分体现了其可全年种植、产量高、无须除草、节约水资源、成本低廉等优点。目前,通过该气培法种植的蔬菜,大多直接在奥黑尔国际机场及中途机场餐饮店销售或食用,在社会上也起到了很好的教育宣传效果。

### 6. 动物除草计划

2013 年,奥黑尔国际机场引入了山羊、绵羊、美洲驼、驴等 40 头左右的食草动物,用以"自然"清除机场区域外的矮小植物和杂草,通过自然放牧的形式驱除鸟类和其他野生动物在此处栖息,降低了机场的安全隐患。该计划实现了机场的经济、运营和环境的多重效益,一是有效减少野生动物栖息地,减少其危害到机场运行的可能性;二是降低了机场区域除草和景观维护的成本,包括燃油、劳动力、除草剂和设备的投入;三是在陡峭的堤坡或难以清除植被的岩石区,采用了比传统割草或喷雾等更有效的方式;四是减少使用重型设备,最大限度地减少土壤侵蚀,同时减少使用割草机,降低了二氧化碳和其他污染物的排放;五是消除割草及景观碎片残骸和运输垃圾的填埋问题。

### 7.1.3　经验与启示

启示一:把握机场发展"新常态",实现机场"全产业链"的绿色可持续发展。

实现机场的可持续发展,不仅仅是节能减排,还应该包括从机场选址、设计、规划建设、运营管理、维护保养及供应商管理等全过程。其中机场管理机构作为公共基础设施资源的委托管理代表,必须通过完善的规章制度,引导航空公司、空管及场区所有驻场单位,共同协作配合,实现机场的绿色可持续发展。

启示二:主动承担社会责任,减少机场碳排放量,建设环境友好型机场。

民航机场业应积极响应国家政策要求,及早思考谋划碳减排问题,并在机场范围内主动承担社会责任,树立环境友好型机场的良好形象。减少机场范围内航空碳排放量、改善机场周边空气质量,将成为机场未来可持续发展的重要课题。

启示三:完善机场绿色可持续发展政策,争取机场内外部资源的共同支持。

奥黑尔国际机场推行的《机场可持续发展手册》,是整合机场内外部资源、实现可持续发展的典范。为此,国家层面应尽快研究出台政策、规范,引导机场管理机构、驻场单位及相关参与方,共同建立完善机场可持续发展评价指标体系及相关规章制度,推动机场可持续发展。

## 7.2　东京成田国际机场

### 7.2.1　概况

东京成田国际机场(Tokyo Narita International Airport)位于日本国千叶县成田市,西距东京都中心 63.5 km,为 4F 级国际机场、国际航空枢纽、日本国家中心机场。

成田国际机场一直致力于"生态机场"建设,力争实现区域环境友好、全球环境友好、资源循环利用、自然环境友好等几个目标,并每年进行结果评估。机场为此专门成立了一个咨询委员会,即生态机场规划与开发委员会,由机场负责人担任主席,已经召集数十次会议。其下设的三个委员会(废弃物委员会、空气质量委员会和公共关系委员会)负责审核相关环境政策,以确保生态机场规划与发展委员会的 21 家成员机构能够有效开展环境保护工作。

## 7.2.2　绿色机场建设实践

1. 区域环境友好方面

（1）通过互联网、出版物、成田机场信息角、环境信息、生态机场角（航空科学博物馆）等多种方式发布环境信息，鼓励参与环保活动。

（2）通过社区咨询中心、机场信息中心等多种机构及时与当地社区进行交流。

（3）通过成田国际机场生态机场规划和发展理事会和国际机场理事会（ACI）世界环境常务委员会进行海内外机场间业务交流。

（4）通过社会风险活动、机场生态年轻人俱乐部或生态产品展示等途径与社会展开交流。

2. 全球环境友好方面

1）制定空气污染和地球变暖对策

2021 年 3 月，成田国际机场发布了碳减排目标框架《可持续成田国际机场 2050》（*Sustainable NRT 2050*）。即以 2015 年为基准年，成田国际机场将在 2030 年前实现二氧化碳减排 30％，每架次起降航班平均减排 30％，到 2050 年实现净零碳排放。《可持续成田国际机场 2050》还明确了资源循环、气候变化等具体减碳计划，包括：到 2050 年，机场新建和改扩建建筑物均为净零能源建筑，实现建筑碳中和；使用零碳燃料为暖通设施等提供能源；可再生能源供电率 2030 年达到 20％，2050 年达到 100％；推进 LED 光源的使用，新装照明设备都为 LED 光源，助航灯光 LED 光源使用率 2030 年达 80％，2050 年达 100％；继续推广使用低排放车辆，到 2030 年，除机场消防车、除雪车等特种车辆外，所有车辆都实现低排放，到 2050 年实现全部车辆零排放。具体来说，涉及以下措施。

（1）有效使用能源，在机场设施不断扩展的情况下，维持机场单个旅客电力消耗量大体不变。

（2）采取措施限制飞机辅助动力发动机（APU）使用，使飞机停放点全部使用地面动力单元外接设备（GPU）。

（3）引入低排放机动车，并减少机动车比例。

（4）发布环境保护禁止空转的条例，发起减少机动车空转的宣传。

（5）通过安装太阳能发电系统提供清洁、自然的能源。

（6）在机场 1 号候机楼屋顶等三处安装了太阳能板，共 882 块，一年发电约 12 万 kW·h，约相当于 30 个普通家庭一年的耗电量，一年大约减少 79 t 二氧化碳的排放量。

2）能量循环利用措施

成田机场开发了冷、热、电三联供能系统，用天然气作为燃料来发电，并将废热用来加热水和供空调用。该系统大约提供了机场用电的 20%、加热和制冷的 30%。

3. 生态机场资源回收方面

1）实施废弃物"3R"政策：削减（reduce）、重复使用（reuse）、回收再利用（recycle）

（1）机场一般废弃物分类：在货运区，对一般废弃物进行分类，包括瓶子、箱子、塑料瓶等；在办公区，分类从 6 类扩展到 8 类（瓶子、箱子、塑料瓶、报纸、杂志、卡片、可燃物以及不可燃物）；在旅客区，分类从 4 类增加到 6 类（瓶子、箱子、塑料瓶、报纸、杂志，以及可燃物）。

（2）削减——减少建筑废弃物：通过积极的研究，已经研制了"有黏结的混凝土覆盖方法"。该方法指通过刮走表面层，剩下一薄层混凝土还可继续用。与以前的工艺方法相比，废弃物减少了 97%，同时也减少了新混凝土的使用量。

（3）重复使用——重新使用废弃物：建筑材料的重新使用，在 1 号候机楼的整修工作中，重新利用楼内的材料而不是扔掉它们。如重新整修和再利用离港大厅天花板上的天窗等。

（4）回收再利用——把废弃物变为资源：将破损的停机坪和滑行道产生的废弃混凝土和沥青回收工厂并压碎，并作为铺路的基础材料。利用垃圾积肥：把饭店的厨余垃圾和雇员用餐所产生的垃圾用来积肥，以及将每年所割下 4 600 多吨草，提供给农民积肥。

2）有效利用水资源

（1）雨水再利用：为防止雨水影响水质并造成河水泛滥，机场让雨水先后经过油污分离厂、污水沉淀池和蓄水池，再用雨水处理设施处理。产生中水（可再使用的水），用来补充制冷水。

（2）厨房废水再利用并进行水资源保护：将候机楼餐馆产生的含油废水先经处理达标后，再排入下水道。为更有效地利用水资源，在中水处理厂采取多种措施，利用中水冲候机楼里的厕所或用于航站楼旅客盥洗。

4. 在自然环境友好方面

1）绿化

根据机场环境的绿化总体规划，采取了一系列步骤改善生活环境，如制订绿化基础设施计划、保护森林、建设必要的设施、分区保护绿地等。

2）减轻噪声

（1）机场设立了噪声减缓委员会，采取措施有效降低噪声。

（2）大幅度引入了低噪声航空器，设立并严格执行噪声认证标准；建立并实施了基于噪声水平的着陆收费系统,最大降低噪声 30%;低噪声航空器起飞降落的百分比稳步增加;降低噪声的同时还可为全球环境保护作出贡献。

（3）限制航空器在夜间活动,机场 24 小时开放,但设立起降时间限制:早 6 点到晚 11 点。

（4）设置并监视飞行走廊,进行航空器噪声监视,目前机场已有 33 个监测站每天 24 小时监测,还有当地政府(36 个)和相关部门(33 个)共 69 个监测站。同时在机场及周边地区共建立了 8 个监测站,用于监测地面噪声。

（5）减少发动机测试噪声,1999 年,机场当局与航空公司共建低噪声机库,发动机测试噪声降低了约 120 dB。

（6）建立降噪堤坝和森林缓冲带。机场建立了约 100 m 宽、10 m 高的降噪堤坝和森林缓冲带,降低了 10 dB 的噪声;种植树木用于抵挡噪声以及保护环境。对当地社区进行隔音和声音防护,对暴露在高噪声污染区域的住户,依据《噪声防护法》和《特殊噪声防护法》,重新计算补偿;此外,还包括帮助独居者搬迁或集体重新安置等措施。

3）保持空气质量

机场及其周围至少有 6 个空气质量监测站每天 24 小时工作。根据多年的调查结果,二氧化硫、二氧化氮、一氧化碳及其他特殊物质均在标准范围内。

4）保持水质量

对雨水和排水系统设置了 3 个监测点(蓄水池);每月对机场附近河流进行 6 次监测;对地表水设置了 8 个监测点,每年取 5 个点对水的质量进行检测。

## 7.2.3　经验与启示

启示一:首先应该树立绿色机场的理念,坚持绿色环保和可持续发展的理念,并在建设和运营过程中切实得到贯彻和落实,确保在机场的全生命期中实现发展和绿色环保的高度统一。

启示二:要结合机场建设的特点和当地社会经济发展状况,在全面贯彻落实国家有关法律法规的基础上,争取政府的大力支持,通过财税政策等一系列奖惩措施,使机场增强在建设和运营方面坚持节约、绿色、环保、低碳、人性化方面的主观能动性。

启示三:加强在科技创新方面的投入,大量采用环保节能的技术、产品,为建设绿色机场奠定坚实的技术与物质基础。

启示四:在机场的建设和运营中,应将人性化设计作为重点进行深入研究和落实,从细节入手,通过各种设施、设备和流程,切实体现以人为本的理念,使机场的服务更具人性化的鲜明特征。

## 7.3 巴黎戴高乐机场

### 7.3.1 概况

巴黎夏尔·戴高乐机场(Paris Charles de Gaulle Airport),简称戴高乐机场,是 4F 级大型国际枢纽机场,法国最大的国际机场和欧洲最主要的航空枢纽之一。法国航空集团长年致力于减少环境污染、建立负责任的社会政策,以及推动法航集团航班相关区域的可持续发展,戴高乐机场同样遵循此道。在绿色机场建设方面,戴高乐机场的措施主要包括:限制碳排放、噪声控制、提升能效、改善空气质量、保护生物多样性、保护水和土壤等。

### 7.3.2 绿色机场建设实践

#### 1. 限制碳排放

2017 年,戴高乐机场承诺在 2030 年实现碳中和(含补偿)目标,并于 2019 年承诺最迟在 2050 年实现净零二氧化碳排放(无补偿)。这些承诺是通过自愿参与机场碳认证 ACA 计划来构建的。在欧盟和《联合国气候变化框架公约》(UNFCCC)的支持下,该计划包含四个级别的认证:1 级验证计算直接碳足迹的方法;2 级证明平台的排放量减少;3 级包括间接排放的计算(飞机的 LTO 循环:滑行,着陆,起飞,地勤,进入平台等);3 + 级对应于碳中和(带补偿)。根据本方案制定的碳排放核算和减排行动计划应由独立的第三方进行核查。所谓的碳抵消办法,包括寻求在现场减少其二氧化碳排放量之后,在另一个地方建立碳减排或捕获和封存项目。巴黎机场集团(ADP)目前获 4 级认证,这意味着根据净零二氧化碳排放路径已实现内部二氧化碳排放的绝对减少。其主要措施包括以下方面。

1)减少内部排放

减少内部的二氧化碳排放量基于四个主要杠杆:清洁能源、发展可再生能源和购买绿色电力、车辆能源转型。戴高乐机场还对所有投资项目实施了内部碳价格,以便将气候风险纳入选择。2019 年,已将每吨二氧化碳从 20 欧元重估为 60 欧元,预计到 2023 年将达到 100 欧元。

2)控制外部排放

戴高乐机场与航空公司合作,在滑行和停车阶段减少飞机的地面排放。戴高乐机场部署了飞机辅助动力发动机(APU)的替代品,以减少其燃油消耗。因此,所有的停机坪都配备了 400 Hz 插座为飞机供电。2019 年,巴黎机场集团与法国地勤助理协会

(Chambre yndicale des assistants en escale，CSAE)成立了一个地面处理设备绿化工作组，为援助行动的绿色化作准备。此外，戴高乐机场还参与了由欧洲天空一体化空中交通管理研究项目(SESAR)和法国民用航空研究委员会(CORAC)发起的联合研究计划，以实现空中交通管理系统的现代化。同时，机场正在跟踪空中导航服务的工作，以部署影响较小的新的航空路线。另外作为协作式环境管理的一部分，巴黎机场集团正在与航空公司和其他航空服务部门一起研究改善地面交通和受影响人口的环境绩效。

### 2. 噪声控制

50 年来，戴高乐机场一直在进行空中交通的噪声影响监测，并为居民提供可视化工具以及部署隔音辅助设备，从而尽可能减少周围居民所遭受的噪声污染。除了提供信息资源和处理当地投诉，戴高乐机场基于国际民用航空组织(ICAO)定义的平衡方法来减少噪声并处理其造成的各类问题。这种平衡方法包括确定每个机场的不同噪声问题，然后分析可用于减轻噪声污染的方法。

此外，戴高乐机场还不断与航空公司和航空服务提供商合作，以优化机场运营和尽量减少飞机活动的噪声足迹。这项工作的推动主要是通过与当地居民及其代表进行长期对话而实现的。戴高乐机场还承诺严格的"宵禁"，要求提高航空公司对飞机到达和离开时间的认识，敦促航空公司严格遵守时间表协调协会(COHOR)分配的夜间时段。此外，戴高乐机场还在努力优化机场运营，以避免飞机运行带来的嘈杂声：例如减少滑行时间、在跑道头起飞、连续下降、开发发动机测试程序等。戴高乐机场同时还致力于支持当地居民的隔音，开发基于 GIS 的住宅隔音评估工具。

### 3. 以能效提升为目标

在 2016—2021 年间，戴高乐机场实施了每年 1.5％ 的能效提升计划，并改善了现有港口和建筑物设施的能源绩效和控制。至于新建筑(航站楼和其他建筑物)，戴高乐机场致力于通过高环境质量认证(HQE)、英国建筑院环境评估(BREEAM)认证或美国能源和环境设计先锋(LEED)等认证体系来验证其能源性能。

在法国，戴高乐机场的"舒适—环境—能源"参考框架为戴高乐机场建筑物的设计、建造和翻新设定了框架：即寻求能源效率优化，同时考虑机场活动的特殊性和用户舒适水平。戴高乐机场对建筑物进行了能源效率改进操作：例如部署能耗监控工具，对耗能最高的设备(通风、照明、供暖、空调、行李分拣等)进行现代化改造。例如，2019 年，巴黎戴高乐机场安装了新的 LED 照明，空气发动机被更高效的发动机所取代，并更好地控制了最耗能的装置。

戴高乐机场同时将能源效率纳入了采购策略，戴高乐机场最耗能的采购约 80％ 集中在行李分拣、机场设备、电梯、发电机等设备方面。机场根据"舒适—环境—能源"当中的

"能源"标准对其进行检查,以评估戴高乐机场供应商。此外,戴高乐机场为员工提供实用指南,以确定整个生命周期内能源性能分析的相关标准。

### 4. 改善空气质量

为了减少空气污染物排放,并推动戴高乐机场的气候承诺,戴高乐机场设定了2016—2021 年期间的四个目标:①使戴高乐机场的车队污染更少,到 2020 年至少有 25% 的车辆使用了清洁能源,实现了相对低的二氧化碳排放(电动,混合动力),同时在戴高乐机场所有的机场部署电动汽车充电站;②制定戴高乐机场移动计划;③减少与访问戴高乐机场平台相关的排放;④限制地面飞机和地面处理车辆的排放。

1) 减少污染高峰期间的影响

在空气污染高峰期,戴高乐机场通过减少排放的管理程序对电力、能源和锅炉等设备采取控制措施,并要求远程办公,使用公共交通、拼车、视频会议系统以尽可能限制出行。法国民航总局(DGAC)还采取措施限制辅助飞机动力发动机(APU)的使用,并暂停发动机测试和训练飞行。

2) 减少出行排放

为了减少道路旅行对乘客和员工的影响,戴高乐机场正在努力改善所有平台的公共交通服务,提高戴高乐机场的"Groupe ADP"车队绿色水平,安装电动汽车充电站,鼓励拼车和汽车共享。2019 年,巴黎戴高乐机场制定了"主动出行模式"的总体规划,即倡导使用"肌肉能量"的出行方式:例如步行、自行车、踏板车、旱冰鞋等。

### 5. 保护生物多样性

戴高乐机场占地 6 600 hm²,有一半是绿化空间,其中包括 1 200 hm² 的航空草甸。戴高乐机场致力于在高度城市化地区实现土地的绿化及丰富生物多样性。

作为由法国生物多样性办公室领导的"致力于自然的公司"计划的参与者,以及由法国环境公司协会(EpE)领导的"act4nature 国际计划"的参与者,戴高乐机场表示支持下列集体承诺。

1) 避免、减少、补偿

戴高乐机场制定了"发展、景观和生物多样性"总体规划,该总体规划综合考察每个平台的物种清单、空间及其生态价值,建立发展框架并规划具有以下目标的项目:控制其对生物多样性的影响,尊重"避免,减少或补偿"(ERC)的监管原则,补偿区域内由机场造成的任何影响,增强戴高乐机场场地的生物多样性。

2) 库存物种

戴高乐机场定期在法国和国际平台上进行物种清查,以实现双重目标:通过限制碰撞风险来确保航空安全,同时实现更好的生物多样性保护。为此,戴高乐机场与

Aero Biodiversity 协会建立合作伙伴关系。2019 年,蓬图瓦兹(Pontoise),伊西莱穆利欧(Issy-les-Moulineaux)和布尔热(Paris-Le Bourget)工厂加入了戴高乐机场的这一承诺,为期三年。

3) 提高对生物多样性问题的认识

与一般的看法不同,机场枢纽巨大的绿化空间为物种丰富、数量巨大的生物提供了栖息地,极大地改善了当地的生态系统。戴高乐机场还提高了乘客的认识,在生物多样性和生态系统服务政府间科学政策平台(IPBES)报告发布后的两个月里,通过在行李提取和托运大厅播放视频,以及在机场环境与可持续发展之家提供动画的方式,提高乘客对生物多样性保护的意识。

### 6. 保护水和土壤

戴高乐机场确定了每个区域的雨水管理规则,改善与跑道相关土地的冬季水污染管理,维护和更新受污染场地和土壤的风险地图。机场对于排放到公共污水管网的废水以及排放到野外的雨水都进行了实时监测,并对所有站台的雨水收集和处理网络都进行了重组,同时要求雨水在排放到自然环境中之前必须在处理厂中处理。

此外,为了减少取水量,戴高乐机场收集和再利用雨水,通过从污水处理厂回收水,作为卫生间和冷却塔用水供给。戴高乐机场还安装了节水卫生设施,并通过安装带远程抄表的仪器来改进水量观测和泄漏检测系统,同时通过有效的培训让员工意识到保护水资源的重要性。

在保护土壤方面,戴高乐机场定时监测土壤质量。戴高乐机场的实验室确保根据国家污染场地和土壤管理方法对土壤质量进行环境监测。这是一个检查土壤状态是否与其当前或未来使用相容的问题,并在必要时启动对已识别污染的处理。

### 7. 未来工作重点

1) 减少碳排放

近年来,戴高乐机场一直在参与有关航空业脱碳问题的讨论。为在 2030 年实现碳中和的目标,戴高乐机场将继续采取行动减少内部排放,并对残余排放采取抵消行动。同时为了确保 2050 年实现净零二氧化碳排放的目标,戴高乐机场正在考虑捕获、储存和回收二氧化碳。

2) 可再生能源

戴高乐机场将推行能源效率战略,特别是通过对戴高乐机场建筑物进行系统的英国建筑院环境评估 BREEAM 认证,从而可以在运营阶段评估资产的环境绩效。未来的 4 号航站楼将实现关于改善环境和高效用能的期望。同时机场将致力于开发可再生能源,通过发展自己的可再生能源生产能力和加快可再生能源购买以实现机场能源结构优化。

3）监测空气质量

戴高乐机场目前正在制定绿化空侧活动的路线图，以改善机场空气质量。戴高乐机场将参与资助法兰西岛的各种研究。同时，机场除了已经提供的季度和年度报告外，还致力于实时向所有利益相关者通报空气质量。

4）保护生物多样性

未来戴高乐机场将致力于淘汰植物检疫产品。以巴黎奥利机场为模板，巴黎地区其他平台正在准备实施"零植物"管理。此外，戴高乐 T4 航站楼项目的建设将从其概念上整合生物多样性目标。

5）保护水和土壤

戴高乐机场的首要任务是减少用水量，这需要寻求更有效的方式进行水资源监测，确定消耗的主要来源并实现雨水的重复利用。

### 7.3.3　经验与启示

启示一：提升能效。

戴高乐机场在能效提升方面采取了诸多措施，比如太阳能发电、LED 照明、太阳能路灯、生物质锅炉等，此外还将能效标准纳入了机场采购计划，多方面提升能源利用效率，同时加大对可再生资源的开发，提升能源利用效率，拓宽获得能源的途径，实现减少排放、保护环境的目标。

启示二：水和土壤保护。

戴高乐机场对水和土壤的保护措施在一众机场中尤为突出，包括收集再利用雨水、改善排放水质、土壤质量监测、限制土壤人工化等，以此来保护因气候而变得贫瘠的土壤和有限的水资源，在运营机场的同时有效兼顾环境的保护。

启示三：提高乘客和员工的环境保护意识。

戴高乐机场通过对员工进行培训，使其意识到对水资源掌握的重要性。通过在行李提取和托运大厅播放视频和戴高乐机场的环境与可持续发展之家也提供动画的方式提高乘客对生物多样性保护的意识，提高环境保护意识，激励员工和乘客加入环境保护事业中来，培养机场的环保文化，为全民环境保护助力。

## 7.4　法兰克福机场

### 7.4.1　概况

法兰克福机场（Frankfurt Airport）也称法兰克福美因机场，位于德国黑森州美因河畔法兰克福市,是 4F 级大型国际枢纽机场。

早在 2009 年 6 月,法兰克福机场即申请了"机场减碳认证",这是该机场向可持续发展迈出的重要一步。自愿的"机场减碳认证"项目会评估并认定机场自身直接管理范围之内为减少二氧化碳排放做出的努力。同时,"机场减碳认证"项目还会考虑机场与航空公司、空管、地面公司及与其他机场的合作。同时法兰克福机场还参与了"环境管理及审计计划"认证(Eco Management and Audit Scheme, EMAS)。后一项认证同样也是欧盟内的一个自愿评估项目,而法兰克福机场则是德国第一家连续 10 年获此认证的机场。此外,法兰克福机场公司还在建立一个"利益相关者关联计划",以促使机场各方都参与环境项目当中。通过提高商业过程的效率,法兰克福机场将会打破二氧化碳排放与空中交通流量的关系。

法兰克福机场还设立了一个"可持续性发展董事会",该董事会直接向执行董事会汇报工作。如此一来,法兰克福机场就创立了一个有组织的平台,用以全面地进行可持续发展管理。法兰克福机场环境管理主要集中在气候保护、噪声治理、水资源管理和生物多样性方面。

## 7.4.2　绿色机场建设实践

### 1. 绿色建筑

T3 航站楼是法兰克福机场扩建计划关键的组成部分,将被建设成环保型的航站楼,这得益于地热能、光电技术及其他一些环保型技术的支撑。由于使用了低能耗标准,法兰克福机场的扩建计划将不会造成额外的二氧化碳排放。除了扩建计划,降低现有基础设施碳排放的工程还包括:整修第一候机楼的中央空调系统、行政大楼的能源升级、使用节能灯、扩大飞机停机位 400 Hz 的地面能源供应系统以及旧建筑拆除等。

### 2. 绿色植被与生物多样性

法兰克福机场长期致力于开展环境可持续性计划来平衡机场的活动。作为其重要举措之一,法兰克福机场集团一直致力于植树造林,并在法兰克福/莱茵-美因地区 13 个区域发展近自然群落生境。机场在周边购买了大量农业用地,并在该地区启动了造林行动。截至 2017 年,法兰克福机场在其环境声明报告中表示,它几乎完全实施了重新造林项目的所有措施,并使其森林野生动物群得到了蓬勃发展。

此外,法兰克福机场的生物群落管理有助于将鸟击风险降至最低。法兰克福机场拥有的区域总面积为 22.97 $km^2$。机场的未封闭区域通常存在许多绿地。例如南平行跑道系统和西跑道之间就有约 600 $hm^2$ 的绿地。作为机场运营商,法兰克福机场公司有义务将鸟击风险降至最低。由于鸟群撞击是飞机事故的重要危险源,因此,法兰克福机场专注于特殊的生物群落管理。这意味着法兰克福机场公司在设计机场区域时不会吸引可能对飞机构成威胁的鸟类。

### 3. 可持续交通

法兰克福机场公司始终致力于环境友好型交通。法兰克福机场的交通连接是多式联运:公路、铁路和航空紧密相连,使乘客和员工能够以环保的方式乘坐公共交通工具到达和离开机场。流动性和可达性是现代交通和环境政策中经济和社会发展的核心要求之一。法兰克福机场公司将继续改进多式联运服务,目标是增加乘坐公共交通工具到达和离开的乘客比例。可持续交通意味着尽可能避免污染交通,将其转变为环保的交通方式和路线,并在社会和经济上实现兼容。

### 4. 降低能源消耗,避免浪费

法兰克福机场的主要能源是电力和区域供暖,能源消费总量的发展反映了基础设施的不断扩大和交通运输量的增长,法兰克福机场公司通过积极的减排措施来应对这种情况。

法兰克福机场公司同样专注于回收再利用和避免浪费。自20世纪90年代初至今,废弃物管理已取得了显著成就。同时,2012年6月,循环经济法生效,这是朝着循环经济迈出的重要一步。因此,法兰克福机场公司在与航空公司、供应商和公司的合作中努力避免浪费。如果浪费依旧存在,机场则通过回收或者从它们中提取能量和热量的方式进行再利用。

### 5. 用水量和污水处理

法兰克福机场公司正在减少饮用水消耗并扩大中水的使用。法兰克福机场越来越多地使用雨水、处理过的自来水和地下水,从而减少了饮用水的消耗。法兰克福机场运营着多个雨水处理厂,使用雨水和地下水来生产干净的水资源,当雨量很少时,来自总管的水被送入处理厂,以提供足够的水资源。公司正在逐步扩大中水的使用范围。并由于法兰克福机场公司负责运营和使用排水网络。该公司甚至为废水和雨水运行了两个独立的下水道系统,以便更持续地使用污水处理厂并释放大量雨水。在此过程中,机场将会系统检查废水的质量和数量,使其符合规定的标准。

### 6. 飞机噪声

1)主动噪声保护
主动降噪的目的是直接从源头上降低噪声,减少地面的噪声强度,特别是在重污染地区。

　　法兰克福机场于 2012 年 2 月 29 日签署了《为该地区共同努力——2012 年更多噪声保护联盟宣言》,其中包含 19 项主动噪声保护措施,以及用于被动噪声保护服务和扩展法兰克福机场服务公司的 Casa 计划的 3.35 亿欧元预算。随着在 2017 年底噪声上限的引入,所有建议的措施都得到了实施。2018 年 1 月 26 日,机场和地区论坛提出了主动降噪专家委员会(ExpASS)的新措施计划。除了 2010 年的第一套措施外,现在的措施是对以前实施计划的强化,以进一步发现并挖掘新的潜力。

　　法兰克福机场引入了低噪声增强系统(LNAS),LNAS 是由法兰克福地区论坛发起的一个研究项目,通过驾驶舱内的显示器向飞行员展示如何根据进近控制器的规范设计,尽可能以低噪声和低油耗的方式持续下降,而无须过早设置襟翼和推进器。该系统的长期测试于 2019 年 10 月开始,其中需要收集到大量数据,包括涉及 LNAS 对燃料消耗的确切影响以及在着陆阶段降低飞机噪声。据环境与邻里中心(UNH)称,德国汉莎航空已为 A320 系列的 86 架飞机配备了该辅助系统,目前正在与德国航空航天中心(DLR)和法兰克福机场公司合作测试。

　　此外,法兰克福机场于 1990 年开始就考虑将噪声费用纳入机场收费系统,2001 年,成为德国第一个将噪声收费有效纳入机场收费管理中的机场,并持续对该噪声收费制度进行了完善。其噪声费用按起飞和着陆分别收取,噪声费用的每项计算都是基于飞机所在的噪声等级区间,这一噪声等级区间由法兰克福机场所划定。此外,法兰克福机场为鼓励研发和使用更安静的机型,会对安静的机型给予一定百分比的噪声费用减免,最多可减少 10%。法兰克福机场公司不断制定噪声收费标准,并为选择低噪声飞机创造了动力。自 2022 年 1 月 1 日起,机场实施的新机场收费制度更加鼓励使用特别安静的飞机。另一方面,旧飞机的噪声附加费和夜间关税将增加。晚上 11 点后延迟起飞和着陆将受到特别制裁,以进一步减少晚上 11 点至凌晨 5 点的航班起降。

　　2) 被动噪声保护

　　被动噪声防护的目的是通过建筑物内适当的施工措施来降低室内外的噪声影响。到目前为止,法兰克福机场公司已经为该地区实施了三个被动降噪计划。该计划包含在 2007 年 12 月 18 日对法兰克福机场扩建的规划审批当中。根据《噪声保护区条例》,有权申请噪声保护和经济补偿的居民可以根据达姆施塔特地区委员会的《飞机噪声保护法》进行维权。此外,还可以向区域基金申请噪声保护补贴。目前已有大约 2 亿欧元用于被动噪声保护计划,并得到了区域基金的财政支持。

　　3) 噪声限制

　　实施噪声限制,旨在限制噪声的增加。噪声上限是一项自愿措施,以确保随着白天飞机起降次数的增加飞机噪声不会持续增加。由于最大可规划航班起降次数被限制在平均每晚 133 架次进出港,夜间飞机噪声污染也不可继续增加。

### 7. 控制排放，保护环境

法兰克福机场的气候保护目标有助于提高能源效率。飞机和车辆运行、移动作业机械以及能源（如电力、区域供暖或制冷）的供给过程会导致法兰克福机场产生大量的二氧化碳排放。凭借其气候保护目标，法兰克福机场专注于提高能源效率。同时，由于法兰克福机场越来越多地使用可再生能源发电，因此减少了用电的生态负担。此外，法兰克福机场会定期收集和发布空气质量信息。其中飞行操作是机场主要的排放源，紧随其后的是机场内外停机坪和机动车等造成的地面交通排放。氮氧化物在飞机排放污染物中比例最高。自 2002 年以来，法兰克福机场的空气质量就受到持续监测。目前黑森州自然保护、环境和地质办公室（HLNUG）负责运行这些观测站对数据进行评估。每年法兰克福机场都会在其空气质量年度报告中公布有关空气质量的详细信息。此外，法兰克福机场还会收取基于排放的起飞和着陆费。

凭借专业知识和环保替代方案，法兰克福机场能够可靠和负责任地处理危险品。法兰克福机场也是欧洲最大的货运机场，拥有特殊的处理区域。无论是快递、航空邮件还是危险品，在法兰克福机场都能得到妥善处理。凭借多年的经验和专业知识，法兰克福机场的员工确保能以可靠和专业的方式处理危险货物。法兰克福机场集团的危险品和辐射防护官员不断地监控相关的规章制度。在采购化学产品之前，法兰克福机场会研究将其换成更环保产品的可能性，其子公司已经使用环保技术进行飞机除冰操作。

## 7.4.3　经验与启示

启示一：全流程控制噪声污染。

法兰克福机场十分重视噪声污染的防治，实现噪声的全流程治理。通过主动噪声保护、被动噪声保护和噪声限制来对噪声进行管理，其中噪声收费制度也颇具特色，在收费时将声音分贝考虑在内，并计划进一步鼓励使用噪声小的飞机，通过收费来控制噪声，提高高噪声飞机的成本，以达降低噪声，保护环境的目的。法兰克福机场治理噪声污染的实践对于解决各大机场广泛存在的噪声问题颇有借鉴意义。

启示二：推行"利益相关者关联计划"。

可持续发展理念的实现和落实需要广泛的支持，法兰克福机场推出"机场减碳认证"项目，将会考虑与航空公司、空管、地面公司及其他机场的合作。同时，法兰克福机场还在建立一个"利益相关者关联计划"，以促使机场各方都参与环境项目。通过设立"可持续性发展董事会"，机场可以建立组织管理平台，全流程监管，将机场可持续发展目标与利益相关者紧密联系，促进机场与他方的顺利合作。

启示三：深入推进能源革命，改善空气质量。

　　法兰克福机场采取了各种措施减少二氧化碳排放,维持当前的环境保护标准,在提供服务的同时始终考虑环境问题,并不断改善工作环境。机场越来越多地使用可再生能源发电,减少用电的生态负担,加快规划建设新型能源体系。此外,法兰克福机场公司会定期收集和发布空气质量信息,并据此进行评估,收取基于排放的起飞和着陆费。这些举措对我国均颇有借鉴意义,能够推动绿色发展,促进人与自然和谐共生。

# 7.5　多伦多皮尔逊国际机场

## 7.5.1　概况

　　多伦多皮尔逊国际机场(Toronto Pearson International Airport),位于加拿大安大略省大多伦多地区,为 4F 级国际机场,也是加拿大国家门户级枢纽机场(以下简称皮尔逊机场)。

　　皮尔逊机场是世界上目前仅有的 10 个生态友好型机场之一,这要归功于其在采取可持续举措方面的一贯努力,其中包括节能照明和供水设备、行李自动系统的节能变速驱动装置以及飞机的辅助电源等措施。自 2006 年以来,这些举措已经帮助机场减少了近44 800 t 温室气体排放。

## 7.5.2　绿色机场建设实践

### 1. 温室气体净零排放计划

　　皮尔逊机场承诺到 2050 年实现大多伦多机场管理局(GTAA)拥有和控制的资产的温室气体净零排放。皮尔逊机场因温室气体减排而获得 2020 年环境成就奖,并因节能工作而获得 2021 年 CREST 奖。GTAA 继续支持温室气体减排和投资于节能及温室气体减排技术,包括:在非高峰时段,在终端空间试行电锅炉,以预热水以节约能源或燃气;并更换了 20 多个电动 GSE 充电站;为运行和机动区域更换了 2 100 多盏 LED 插孔灯,用LED 取代了金属卤化物灯,并为其行李系统安装节能变速驱动器;在两个航站楼的停车场安装 32 个电动汽车充电站。同时在飞行区安装了 80 个充电器,供电动行李拖车和其他服务车辆使用。此外,机场于 2019 年为乘客推出两辆电动穿梭巴士,随着现有汽油车的退役,计划再增加三辆。

### 2. 绿色项目

　　皮尔逊机场不仅希望成为所有周边社区的好邻居,还希望为所有生活在附近的人和其他动物创造一个更健康的环境。目前主要通过以下方式来达成这一目标:成为绿色项目的合作伙伴,将工业和商业领域转变为生态工业区;通过物业使用电动汽车和充电站来监测和改善空气质量;利用机场物业的蜜蜂箱来支持周边地区的粮食安全和可持续农业;创新野生动物管理,包括使用猎鹰来控制该地区的鸟类。

由绿色项目的合作伙伴共同合作,从而形成一个不断发展的企业社区。通过促进与企业和市政当局的合作,支持绿色技术的有效实施以及参与环境项目,共同努力提高多伦多地区的经济和环境可持续性。2018年,皮尔逊机场与合作伙伴一起参加了多项活动,包括社区植树活动、回收收集活动。在减少废弃物周期间,GTAA收集了衣服和家用纺织品,以及持续参与材料交换计划,在企业和非营利组织之间交换材料,以转移垃圾填埋场的废弃物。

3. 回收计划

机场一直在寻找减少垃圾填埋的方法。除了常规回收计划外,机场还回收纸巾、包装纸、电池和笔,在航站楼和行政大楼的食品厨房里设置有机物回收箱。此外,要求建筑承包商制定回收建筑材料的计划。在冬季,需要乙二醇来对飞机除冰,除冰过程在中央除冰设施中进行,该设施负责所有飞机的大部分存储和喷洒。整个设施都有一个高密度聚乙烯衬里,以收集任何通过表面渗出的流体。

4. 雨水管理系统

机场最大的环保计划之一是雨水管理系统。机场土地范围内有四个管道末端雨水设施和一系列雨水蓄水池。雨水设施通常代表机场雨水排放的最终控制点,具有将雨水排放到卫生下水道系统的能力,这使机场能够控制机场的雨水排放数量和质量。还有一个广泛的采样计划,每周对关键地点(包括每个设施)进行采样,以监测机场的雨水排放质量。

5. 野生动物管理计划

多伦多机场实施了加拿大同类项目中最全面、最具创新性的野生动物管理计划。为了旅行者的安全,鸟类和野生动物由加拿大交通部通过机场的野生动物计划控制移动的。找到控制动物的自然解决方案非常重要。机场经过专门培训的野生动物控制人员通过栖息地管理、引入猎鹰用于帮助自然控制鸟类等方式管理野生动物。

## 7.5.3  经验与启示

启示一:制定可持续发展战略规划。

多伦多机场始终关注气候变化、健康的环境和资源,将机场自身发展与环境保护紧密联系,致力于打造全球领先的绿色机场,为此,皮尔逊机场持续更新可持续发展战略,不断完善自身顶层设计。皮尔逊机场承诺到 2050 年实现 GTAA 拥有和控制的资产的温室气体(GHG)净零排放,GTAA 将继续支持温室气体减排并且投资节能及温室气体减排技术。

启示二:分解目标,不断发展合作关系。

皮尔逊机场为实现可持续发展目标,积极打造精品绿色项目,不断发展共同致力于环保的合作伙伴,打造多元主体共治格局,与当地政府建立合作关系,推动绿色技术的不断发展,保证环境项目的有效落地。依据自身特点,皮尔逊机场推出回收计划、雨水管理系统、野生动物管理计划,通过保证小目标的实现,推动机场可持续发展。

## 7.6　首尔仁川国际机场

### 7.6.1　概况

首尔仁川国际机场(Incheon International Airport)位于韩国仁川广域市中区永宗岛,为 4F 级国际机场、大型国际枢纽机场。

根据国际机场协会的调查,仁川国际机场自 2005—2017 年连续 12 年获得"全球服务最佳机场"第一名。由于机场坐落在韩国著名的海滨度假城市仁川西部的永宗岛上,距离首尔市 52 km,离仁川海岸 15 km,周围又无噪声源影响,自然条件优越,绿化率 30% 以上,环境优美舒适,加上其整体设计、规划和工程都本着环保的宗旨,亦被誉为"绿色机场"。1999 年 2 月 1 日,仁川国际机场公司成立,负责机场的规划、建设和管理。公司使命是将仁川国际机场打造成全球顶级机场,提升韩国经济实力和全球竞争力。为此,仁川国际机场公司出台了五项发展战略,并为每项战略设立了明确的实施目标。其中,"引领仁川地区经济绿色低碳发展"是仁川国际机场发展的一个重要目标。在规划、建设和运行等方面,仁川国际机场均深入践行绿色发展理念,以科技创新为驱动力,全力建成资源更节约、运行更低碳、环境更和谐的美丽机场。

### 7.6.2　绿色机场建设实践

#### 1. 抓好绿色机场建设顶层设计

从设计伊始,仁川国际机场就致力建成一个高标准环保样板机场。根据跑道的设计方式,飞机起飞后在海洋上空飞行,基本上不会对岛上和周围的居民产生噪声问题,因此,该机场是被韩国政府授权提供昼夜连续运营服务的第一座机场。仁川国际机场建筑的外观是蓝色的,其中一些玻璃是太阳能电池板,可将光能转化成电能。这样可以充分利用可再生能源,大大减少碳的排放。

### 2. 在机场建设中坚持绿色发展理念

2018 年,T2 航站楼投入使用后不久便获得了韩国绿色建筑协会"绿色能源建筑 1 级标准"认证,还在材料、资源和维护等指标上获得满分。此外,T2 航站楼还获得了国际机场协会的碳排放 3 级认证、碳信托标准、ISO 50001 能源管理体系认证、ISO 14001 环境管理体系认证等。仁川国际机场和仁川国际机场公司因环保举措获奖无数,包括《亚洲货运新闻》(*Asia Cargo News*)、绿色物流研究协会(Green Logistics Research Association)、绿色组织(Green Organisation)等颁发的相关奖项。

### 3. 机场运行中,以保护环境为核心宗旨

机场配有专门的遥控系统,可自动监测跟踪环境质量状况,包括噪声水平、24 小时的空气质量和海水质量,并分析所获得的有关数据,以提供环境污染预报。同时,采用先进设施对候机楼用过的废水进行处理,并在机场运行中全部采用电力驱动的磁悬浮列车,不受燃油供应的限制,不排放有害气体,具有高速、低噪声、环保、经济和舒适等特点。

### 4. 积极履行社会责任

2019 年,韩国标准协会依据 ISO 26000"社会责任国际标准",对本国企业社会责任履行水平进行评估,仁川国际机场公司获 93 分(满分 100 分),并因突出的社会贡献获得额外加分。仁川国际机场不仅创造了 7 万余个工作岗位,还为小型航空相关企业提供资金和培训支持(相关中小型企业可通过参与竞赛,争取奖金)。仁川国际机场公司设立奖学金,支持低收入家庭学生求学,并积极组织相关环保活动。同时,仁川国际机场公司在机场附近建设了空中花园,种植了 3.6 hm² 的花卉,供民众观赏。此外,仁川国际机场公司主动联络周边区域政府,助力机场与周边区域协调发展,在商业运营的同时积极履行社会责任。并且仁川国际机场公司还为员工提供子女日托服务,定期举办员工培训,提升员工职业素养,提倡人权保护和多元公平的人才招聘。

### 5. 积极引进新能源和可再生能源设施

仁川国际机场在货运停车场安装了太阳能发电设备,另一座发电设备被安装在联邦物流新航站楼的楼顶上。在氢能源飞机研发时,仁川国际机场与法国空客公司签署了一份谅解备忘录,将共同探索氢气在韩国航空业脱碳场景中的应用,以及韩国国内机场基础设施如何建设以及支持氢能源飞机运行等问题的解决方案,仁川国际机场将提供机场发展计划实施层面的支持。

### 6. 建设生态友好型物流基地

位于仁川国际机场 T2 航站楼附近的冷库中心主要用于处理对温度敏感的货物。由于建在航站楼附近,当疫苗等需要保持新鲜度的货物需要快速运送到另一架飞机上时,冷库中心就可以发挥其不可替代的作用,以节约时间、降低成本、减少碳排放。

### 7. 绿色物流

仁川国际机场作为航空物流的绿色支撑和绿色物流领先机场,为提高品牌价值,2009 年以轻型航空货物集装箱(ULD)普及项目为起点,进行了绿色货运中心建设项目。截至 2010 年,通过向航空公司及服务商普及约 400 台轻型航空货物集装箱,每年可减少 28 000 t 二氧化碳,并采用向韩国机场、瑞士机场等仁川国际机场内地面服务商支援一半购买费用的方式,推进了环保生物分解性、光分解性航空货物包装塑料袋的普及。

生物分解性航空货物包装塑料袋是在原有的包装塑料袋中添加玉米淀粉等可在自然状态下具有生物分解性的物质。光分解性塑料袋是添加紫外线稳定剂和光分解活性剂,具有在保持耐久性等原有塑料袋优点的同时,能在太阳光线的紫外线下自然分解。仁川国际机场的生物、光分解性项目启动以后,过去 3 年共普及使用了 1 万多个生物分解性塑料袋。

### 8. 绿化

仁川国际机场的建设十分重视景观美化,努力将机场形象融入永宗岛的自然景色中,以保护该岛的生态和自然环境。机场地区不仅公园随处可见,岛上种植了适于当地生长的盐土植物,而且整个机场环境优美宜人,绿化率 30％以上,给旅客提供了十分舒心的出行环境。

## 7.6.3 经验与启示

启示一:重点完善环境管理机构,成立机场节能环保管理委员会。

启示二:围绕《国务院关于促进民航业发展的若干意见》中支持的节能减排领域和具体措施,借国家、行业有利政策积极发展绿色、环保建设。

启示三:参与节能环保相关的国际及区域间合作与交流,推动其他企业和相关人员实行环保措施,包括供应商、分销商、顾客、用户及员工。

启示四:公开及分享其节能环保经验及成效,鼓励更节能环保的产品和服务,为其他机场提供榜样,带动更多的企业积极投身到节能环保公益事业中来,共同推动世界节能环保事业的进步和发展。

# 7.7　阿姆斯特丹史基浦机场

## 7.7.1　概况

阿姆斯特丹史基浦机场(Amsterdam Airport Schiphol)位于荷兰首都阿姆斯特丹,距阿姆斯特丹市区 15 km,为 4F 级国际机场、大型国际枢纽机场。

史基浦机场提出了一个颇具创意的方法,即通过提供生态友好的包含室内和室外空间的机场公园,使游客可以在人造的自然环境中得到放松。独特空间的室内部分以有机形状的座位选择为特色,旁边还有一家零售店和一家咖啡馆。虽然其中有些座位只是接近天然原木,但其他座位则与真正的植物融为一体,看起来更加自然。公园户外部分的特色是将设计的椅子放置在大树下,提供充足的树荫。随着时间的推移,这些椅子也将被生长的常春藤覆盖,从而为客人提供更加自然和绿荫繁茂的座位选择。

## 7.7.2　绿色机场建设实践

### 1. 可循环光照设备租赁项目

2011 年,昕诺飞(Signify)灯具公司推出"不卖灯泡、只卖照明时数"的创新服务"Pay per Lux",并与史基浦机场成功合作。昕诺飞公司保留照明设备所有权,合约期间负责承担所有管理和保养维修,机场只需要每月支付固定服务费。昕诺飞公司通过互联网装置,随时监控照明设备的运行与用电状况,出现故障就马上派人维修,保证照明设备的最佳能源效率状态,而淘汰的灯具则直接由昕诺飞公司回收再利用。昕诺飞公司在史基浦机场的这种商业模式通过对灯具的回收利用实现了 50% 电力消耗的减免,不仅使客户节约了成本,同时也节省了电费和减少了碳排放。

### 2. 可持续滑行规划

史基浦机场及其合作伙伴进行了一项可持续飞机滑行的试验。在这项试验中,使用一种名为"滑行机器人"的特殊牵引车将飞机带到跑道上。这样,飞机的发动机就会关闭。该牵引车由智能机场系统提供,是世界上十大牵引车之一。该车采用了电和柴油的混合动力,与飞机发动机在滑行阶段使用的燃油相比,它可以节省 95% 的燃油。史基浦机场的最终目标是在滑行过程中节省 50%~85% 的总油耗。

### 3. 降低噪声计划

降噪措施可细分为四个方面：跑道使用、飞机类型、白天及夜间的飞行路线和流程。譬如，要在夜间提高 18R-36L 跑道的进场高度；限制非优先跑道如 18L-36R、18C-36C 和 09-27 跑道的使用；跑道维护期间，限制夜间从 06-24 跑道东北方向起飞的航班数量；研究确定白天的固定进场路线；不断优化厄伊特霍伦（Uithoorn）等地的飞行线路。此外，2013 年，设计师保罗·德科特与 H＋N＋S 公司围绕机场跑道建造了一个面积 36 hm² ，名为"Buitenschot"的景观公园，山脊和沟渠改变了地表低频噪声传播的方向，将声音分散出去，使噪声成功地减低了一半。机场还计划收购附近的农田，建造更多的山脊和沟渠来帮助降低噪声。通过该项计划，将有效降低噪声干扰，减少噪声对史基浦机场及周边区域的影响。

### 4. 零排放机场酒店接送巴士服务

机场酒店将逐步以合资性质的电动车辆取代目前由酒店运营的柴油巴士，并计划在 2024 年中期，全面实现零污染运输系统，这在全球范围都居于领先地位。新系统具有高效、可持续、经济可行性的特点，将会为酒店客人及乘客提供更高品质服务，缓解哈勒默梅尔市和史基浦机场的污染物排放、交通拥堵及停车相关问题。新系统推出以后，全部使用零污染巴士，减少运营巴士数量，这将显著改善当地空气质量。新运输系统全面投入运营后，预计每天减少 1 万 km 的交通污染，每年减少 1 900 t 的二氧化碳排放。

### 5. 循环经济方案

史基浦机场致力于发展机场内的循环经济，减少材料使用量并促进现有材料循环利用。在基础设施方面，史基浦机场的目标是实现循环设计，并尽可能重复使用建筑材料。在废弃物处理方面，史基浦机场旨在最大限度地减少、分离和循环使用日常运行所产生的废弃物。例如，机场产生的草屑被用来制造环保板材，草屑中提取出的蛋白质还可以用于食品生产。2020 年，史基浦机场开展的基础设施项目全部遵循了循环设计原则，循环采购措施也帮助延长产品的使用周期、降低更换频率、减少浪费和消耗，并迈向 100％ 循环生产。

## 7.7.3　经验与启示

启示一：用相同或更少的资源创造更多的价值。

在人口压力和资源挑战的背景下，更多节能的产品已经成为全世界的刚需。如果要真正做到可持续发展，就要想办法找到一个和"不断消耗原物料"脱钩的成长模式，也就是用相同或更少的资源,替自己和客户创造更多的价值。

启示二:制定完善并遵守机场可持续和低碳发展的相关政策。

为实现 2050 年航空业的零碳排放,欧洲推行混合燃料规定,将为推动投资和创新树立政策典范。史基浦机场致力于提升航空业可持续性,坚持在国际层面倡导实施混合使用可持续燃料规定。

## 7.8 苏黎世机场

### 7.8.1 概况

苏黎世机场(Zurich Airport)位于瑞士联邦苏黎世州克洛滕镇,是 4F 级国际机场、大型国际枢纽机场,也是瑞士最大的国际机场,欧洲最主要的航空枢纽之一。

苏黎世机场是欧洲最环保的机场之一,其最显著的特点是位于两条跑道之间的自然保护区设计。此外,机场还采取了一系列措施来实现绿色机场建设,例如使用太阳能电池、地热能来取暖和制冷,利用雨水冲洗机场厕所,建设压缩天然气站,以及发展太阳能收集技术等。

### 7.8.2 绿色机场建设实践

#### 1. 多种节能减排措施

世界上最早开始使用可持续理念进行机场建设运营活动管理的就是苏黎世机场,其在 2011 年就获得了 ACI 颁发的欧洲生态创新奖,旨在表彰其在节能减排和促进可持续发展方面的卓越表现。苏黎世机场从 2001 年开始就成功开发和运行了环境管理系统,并获得了 ISO 14001:2015 认证。对于机场建设项目的生态环境影响(建设期和运行期),苏黎世机场都会进行详尽的分析和管理。1997 年苏黎世机场就开始引入飞行器排放费,为飞机配备地面固定电源和现代化的供热系统,以及推行公共交通等,这些措施都为改善空气质量提供了助力。自 1991 年以来,苏黎世机场根据温室气体协议详细计算了二氧化碳的排放量,并采取了多种节能减排措施,于 2018 年将二氧化碳的排放量相较于 1991 年削减了 50%。目前苏黎世机场的二氧化碳排放水平大约为 27 500 t/年。此外,苏黎世机场也制定了详细的二氧化碳减排路线图,并提出了自愿减排二氧化碳的目标,即 2030 年排放为 2 万 t/年,2040 年排放量为 1 万 t/年,2050 年达到零排放。路线图主要包括三个重点工作:减少用户端的消耗,提高供应端的效率,停止化石燃料的使用。

## 2. 能源可持续发展计划

苏黎世机场在建设新基础设施和场馆时，充分考虑了能源可持续发展。"圆环"(The Circle)作为苏黎世机场新建的大型商业中心，于 2020 年完工并运行，内部包含商场、酒店、餐馆等。在"圆环"的设计上，苏黎世机场利用了太阳能和地热能源，并通过技术创新提高了能源利用效率。在夏天的时候，冷却单元的散热被转移到地下的地热能源堆中，到了冬季，这些能源堆可以作为热泵的热源。因此整个综合设施可以几乎不依赖于化石燃料而供能。

## 3. 空气质量监测与研究

苏黎世机场在空气质量监测和研究方面也走在世界前列。其机场内部和周边设有多个空气监测站点，苏黎世机场会定期研究相关的监测数据，并分析机场各排放源对机场及其周边社区空气质量的影响。苏黎世机场的各种大气污染物中最重要的是氮氧化物($NO_x$)和颗粒物，主要源于以下四个污染源：飞机、运营操作、机场基建和地面交通。根据其研究，飞机主引擎排放占据了苏黎世机场大部分的排放和 90% 的氮氧化物。2020 年由于全球疫情的影响，运营航班数量骤减，机场的氮氧化物排放也减少了 62%。然而研究发现，尽管相对于 2019 年航班运行量下降了 91%，氮氧化物的排放也相应减少了 87%，但区域内的监测站点氮氧化物的浓度却仅下降了 44%。据机场推测，运行和航班量与该区域的污染并没有线性的关系，其他的污染排放源一样起着重要的影响。随着距离机场越远，所记录的污染浓度也在快速下降，气象条件对于污染物的扩散和稀释也有着重要的影响。

苏黎世机场在碳排放管理和可持续发展上的一系列努力也取得了丰硕的成果，作为欧洲机场在节能减排方面的领导者，苏黎世机场早在 2010 年就加入了 ACA 的碳排放认证项目，并取得了 3 级的认证。

## 4. 综合绿色措施

苏黎世机场自 1991 年投入运营以来，已将碳排放量减少了约 30%，并计划到 2030 年进一步减少碳排放量。该机场通过在廊桥顶部和停车场屋顶上安装的光伏系统，采集和利用太阳能，并采用地下能源桩系统，为其航站楼供热和降温。

苏黎世机场的用水量得到了有效控制：一方面将生活污水输送到异地废水处理厂，将雨水收集起来用于洁厕；另一方面，通过微生物分解除冰液中的固体残留物这一独特的自然过程实现了除冰液的循环再利用。

苏黎世机场在噪声污染管理方面也取得了实效。机场根据机型向航空公司收取航空器噪声费，并利用高清绘图程序来计算航空器起降的噪声水平。

5. 太阳能航空燃料

作为《巴黎气候协定》的签署国,瑞士承诺到 2030 年将温室气体排放量与 1990 年相比减少一半。苏黎世机场公司几乎已经达到了这个目标,而它正在为自己设定更高的目标,即到 2050 年整个机场基础设施的二氧化碳排放量为零。同时,苏黎世机场与正在加速推进太阳能航空燃料项目的瑞士初创企业 Synhelion SA 公司签署了合作意向。双方合作的短期目标是尽快推进太阳能航空燃料项目,并尽早实现以市场价格提供足够数量的燃料,即将建设的试验设施未来生产的合成燃料将由苏黎世机场公司直接在机场使用。

尽管电动汽车等替代技术的使用有所增加,但未来机场基础设施运营仍将采用内燃机。事实上,苏黎世机场已经做好了准备,将通过支付远远高于市场价格的燃料来支持 Synhelion SA 的项目,而这反过来也将有助于使合成燃料很快实现批量供应,并使其在中期内能够在成本方面与化石燃料进行竞争。目前来看,在用可持续航空燃料替代传统燃油的问题上,Synhelion SA 公司的合成燃料生产技术将在航空领域发挥关键作用。目前可持续航空燃料主要来源是回收的食用油和屠宰场垃圾,但未来其所供应的燃料必将在某个时间点达到可用极限。而 Synhelion SA 公司的太阳能航空燃料项目未来则有望提供更加充足的可持续航空燃料,并最终 100% 替代来自化石燃料的航空燃油。

6. 2050 实现碳中和计划

据瑞士资讯英文网报道,瑞士航空业承诺,2050 年前削减二氧化碳排放,实现净零排放飞行。苏黎世、日内瓦、巴塞尔机场与瑞士航空、易捷航空及伞形组织瑞士公务航空协会(SSBA)共同发表意向声明,确认支持《巴黎气候协定》及瑞士政府 2050 年净零碳排放计划。瑞士航空部门在声明中表示,计划根据瑞士航空研究中心(ARCS)及航空专家起草的"可持续航空路线图"相关研究来减少碳排放。声明概述了拟实施的一系列具体减排措施:包括逐步以航空生物燃料或替代合成燃料来代替燃油、使用更节能的飞机、以更节能的方式运营飞机以及投资碳抵消项目等。上述组织也在敦促瑞士联邦主管部门积极支持其路线图和战略,特别是开发可持续航空燃料。

## 7.8.3　经验与启示

启示一:将节能减排理念融入机场日常运营管理。

瑞士苏黎世机场充分考虑能源可持续发展,将环保理念付诸实际,被誉为欧洲最环保的机场之一。为了能够贯彻可持续发展理念,深度践行,机场制定了多种节能减排措施,主要通过减少用户端的消耗、提高供应端的效率、停止使用化石燃料等路径,助力实现 2050 年零排放的愿景。

启示二：加强技术创新，实现零碳排放目标。

瑞士苏黎世机场充分考虑能源可持续发展，通过技术创新提高能源利用率，综合设施可以几乎不依赖于化石燃料供能，是能源可持续发展计划的一大成就。苏黎世机场公司几乎已经达到了 2030 年将温室气体排放量与 1990 年相比减少一半的目标，而它正在为自己设定更高的目标，即到 2050 年整个机场基础设施的二氧化碳排放量为零。为此，机场积极与企业合作，推动太阳能航空燃料项目实施，其合成燃料生产技术将会助力苏黎世机场实现 100% 替代传统航空燃油、零碳排放的目标。同时，试验使用太阳能航空燃料，以实现净零排放飞行及碳中和的目标，对我国有效落实碳达峰和碳中和战略规划，实现民航大型机场的可持续发展目标具有重要的借鉴意义。

启示三：加强空气质量监测研究。

苏黎世国际机场在空气质量监测和研究方面也走在世界前列。其机场内部和周边设有多个空气监测站点，苏黎世国际机场会定期研究相关的监测数据，并分析机场各排放源对机场及其周边社区空气质量的影响，通过研究探清不同因素之间的相互作用关系，明确治理重点，能够更好地建成绿色机场。

# 7.9  伦敦希思罗机场

## 7.9.1  概况

伦敦希思罗机场（London Heathrow Airport）位于英国大伦敦希灵登区南部，距伦敦市中心 23 km，为 4F 级国际机场、门户型国际航空枢纽，以及欧洲最繁忙的机场。

为全面减少机场运营中的产生碳排放，希思罗机场于 2008 年就开始着手实施机场碳排放认证计划，并开始采取多种措施降低碳排放，如使用电动或混合动力车辆、安装太阳能面板为机场提供电力等。同时，机场开始使用特殊的滑行技术，以减少飞机燃油消耗；飞机停在地面时，可获得地面电源供应从而不用打开引擎。此外，希思罗机场还致力于航站楼的绿色改造、可再生燃料的运用、节能减排、噪声管理及生物多样性管理。"希思罗机场 2.0 可持续发展战略规划"的发布，则意味着未来十年希思罗机场将致力于减少碳排放、利用自己的合作网络，努力为航空业无碳化作出贡献。

## 7.9.2  绿色机场建设实践

### 1. 绿色建筑

2014 年投入使用的希思罗机场 T2 航站楼，其建筑设计优先考虑可持续性和旅客体验,特殊的可持续发展设计理念和运营方式使其成为全球第一个得到英国建筑研究院环境评价 BREEAM 认证的航站楼。T2 航站楼的环保特色包括:能够最大程度利用自然光的 10 m 高落地窗、减少二氧化碳排放量、回收再利用雨水以及通过关闭非运营区域的 LED 灯光来减少能量使用的复杂照明控制系统。同时,航站楼缩短了机场跑道的距离,从而通过减少飞机滑行时间来降低碳排放。

T5 航站楼也采用了最新科技以实现节能环保,从而成为英国航空公司的绿色家园。其通过收集 85% 的建筑物表面雨水,并将其用于非饮用水用途,从而使主供水系统的需求量减少了 70%。希思罗热电站产生的余热通过地上管道输送到 T5 航站楼,可满足 85% 的热能需求。同时,希思罗机场选择用更加彻底的方式减少废弃物,如果未能做到,则设法全部或部分循环利用。通过回收利用剩余废弃物,希思罗机场每名乘客的废弃物年改进率可以达到 6%。

然而,希思罗机场并不满足于目前已取得的最佳实践,它正在突破低碳混凝土的界限,在整个行业内进行合作,以寻找当前实践中最具创新性和最低碳的替代品。混凝土是气候变化的主要贡献者。在全球范围内,它负责约 8% 的碳排放。像任何机场一样,希思罗机场使用大量混凝土,因此它正在努力实现尽可能低的"隐含碳"水平。

## 2. 节能措施

希思罗机场已推出可持续航空燃料,到目前为止,按运力计算,希思罗机场 60% 的航空公司已承诺,到 2030 年将至少 10% 的燃料供应选用可持续航空燃料。可持续航空燃料是主要由生物质制成的燃料,采用可持续原料并通过工业过程将其转化为燃料。为了可持续发展,原料包括原本会被废弃的二次材料,例如农业残留物、用过的食用油、脂肪和油脂。希思罗机场新的可持续航空燃料项目,包括在英国计划的首个设施,专注于新的可持续原料,如家庭垃圾,并且已经有通过将"绿色氢"(使用可再生能源制造)与直接从大气中提取的碳。与传统喷气燃料相比,由生物质生产的可持续航空燃料可将生命周期内的碳排放减少 70% 或更多。在希思罗机场,可持续航空燃料被纳入了机场的主要燃料供应,并于 2021 年 6 月首次通过燃油消火栓系统配送。自 2021 年以来,机场还为企业和乘客提供了购买可持续航空燃料积分的机会,用于现有的定期航班。从 2022 年开始,希思罗机场的着陆费用将包括一项新的不断升级的使用可持续航空燃料的激励措施。

希思罗机场将采购足以为希思罗机场航站楼内从灯泡到自动扶梯的所有设备供电的可再生电力。机场通过要求电力供应商采用 100% 的可再生能源提供足够的电力来满足对希思罗机场航站楼的需求来实现这一目标。此外,希思罗机场的车队中已经有 101 辆电动和插电式混合动力汽车,并安装了 100 多个电动汽车充电桩。

### 3. 减少碳排放

从大气中去除碳的解决方案是航空业向零碳过渡的重要组成部分。希思罗机场一直在投资和制定计划来做到这一点,包括继续参与英国的泥炭地恢复和林地创造。希思罗机场正在使用碳补偿作为投资于恢复英国脆弱的生态系统——泥炭地的一种方式。这些自然景观不仅可以安全地锁住大量的碳,还可以为自然环境和人类社会带来巨大的好处,例如降低洪水和火灾的风险,并使栖息地恢复到原始的自然状态,支持许多重要和稀有的物种繁衍。第一个泥炭地恢复项目于 2018 年秋季在兰开夏郡的小伍尔登泥沼(Little Woolden Moss)现场进行,随着进一步开发抵消方法,将为气候、人类和自然带来多重效益,在此基础上,希思罗机场还计划开发更多的生态修复项目。

希思罗机场还使用德国摩托托克(Mototok)环保型飞机牵引设备以降低碳排放。这一设备能够取代传统的柴油拖车,用于牵引英航短途航班上的空客飞机,从而更充分地为飞机起飞做协助和准备工作。其只需配备一位停机坪上的地勤人员,便能轻松远程操控,将飞机从闸口自动推离至指定位置。摩托托克牵引设备的蓄电池供电时间长达三天,而伦敦希思罗 T5 航站楼的第 25 个停机位也为此安装了充电桩。部署牵引设备是“希思罗机场 2.0 可持续发展战略规划”中的重要项目,这将有助于实现减少机场空侧运行碳排放的目标。机场与创新型伙伴英航通力合作,采用全新电动与混合动力引擎牵引设备,并在机场设立多个充电桩,为保护本地环境带来实质且积极的影响。

希思罗机场还努力减少往返机场旅行的碳影响,减少地面的碳排放,并采取了各种举措来减少对汽车进入机场的依赖,包括实施超低排放区和增加公共交通的可用性。

### 4. 噪声管理

早在 20 世纪 60 年代初,希思罗机场便实施了针对机场的噪声限制。国际民用航空组织于 1971 年在全球推广噪声认证标准,随后越来越严格的噪声认证标准鼓励了新飞机低噪声技术的发展。尽管如此,欧洲机场仍然认为噪声是环保方面的首要关注点,希思罗机场的长期噪声策略是基于国际民用航空组织的平衡方法,并增加了与社区合作的重点领域。

伦敦最新的噪声配额系统将噪声认证级别与机场附近的噪声暴露水平直接联系起来,所有已经申请夜间飞行的经过认证的飞机都有配额,每个机场都可以在当地管理其配额。配额制度每五年审查一次,自 1993 年以来一直运作良好。

希思罗机场于 2013 开始启动“安静飞行”项目,该项目旨在鼓励航空公司使用最安静的飞机,以安静的方式飞行,并确保这一趋势长期持续。每个季度希思罗机场会选取部分航空公司根据 6 个噪声相关指标进行排序,并制作成“安静飞行”表格。该表格由噪声认证等考量指标组成,协助航空公司进行短期和长期的改进(如运行、策略、机队规划),促成达标。

### 5. 生物多样性管理

保护自然也是减缓气候变化速度并帮助野生动物、人类和社区适应气候变化的一个关键工具。希思罗机场正在帮助减少伤害，并致力于恢复自然环境。

希思罗机场目前管理着 13 个自然保护区，占地约 170 hm²，约占整个机场占地面积的 10%。机场坐落在科尔恩河(River Colne)和克兰恩河(River Crane)这两个重要的生态河流系统之间。生物多样性地点位于这些区域，为野生动物提供栖息地，为物种在当地景观之间自然移动创造"走廊"。这种潜在的连接使希思罗机场成为一个重要的自然保护区域，将城市化地区与更广阔的农村地区连接起来。希思罗会继续保存这些绿化空间，并支持机场周围的动植物苗壮成长。

希思罗机场还资助了几个重建英国自然生态系统的项目，包括苏格兰、威尔士和英格兰地区的泥炭地和林地。这些项目的主要目的是减少碳排放并将其储存在生态系统中，但选择这些项目还可能带来其他更广泛的效益，尤其是它们在自然生态环境恢复中的作用。

### 6. 未来工作重点

"希思罗机场 2.0 可持续发展战略规划"规划了未来十年的工作目标，即降低碳排放。为了保护未来航空业的利益，必须将碳从航空业中去除。与全球经济的其他所有领域一样，航空业需要在 2050 年前实现净零排放。希思罗机场将采取的措施主要体现在将发电能源转化成可再生能源，将机场车辆升级为清洁型，并重建英国的泥炭沼泽。该计划主要包括"净零计划""噪声行动计划"及"本地恢复计划"三个部分。

#### 1) 净零计划

净零是联合国政府间气候变化专门委员会(Intergovernmental Panel on Climate Change，IPCC)提出的一个科学概念。对于一个组织来说，净零意味着实现尽可能接近于零的碳排放，并消除任何剩余的排放，例如通过在恢复的自然生态系统中吸收它，或通过使用工程清除从大气中捕获碳并永久存储它。

希思罗机场 95% 的碳足迹来自飞机。剩下的 5% 来自地面往返机场的人员，以及希思罗机场的供应链、机场车辆和建筑。这一比例可能较小，但希思罗机场对这些排放有更大的影响力，称有责任"管好自己的房子"。希思罗机场制定了在 2050 年实现绝对净零的目标，因此还必须资助那些避免造成排放、减少排放或直接从大气中清除排放的项目。

(1) 在飞行中使用更少的燃料。空中高速公路指的是飞机飞行时使用的隐形航线，这些空中高速公路最早是在 20 世纪 50 年代设计的，现代技术可以帮助希思罗机场以更少的燃料消耗提供更高效的旅行。希思罗机场和整个英国航空业目前正在对其进行重新设计,并期望在 10 年内完工。

(2) 使用更现代化、更高效的新型飞机。这将主要通过飞机和引擎制造商继续设计更高效的飞机,以及航空公司继续购买它们来实现。希思罗机场作为重要航空枢纽,意味着比其他大多数机场能吸引更高比例的新飞机。希思罗机场将继续鼓励这种转变,通过希思罗机场的着陆收费来鼓励使用最干净、最安静的飞机。到 2028 年,飞机将根据其碳排放量进行评级,这将使机场更容易激励最节能的机队。

(3) 使用可持续航空燃料。可持续航空燃料可以与现有的飞机一起使用,从而避免了等待 25 年的飞机更换周期。目前已经有八种被批准的制造可持续航空燃料的方法,并且它被认证可以与传统的航空燃料混合 50%。相对于化石燃油,可持续航空燃料目前通常能减少 70% 或更多的碳排放,而处于早期开发阶段的新型全合成燃料可能会减少更多的碳排放。希思罗机场正在积极支持可持续航空燃料的扩大,例如包括它在 2021 年“世界经济论坛——明天的清洁天空”当中发挥的重要作用。该倡议鼓励各国政府、行业伙伴和投资者实施政策,并采取必要步骤在全球扩大可持续航空燃料的使用。

(4) 降低地面碳排放。在地面上,希思罗机场将使旅客和工作人员能够以可持续的方式进入机场,实现净零供应链,用零碳替代品取代机场车辆,并投资于希思罗机场的建筑和基础设施,从而使碳排放量比 2019 年至少减少 45%。希思罗机场将继续鼓励更多的乘客和工作人员使用公共交通工具或骑自行车或步行往返希思罗机场,帮助提供正确的连接,使其更快、更容易、更可靠、更实惠。当人们驾车出行时,希思罗机场将促进高效出行,并提供合适的基础设施来支持零排放车辆。希思罗机场投资了希思罗快线(Heathrow Express)和伊丽莎白线(Elizabeth Line)等铁路连接项目,支持长途客车连接,并为员工的公共交通提供补贴。希思罗机场在其供应链中可以对碳减排产生重大影响。

到 2030 年,希思罗机场拥有的所有传统车辆都将实现零排放,希思罗机场将通过激励措施和基础设施支持希思罗团队实现同样的转变。希思罗机场将通过减少行程、改善路线、主动维修和良好的环保驾驶行为来减少燃料的使用。

将机场车辆改为零排放汽车可以减少排放,希思罗机场将支持希思罗机场团队通过降低机场电力成本和改善充电基础设施来做到这一点。车辆标准将分阶段收紧,以推动零排放车辆(zero-emission vehicle, ZEV)的普及,希思罗机场还将增加机场燃料供应中的“生物燃料”,以改善尚未转为零排放车辆的碳排放。

希思罗机场将投资于实现几乎零碳的建筑和基础设施,包括将脱碳目标纳入投资计划。希思罗机场的电力网络将得到升级和完善,并将在有需求的地方引入氢供应。希思罗机场将在可能的情况下从氟化气体转向超低全球升温潜能值(GWP)的替代品,从而促进供暖和备用发电将实现脱碳。此外还将通过改用可再生燃料进行消防培训,减少少量剩余排放。

2）噪声行动计划

（1）更安静的飞机。随着飞机和技术的进步，飞机变得更安静，希思罗机场将继续努力，以确保居民能够分享这项利益。希思罗机场致力于为航空公司提供强有力的财政激励，包括例如在清晨时段，通过使用可变着陆费，促进航空公司使用目前最安静的飞机。随着飞机机队的改进，希思罗机场将继续每年讨论与噪声有关的费用，以使航空公司能够作出长期战略决策。

（2）更安静的程序。通过使用影响飞行方式或地点的操作程序来减少飞机噪声的影响。例如，在降落时持续下降可能意味着飞机更高，使用更少的发动机推力，而在起飞时，确保飞机保持在 4 000 英尺（1 219.2 m）以下的指定航线内可以减少飞过的人数。希思罗机场将继续专注于提高对这些程序的遵守程度，并探索以不同方式管理空域的机会，包括与当地社区合作，以确保其利民性。

（3）推行隔音及减噪措施。在未来数年，希思罗机场会推出一套隔音的新方法，以改善现有的隔音计划，希思罗机场也会继续向政府施压，要求其提供更详细的机场周边规划指引，并限制在高噪声地区布局对噪声敏感的功能区。希思罗机场将与地方当局就国际民航组织关于噪声平衡的技术和方法进行合作。

（4）与社区交流。在解决飞机噪声问题的基础上，希思罗机场致力于以更为开放和具有建设性的方式与当地社区接触，了解他们的担忧，并提供可获取信息和持续对话的途径。希思罗机场会继续通过各种论坛，例如希思罗噪声及空域社区论坛、调查研究及焦点小组等，寻求社会各界的意见，以协助希思罗机场制定策略性方案及噪声行动计划。

3）本地恢复计划

在 2022 年，希思罗机场制定了希思罗机场的自然恢复计划，汇集希思罗机场在保护机场及其周围自然环境方面已开展的许多工作，并在这一坚实的基础上进一步发展。其中还将包括希思罗机场在抵消剩余碳排放中以自然方式为基础的解决方案。同时，2021 年，希思罗机场作为"积极争取自然"运动的创始签署国之一，承诺致力于在 2030 年前停止并扭转自然恶化的趋势。

（1）生物多样性管理。希思罗机场多年来一直在实施一项全面的生物多样性管理计划，这是机场负责任地管理机场的承诺的一部分。希思罗机场范围内包含有淡水湖、芦苇床、草地和林地，拥有丰富的野生动物，为当地的绿色空间作出了重要贡献，有几处地方已完全或部分向公众开放。这些方法在不同的地点有所差异，以便使每个地点的特定动植物受益。使用的技术包括林地和灌木林种植、绿篱管理和入侵物种控制等。

（2）清洁水计划。希思罗机场一向以创新的方法致力改善本港河流及湖泊的水质。希思罗机场的地表水污染控制系统储存和处理地表水径流，使其在排放时符合准许的限度。该系统由排水管、截流池、平衡池、水库、生物处理芦苇床、各种机械泵、分流构筑物和电气监控设备组成。在冬季，跑道、滑行道和飞机的除冰是维持安全的关键。通过改进回收飞机上使用的乙二醇除冰剂的技术以及污染控制系统（Pollution Control System，PCS）的性能，希思罗机场力求最大限度地回收除冰液。

（3）再利用、循环再用、回收。希思罗机场的目标是成为一个资源高效、零废弃物的机场，将希思罗机场的重点从废弃物管理转移到物料管理，从而实现循环利用资源的方法。希思罗机场将考虑希思罗机场在运营、商业活动和建筑当中，最大限度地使用那些可以在商业上回收、再加工的材料，以及在希思罗机场不再需要但是在经济中具有重复利用价值的材料。希思罗机场将通过修复、再利用和捐赠来尽可能长时间地使用这些材料，从而减少希思罗机场丢弃的材料总量。如果这一目标难以实现，希思罗机场也会尽量循环利用可进行商业回收的物料，并会改善基础设施，确保回收及再加工物料的分类。在没有其他选择的情况下，希思罗机场将把材料转化为燃料或用于其他有益的用途。

## 7.9.3　经验与启示

启示一：噪声管理。

在噪声控制方面，希思罗机场的噪声行动计划呈现出全方位的管理和改善，从更安静的飞机、更安静的程序到隔音和减噪措施以及与社区的互动交流，再结合噪声收费制度，有效减少了噪声对周围环境的影响。这一点值得借鉴。

启示二：减碳计划。

希思罗机场的减碳措施也颇具特点，从飞机的可持续燃料，到地面汽车的可再生电力，寻求通过科技推动可再生资源代替传统资源，从根源上减少碳排放的来源。除此之外，机场还结合英国的泥炭地恢复和林地创造，探索从大气中吸收碳，将生物多样性保护与减碳计划相结合，目前颇具成效。与此同时，希思罗机场希望充分发挥其与合作伙伴之间的关系，将自身的减碳计划上升到航空业的无碳化，以实现更深层次的可持续发展。

启示三：生物多样性管理。

希思罗机场通过直接恢复机场所管理的自然保护区环境的方式，促进了周边生物栖息地的发展，有利于帮助野生动植物健康繁衍，并通过将城市与乡村地区进行空间连接，扩大了生活的有效活动范围，实现了机场及社区附近生态系统的健康发展。同时，机场通过资助重建自然生态系统的项目，帮助专业组织实施碳捕捉与碳封存活动，间接推动机场生态环境的恢复与长期维护。

启示四：废弃物管理战略。

希思罗机场自 2000 年发布了废弃物管理战略以来，一直致力于废弃物的减少、回收再利用，通过修复、再利用和捐赠来尽可能长时间地使用这些材料，从而减少希思罗机场丢弃的材料总量。致力于成为一个资源高效、零废弃物的机场，从而实现循环利用资源。这也是值得学习的绿色环保措施。

## 7.10    新加坡樟宜机场

### 7.10.1    概况

新加坡樟宜机场（Singapore Changi Airport）位于新加坡东海岸选区机场大道，是 4F 级国际机场、大型国际枢纽机场。

作为一座已连续多年蝉联全球最佳机场称号的机场，樟宜机场总是能不断为游客制造惊喜，例如：提供极佳的旅客体验、优质的场所营造、具有未来感、人性化的体验式设施，以及优美有趣的景观及商业形态，并在节约、环保和个性化设计等方面取得了突出的成绩。樟宜机场采用了候机楼节能设施，主打绿色建筑概念、并引进了智慧型运输系统。2010 年初，机场内廉航专属航站楼完成了 250 kWp 太阳能系统的设置，太阳能板覆盖航站楼屋顶达 2 500 m²，每年发电量可达 28 万度，且二氧化碳排放量可减少约 12 万 kg。此外，樟宜机场斥资约 84 亿元人民币打造的 T3 航站楼采用了很多绿色设计，也由此获得了新加坡建屋管理局所颁发的绿色金牌奖。景观设计方面，樟宜机场通过蝴蝶园、森林迷宫等各种景观设施营造了一种绿色、生机勃勃的自然环境氛围，表达了一种人与自然互相融合的发展理念。标志性景观"雨漩涡"不仅能为整个大楼提供水源，还能起到调节温度、促进植物生长的作用，兼具功能性与美观性。

### 7.10.2    绿色机场建设实践

1. 樟宜机场 T4 航站楼重新定义了旅客与周围环境的互动方式

广泛采用视觉透明概念，运用自然采光，营造减压的生态环境。重点突出通透性，使得旅客能够将机场周围环境尽收眼底，沉浸在清新的城市绿化中。航站楼看起来更像一座自然生态展馆，其中绿植林立，旅客或是在林荫道下穿行或是俯瞰生机勃勃的成排树木，不管在哪一层，都不会缺少绿色，因为绿色是设计主色调，用以强化各个节点与"花园"的结合。这些生态元素不仅将新加坡葱郁的城市景观搬进了航站楼，还有利于缓解压力，提升幸福感。

2. 樟宜机场 T4 航站楼是可持续机场设计的创新典范

樟宜机场实施了一系列可持续发展计划，包括水资源节约、废弃物管理和减少碳排放。樟宜机场符合新加坡的绿色建筑标志标准要求，而 T4 航站楼更取得了绿色建筑标志超级金奖。

T4 航站楼采用高性能的建筑围护结构,随处可见的玻璃和天窗元素使光线能够最大限度地透入,从而减少日间的人工照明需求。在低峰时段公共区域、洗手间、到达和出发通道的灯光会调暗,日落后则使用 LED 灯作为航站楼内部照明。这些举措有助于减少能源耗费和运营成本支出,符合新加坡绿色建筑委员会的要求标准。通过精密的能源管理系统,樟宜机场可以监测整个航站楼的能耗情况,并根据详细的数据分析,确定 T4 航站楼的能耗趋势,以采取相应措施提高能源利用效率。

在水资源管理方面,包括对 T4 航站楼空调机组(AHU)冷凝水的回收利用,冷凝水被收集在储水罐内后用于灌溉航站楼内的绿植和树木。同时,这些生态元素也有助于营造身临其境的归属感和幸福感,对航站楼的长期可持续发展至关重要。此外,新型管件、泄漏检测和雨水收集系统也确保了整体用水效率。

3. “星耀樟宜”项目主题围绕绿色生态而建立

丰富的绿化设计不单单是作为点缀出现,而是整个交通枢纽中重要的一环,通过绿化设计,从打造人性化空间入手,为使用者营造一个集休闲娱乐、中转枢纽、景观观赏等多种功能于一体的综合空间。

根据总体规划,樟宜国际机场每一个航站楼与“星耀樟宜”的植物景观规划都是不同的。T2 航站楼室外配备有屋顶花园,地毯采用绿色为主色;T3 航站楼由玻璃作为构造主体,顶部有 919 个天窗,阳光可以直接射入建筑内部。航站楼内部设立了 5 m 高的绿墙和一个具有 1 000 多种蝴蝶的蝴蝶园,充分营造自然氛围。T4 航站楼在拆除掉的廉航航站楼原址上建设,内部景观规划采用视觉透明概念,加入了大量的先进技术以创造非接触式的体验,相比 T1 航站楼加大了绿化面积和透光度以达到提升绿化覆盖率及自然照明度的目的。

“星耀樟宜”项目位于樟宜国际机场 T1 航站楼的前方,建筑面积 13.4 万 m²,是整个机场的核心位置,设计之初就是为了将一号航站楼前的空间打造成集航空、购物休闲、餐饮住宿、景观花园等多功能于一体的综合性建筑,整个建筑外观呈圆顶形状中心下陷,由超过 9 000 片玻璃和近 1.8 万根钢梁和 6 000 个铸钢节点组合而成,所有玻璃都是订制打造,有特定尺寸,其核心是高 40 m 的世界最高室内瀑布——雨旋涡,在其周围栽植 200 多种植物模拟雨林环境,用以调整空间微气候环境。位于第 5 层的树冠公园,将包括了近 1.4 万 m² 的景观整合在花园空间内,并设置了多种不同的互动景观,使整个空间成为了一个旅游景点。同时,根据空间尺度的不同,搭配方式也存在差异。

航站楼作为中转枢纽及候机大厅,在保证视野范围的前提下,通过景观设计配合植物进行点缀。例如 T4 航站楼和 T5 航站楼,在机场后期的建设中,提升了绿色植物的覆盖率,在植物配置上也采取了规则式的设计理念,在体现美观性的基础上用于起到引导人群的作用,即使是小空间里也有多种原生花卉,采用悬挂、丛植、散植多种方式栽植,颜色丰富跳跃。例如,"星耀樟宜"等大空间则选用大型乔灌木,整体错落有致,同时平台处运用灌木、篱笆构建景观。

"星耀樟宜"隐藏在梯田植被中的集成置换式冷却系统并非对整个内部空间进行调节,而是仅对人居空间的地上 15 m 进行冷却,从而尽可能提升其效率。此外,特殊涂层的玻璃面板(3 层 Low-E 玻璃)可透射阳光以促进植物生长,并减少热量吸收。整个系统与瀑布形成的微气候协同效应,对室内的热环境产生了很大影响,并有助于空间的降温。水沿着玻璃屋顶流过,通过屋顶精心设计的孔洞"雨漩涡"自由落入旋涡底部容量为 435 L 的蓄水库。在该地区雷暴天气频繁且剧烈,建筑物的中央收集屋顶表面排水,并进行重复利用和打造水体景观。通过这些创新,"星耀樟宜"荣获了新加坡建设局颁发的绿色标志超级金奖。

"星耀樟宜"项目使用了独特的玻璃设计,外层由近 1 万块三角形玻璃组成,通过近 1.8 万根钢梁和 6 000 多个铸钢节点连接,以最大限度地引入自然光。每块玻璃由上下两层玻璃片组成,其中间的 16 mm 空隙可起到隔音隔热的效果。玻璃形状虽看似一样,但实际尺寸都是量身订制的。此外,玻璃屋顶对暖通系统产生了连锁效应,而 BIM 对于确保项目的所有元素和谐统一至关重要。玻璃设计旨在最大程度地利用自然光,同时玻璃熔块处理可以控制太阳能热量的获取,从而为在建筑内的人和植物创造舒适的环境。通过隐藏在花园里植物间的通风孔,室内气候可以得到有效调节。

4. 樟宜机场的自然景观在全球范围内鹤立鸡群,绝无仅有,大大提高机场的生态环境,促进了旅游业发展

在樟宜机场全球第一个机场蝴蝶园中,游客们可以欣赏蝴蝶翩翩起舞,也可以在露天的仙人掌花园和向日葵花园闲逛,或是到梦幻花园暂且休息,享受远离旅途喧嚣的宁静片刻,同时可以选择到兰花园中观看锦鲤游动嬉戏。

仙人掌花园位于 T1 航站楼过境区域(三楼),汇集了来自非洲和美洲 40 多个不同品种的仙人掌及肉质植物。在这个景观奇异的花园里,能观赏到其他世间植物,如金琥仙人掌、老人掌以及恐龙时代的坚韧幸存者,巨型塔斯马尼亚树蕨。

梦幻花园位于 T2 航站楼过境区域(二楼),这个新推出的神奇梦幻花园以互动式的视觉和听觉体验吸引穿梭于花园的游客。游客能在经过花园入口时听到大自然的天籁,还能欣赏美丽的光纤和 LED 灯饰。梦幻花园营造了香格里拉般的氛围,在其正中央展示了四座以反射性闪亮彩色玻璃精心装饰的巨型玻璃花束雕塑。

兰花园与锦鲤池位于 T2 航站楼过境区域(二楼),花园中的兰花颜色丰富,集合了多种稀有的兰花和杂交兰花,包括季节性展示的新加坡国花卓锦万代兰和樟宜机场独有的樟宜机场石斛花。

向日葵花园位于 T2 航站楼过境区域(三楼),此处所种植的 500 朵黄色鲜艳向日葵总

是散发着无比的魅力,为疲惫的旅客带来无限欢乐。

此外,旅客还可在露天的向日葵花园观看到附近的飞机停泊处及跑道。蝴蝶园位于 T3 航站楼过境区域(二楼及三楼),蝴蝶园拥有超过 1 000 只蝴蝶,是全球首家位于机场内的蝴蝶公园。游客可以通过教育角和独立的园区了解蝴蝶的生命周期,甚至还可以在新生区亲眼见证蝴蝶破蛹而出后第一次扇动翅膀的美丽时刻。

### 5. 可持续航空燃料可行性评估

新加坡政府与业界伙伴已就樟宜机场使用可持续燃料的运作和商业可行性展开了研究。通过研究,团队提供了几个选项,包括在现有飞机燃料设施当中结合使用可持续燃料和传统燃料。团队还根据区域内的燃料供应量、成本以及使用周期等因素,制定了一些在本地生产可持续燃料的可行方案。研究报告还提出一些提高可持续燃料生产与使用率的方案。

### 6. 樟宜机场承诺追求可持续增长

近期,新加坡机场仍致力于进一步发展绿色樟宜机场。在为更多乘客提供服务的同时,着力将绝对碳排放限制在 2018 年的水平,支持新加坡到 2050 年将绝对排放量减半的总体目标。为了减少碳排放和减轻环境影响,樟宜机场正在实施一个多管齐下的行动计划,包括:测量、减排、自我评估和审计,以及绿色发展意识与培训计划。

### 7. 构建环境管理系统

为了确保樟宜机场的环境政策推动行动,樟宜机场使用环境管理系统来监控樟宜机场社区的环境绩效和进展。该环境管理体系(EMS)是一个系统而稳健的过程,其采用基于风险的方法来识别、管理和控制机场内和整个供应链的环境风险。樟宜机场的 EMS 每年审核一次,通过 ISO 14001:2015 认证,并遵循 ISO"计划—执行—检查—行动"管理原则。这种持续的系统改进过程使樟宜机场能够通过结合最新的创新发展来实现高标准的环境管理。

### 8. 减少机场的环境足迹

机场还重点关注改善空气和水质量以及减少排放和废弃物的举措。这些是支持机场运营和环境目标持续改进的关键。

根据卫生部门的建议,在新冠疫情暴发后不久,机场提高了每小时室内换气和乘客候机楼的新鲜空气摄入量的上限,还将建筑空调系统过滤器从 MERV-7/8 升级到 MERV-141 标准,它可以去除空气中 85% 大小为 $0.3 \sim 1.0 \ \mu m$ 的液滴,比雾化新冠肺炎液滴的体积还小。樟宜机场还为风险更高的空间,例如门厅、员工食堂和休息区等安装了便携式空气净化器和医院级高效颗粒空气(HEPA)过滤器。当最低能效报告值(Minimum Efficiency Reporting Value,MERV)14 过滤器洗涤过的冷却空气通过便携式空气净化器进行进一步的局部清洁时,这提供了更大的保护,可去除 99.97% 以上的 0.3 $\mu$m 以下的液滴。

樟宜机场还为机场的核心业务推广了循环经济实践,以从传统上被认为是废弃物流中产生价值。樟宜机场发起了电子垃圾(E-waste)收集活动,其中一个例子是在机场零售店和食品饮料店更换和升级了 800 个销售点系统。此外,樟宜机场在 2020/2021 财年回收了 14 944 kg 电子垃圾,比前一年增加了 68%。

## 7.10.3　经验与启示

启示一:清晰的顶层设计,明确的战略目标与行动方案。

新加坡樟宜国际机场将机场本身发展与国际标准、联合国发展目标等国际指标与体系深度绑定,通过经济、文化和社会等多角度讲好机场发展的故事,致力于成为国际机场的引领者,立足世界民航业发展,为自身扩大国际影响力,积极主动参与国际合作与实践。为了建设可持续的未来,新加坡机场承诺在 2018 年至 2030 年实现零碳增长,并在 2050 年实现净零碳的长期目标。为此,樟宜机场进行了系统的碳排放达峰和碳中和方案的顶层设计,并建立了樟宜机场可持续性框架,通过详细的战略规划,制定了具体的绿色行动方案与运行机制。

启示二:将可持续发展目标纳入机场文化与日常运营。

由于实现环境可持续性需要广泛的支持,樟宜机场在整个机场社区大力倡导环境管理。在员工和关键机场利益相关者之间灌输一种强大的共享所有权文化,使樟宜机场能够有效地管理并最大限度地减少运营过程中环境风险的影响。樟宜机场员工也有责任采购更可持续的系统和产品。同时,樟宜机场的环境指导委员会根据机场的可持续发展目标,推动将环境工作纳入樟宜的核心主流运营。跨集群工作组每季度召开一次会议,跟踪樟宜机场的进展,并指导机场的长期环境战略规划,以实现绿色可持续发展目标。

启示三:将机场可持续发展目标与利益相关者进行绑定。

为了推动樟宜机场的可持续发展,樟宜机场专注于机场社区的主动参与和开放沟通。成功实施机场的环境政策需要将环境发展持续纳入樟宜机场针对所有机场利益相关者(包括租户、承包商和供应商)的指导方针和政策。通过利益相关者活动和定期通告,及时沟通机场的环境目标、政策和最佳做法,使樟宜机场能够建立一个知情的社区,并激励环境行动。同时,在樟宜机场内,通过促进绿色采购决策和开展员工参与环境保护活动来鼓励环境行动。此外,将虚拟平台作为与樟宜机场家族、机场社区和樟宜基金会受益人接触、发展和赋能的持续努力的一部分。

启示四：积极参与关注可持续发展的各种全球机场工作组。

其中包括：国际机场理事会（ACI）世界环境常设委员会，就整个航空业的环境问题与国际民用航空组织对接；ACI 亚太区域环境委员会，樟宜机场环境与可持续发展总监目前担任副主席；ACI 机场碳认证工作组。

启示五：着眼于全生命周期的减排措施。

碳达峰目标与碳中和愿景绝不仅仅只是局限于节能减排，而是要求决策者能够洞察整条产业链、价值链，适应全球产业链的低碳发展方向，综合运用政策与市场手段，一方面为减少碳排放，增强碳捕获能力，另一方面要开发绿色金融产品，探索建立生态补偿机制，实现区域协调发展。樟宜机场采用生命周期方法，最大限度地减少上游的环境足迹。为了减少对环境的影响，樟宜机场优先考虑可持续设计、材料的再利用、深思熟虑的采购决策、执行环保操作程序，以及作为最后手段的污染和废弃物管理解决方案。

启示六：立足以人为本，部署新的技术和构建可持续机场社区。

机场不仅是交通出行中的一个环节，更应该成为其所在地的一个人文符号。一家机场的存在是依托于一个城市或一个区域的发展，其使命是助推该地区的经济发展，为居民提供美好生活，向世界推广区域人文特色与价值理念。机场始终着力于优先保障机场工作人员、旅客和游客的健康和福祉，通过在运营中部署创新技术和解决方案以实现这一目标，并与机场社区一道，致力于加强努力，将樟宜机场改造成一个更可持续、更受欢迎的航空枢纽。通过与其所服务的社区接触，将"与今天的年轻人联系起来，为他们创造更美好的明天"的愿景付诸行动，从实体志愿者活动过渡到虚拟志愿者活动，并与社交距离要求保持一致。同时，樟宜机场探索了创新的方法，通过构建"星际计划"（Project Starship），鼓励公司内的不同人才参与短期任务，以应对业务挑战。机场还引入了增强现实模块，以增强新樟宜机场加入者的定向体验，使他们有机会了解安全环境中的终端操作。

# 第 8 章

## 上海浦东国际机场
## 的绿色机场建设实践

上海浦东国际机场(下文简称浦东机场)位于中国上海市浦东新区,距上海市中心约 30 km,为 4F 级民用机场,是中国三大门户复合枢纽之一、长三角地区国际航空货运枢纽群成员、华东机场群成员、华东区域第一大枢纽机场、门户机场。截至 2023 年 9 月,浦东机场投入民航运营跑道 4 条,航站楼 2 座,卫星厅 1 座。可满足年旅客吞吐量 8 000 万人次、年货运吞吐量 570 万 t 的使用需求。2023 年 1 月 4 日,浦东机场四期扩建工程开工。四期扩建工程主要包括航站区、飞行区、旅客捷运、市政配套、货运区、附属配套等六大项目,建成后预计可满足 2030 年浦东机场年旅客吞吐量 1.3 亿人次、年货运吞吐量 590 万 t 的需求,为建设世界一流的国际航空枢纽提供基础保障。深入学习习近平总书记关于推进绿色低碳发展的重要论述,浦东机场紧紧围绕绿色机场建设的总体要求,以"明指标、重监控、强支撑"作为工作原则,形成了目标导向清晰、区域管理明确、实时质量监控、项目建设支撑于一体的闭环监控管理系统,不断提高机场能源和生态环境管理的系统化、科学化、精细化、信息化水平,深入推进浦东机场绿色可持续发展,努力实现安全、舒适、绿色的"国内最好、世界一流"的愿景目标。在"双碳"目标的引领下,这座上海国际航空枢纽按照上海机场集团的统一部署,协同推进降碳、减污、扩绿、增长,做好"双碳"治理"加减法",逐渐走出了一条具有上海特色的绿色发展之路。数据显示,2020 年前,浦东机场的碳排放量和碳排放强度总体呈逐年下降趋势。2022 年,浦东机场能源消耗总量为 82 087.48 t 标煤,占上海机场集团下发指标的 74.69%。2023 年 2 月 22 日,中国民用机场协会公布了 2022 年度"双碳机场"评价结果,浦东机场被评为三星级机场,这意味着浦东机场目前已建立起完善的碳排放管理制度,具备有效的技术手段以及综合全面的碳减排能力。

## 8.1　资源节约

### 8.1.1　土地资源集约利用

**1. 总体规划**

在浦东机场的规划、设计、建设中始终注重引入绿色低碳的可持续发展理念,具备"绿色基因"的规划设计成为保障浦东机场不断扩大的建设和运营规模同时实现环境友好和节能减排效应的先天优势。浦东机场建设伊始就高度重视土地资源节约和有效利用,提出了土地使用规划 6 原则,即:节约用地、用差地;功能分区为主,行政分区为辅;一次规划分期开发;保证良好的飞行环境;提高地效益;土地有偿使用。

1) 选址

从浦东机场选址开始,就避免了占用寸土寸金的市区土地,对合理配置上海土地资源结构、优化城市布局起到了难以估量的作用。由于机场不在市区建设,也就规避了市区居民、企事业单位动迁，规避了机场运行后的各种负面环境影响。同时也使新机场具有了真正意义上的可持续发展空间，场区未来用地有了可靠保障，且不再依赖于城市土地供给。

浦东机场在规划之初的场址选择的条件如下：

- 足够的面积，最少的拆迁量，尽可能减少对社会生活的影响；
- 与城市规划、环境相协调，最大限度减少航空噪声对居民区的影响；
- 空旷的净空条件以确保飞行安全；
- 水陆交通通畅，便于客货流量集疏；
- 气象水文地质条件有利于机场建设与运行安全。

最终的浦东机场场址位于浦东新区施湾乡、江镇乡和南汇区祝桥乡、东海乡的滨海地带，场区南北长约 8 km，东西平均宽约 4 km。据测算，通过场址东移和围海促淤，在机场建设中共节约近 8 km$^2$ 的土地资源，成为我国机场建设节约土地资源的著名案例。

2）功能分区

根据浦东机场总体规划，从功能和行政管理角度可分为飞行区、航站区、工作区和场区。场区按不同服务功能进一步分为货运区、飞机维修区、航空食品配套区及保障设施区、综合办公区、商务设施区、航空公司基地、停车场、油库区、污水污物处理区等。机场四期扩建工程主要包括航站区、飞行区、旅客捷运、市政配套、新东货运区、附属配套六大项目，可满足 2030 年年旅客吞吐量 1.3 亿人次的使用需求。

浦东机场在规划过程中，始终注重合理利用土地资源，将不同功能的设施按照土地使用性质和开发强度进行合理布局，将货运区、公务机区等高强度使用的区域与商业区、办公区等低强度使用的区域进行了区分，并且在交通规划方面也充分考虑了节地因素，将机场内外的交通设施进行协调和整合，将地铁、磁悬浮列车、公交车、出租车等多种交通工具集中布置，在航站楼周边设置停车场和充电桩等设施，方便旅客换乘和接送机，以及停车和充电，实现了土地资源的优化配置。同时，浦东机场在规划中注重设施的集中布置，将相同或类似的设施集中布置在同一个区域，不仅便于管理和使用，提高设施的利用率，还减少了土地资源的浪费。并且注重高效利用空间，通过合理的设计和管理，实现空间的最大化利用。例如，在航站楼内设置多功能区域，如餐饮、购物、娱乐等，使空间得到充分利用。并且功能分区采用了立体化设计，将不同功能的设施分层或分组设置，充分利用空间资源。例如，将商业设施设置在航站楼的各个楼层，使得旅客在办理登机手续的同时，也可以方便地购物和休闲。此外，浦东机场在功能分区规划中注重优化交通流线，减少了旅客在机场内的步行距离和时间。浦东机场在规划中还考虑了机场的弹性发展，预留了未来扩建和升级的空间。例如，在航站楼周边预留扩展用地，方便未来增加新的航站楼或进行航站楼改造；在货运区规划中考虑了未来货运增长的需求，预留了扩展空间和装卸设备。

**2. 建筑与跑道构型**

**1）航站楼构型规划**

浦东机场现有 T1 航站楼和 T2 航站楼（以下分别简称 T1、T2），以及 S1 卫星厅和 S2 卫星厅（以下分别简称 S1、S2）。其中 T1 位于西航站区，主题为"天"，总建筑面积 34.6 万 m²，由主楼、连接廊、候机长廊三部分组成，有国内出发安检通道 24 个，国际出发安检通道 30 个，边检通道国际出发 54 个，国际到达 53 个，国际到达检验检疫通道 8 个，设 30 个廊桥机位，可满足年旅客吞吐量 3 680 万人次的使用需求。T2 位于东航站区，主题为"地"，为三层式结构，自上而下分为"国际出发层""国际到达层"和"国内出发、到达混流层"，总建筑面积 48.6 万 m²，由主楼、连接廊、候机长廊三部分组成，设 42 个廊桥机位，可满足年旅客吞吐量 4 000 万人次的使用需求。卫星厅是全球最大的单体卫星厅，位于主航站楼南侧，总建筑面积 62.2 万 m²，设 90 个廊桥机位，可满足年旅客吞吐量 3 800 万人次的使用需求。S1 地下 1 层、地上 6 层，S2 地下 1 层、地上 5 层，分别通过地下捷运系统与 T1、T2 相连，形成"航站楼＋卫星厅"构型。西侧的 T1 与 S1、东侧的 T2 与 S2 分别形成两个相对独立的功能单元，整体呈"东西分开，南北一体"的规划格局，两个系统东西运作相对独立，但 S1、S2 又相互连通。出行旅客在浦东机场 T1 或 T2 完成值机、行李托运、出境手续、安全检查等流程，可搭乘捷运列车前往 S1 或 S2 登机。

**2）跑道构型规划**

为了提高土地使用效率和机场容量，浦东机场在 2004 年将 1996 年总体规划中的 760 m 中距跑道优化为 440～460 m 的近距离跑道。截至 2023 年 9 月，浦东机场运行跑道数量为 5 条，第一跑道和第三跑道组成西飞行区，是相距 416 m 的平行跑道；第二跑道和第四跑道组成东飞行区，第二跑道位于第一跑道东侧 2 260 m，第五跑道位于第四跑道以东 1 750 m 处，为中国商飞专用跑道（表 8-1）。

表 8-1   浦东国际机场跑道设计参数

| 跑道名称 | 跑道编号 | 跑道长度(m) | 跑道宽度(m) | 飞行区指标 | 运行类别 |
| --- | --- | --- | --- | --- | --- |
| 第一跑道 | 17L/35R | 4 000 | 60 | 4F | Ⅱ/Ⅲ类 |
| 第二跑道 | 16R/34L | 3 800 | 60 | 4F | Ⅱ/Ⅲ类 |
| 第三跑道 | 17R/35L | 3 400 | 60 | 4E | Ⅰ类 |
| 第四跑道 | 16L/34R | 3 800 | 60 | 4F | Ⅰ类 |
| 第五跑道 | 15/33 | 3 400 | 45 | 4E | Ⅰ类 |

浦东机场跑道运行规则采用"双起双落、东西独立"的运行规则，16L/34R 跑道与 16R/34L 跑道中的任意一条跑道，与 17L/35R 或 17R/35L 跑道中的任意一条跑道构成一组，提供相关或独立进近运行，以及独立平行离场运行；17L/35R 跑道与 17R/35L 跑道

为一组近距跑道,17L/35R 跑道主要用于离港,17R/35L 跑道主要用于进港;16L/34R 跑道与 16R/34L 跑道为一组近距跑道,16R/34L 跑道主要用于离港,16L/34R 跑道主要用于进港;停靠西货运机坪的航空器进离港可以使用 17R/35L 跑道,重型机如需使用 17R/35L 起飞,机组应在申请放行许可时申请,由 ATC 根据当时情况决定起飞使用跑道。

该方案在土地资源节约方面的优势主要体现在以下方面。

首先,从机场总体规划方案(图 8-1)可以看出,机场未来主要是向东发展,包括第二跑道(16R/34L)、第四跑道(16L/34R)和第五跑道(15/33),均在机场东侧。向东侧发展意味着机场未来的扩充主要是向大海要土地,而不再需要占用浦东新区宝贵的土地资源。

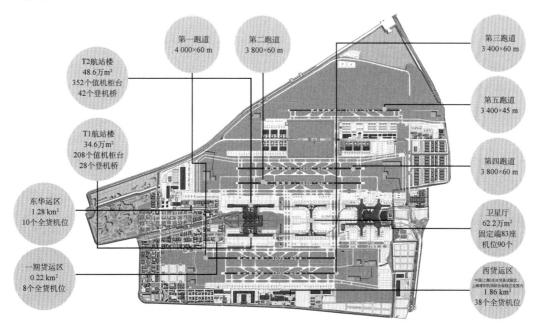

图 8-1　浦东机场总体规划图

第二,机场采用两组间距分别为 460 m 和 440 m 平行近距跑道实行非独立平行进近,这在国内尚属首创。两组近距跑道大大减少了平行跑道之间不可利用的土地面积,节地效果显著。同时,这种设计允许同时进行双向起降,最大程度地提高了机场容量,减少了飞机在等待起降的时间,从而减少了碳排放。

第三,从节地角度而言,将第一、三跑道间距由 1996 年规划的 520 m 经论证压缩至 460 m,有利于进一步减少机场建设对浦东新区(机场西侧)的土地占用,也减少了第一、三跑道之间无法利用的土地面积(与压缩前相比至少减少占地 24 hm²);避免了第三跑道横跨沙脚河两岸,有利于跑道土基处理,满足了导航台站的场地要求;有利于增加机场西货运区用地;此外,还减少了第三跑道着陆飞机的滑行距离。

3. 地下空间规划与开发

浦东机场的地下空间面积庞大,总面积超过 60 万 m²。除了交通、商业、停车和能源等设施外,机场还规划了地下酒店、地下文化中心等设施。这些设施为旅客和工作人员提供了更加丰富多样的活动和娱乐选择。同时,浦东机场的地下空间不仅是一个独立的空间,更是与周边地区和城市交通网络紧密连接。浦东机场的地下交通规划非常完善,包括地铁、机场快线、公交车等多种交通方式。这些交通方式在地下空间内相互连接,形成了一个便捷、高效的交通网络。从 2010 年到 2020 年,通过地下空间进入浦东机场的旅客数量增长了 190%。浦东机场在三期工程中,开展了飞行区下穿通道工程。这一工程位于浦东机场航站楼与卫星厅之间,包含新建 2 组下穿通道、2 座滑行道桥以及 5 号机坪的改造,对提高航站楼和卫星厅之间的行李运输和旅客摆渡效率发挥重要作用。浦东机场以往的地面服务车道为南北向,与唯一一组东西向的 T3、T4 垂直滑行道平面交叉;而 T3、T4 滑行道是机场最繁忙的联络滑行道,浦东机场日起降航班 1 400 多架次,有近 50% 的航班穿梭其上;滑行道与地面服务车道的平交,导致远机位与航站楼之间的行李车、摆渡车等待时间过长。下穿通道建成后,T1 航站楼至卫星厅 S1 之间、T2 航站楼至卫星厅 S2 之间各设有 2 条服务车道和 1 条行李车道,使远机位服务车辆能通过下穿通道穿越垂直滑行道,穿越时间缩短至 2 min(图 8-2、图 8-3)。

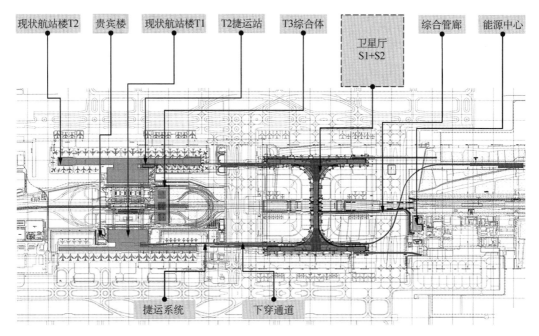

图 8-2　浦东机场航站区规划图

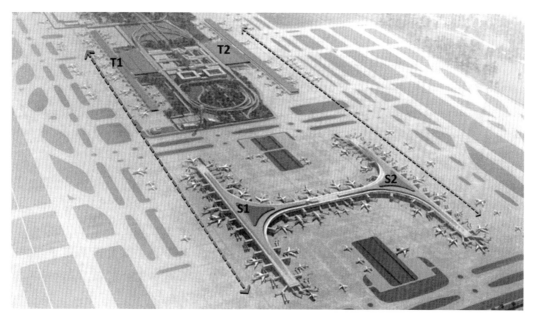

图 8-3　浦东机场航站楼

此外,浦东机场的地下空间规划非常注重安全性。机场设置了严密的安全监控系统,包括视频监控、红外线探测器、安检门等设施。同时,机场还规划了紧急疏散通道和避难所,以确保旅客和工作人员在紧急情况下的安全。

总之,浦东机场的地下空间规划是一个长期的过程。未来,机场计划进一步扩大地下空间的规模和范围,增加更多的商业、文化、娱乐等设施。同时,机场还将加强地下空间与周边地区的连接,提高交通网络的效率和便捷性。

## 8.1.2　节能与能源利用

### 1. 能源综合管控

上海机场(集团)有限公司研究制定了《上海机场绿色机场总体建设实施方案》,建立了目标明确、指标量化、衔接有序的绿色机场建设顶层架构和全局性、体系化的工作推进机制。浦东机场在此基础上建立了"逐层落实、属地管理"的管理体系,对内明确环境区域管理单位的监督落实责任,对外依托监察大队协助执法,确保环境管理工作落实到位。形成"寻源、定责、监督、措施"的生态环境管理流程,并重新调整了能源和碳排放管理架构,成立了生态环境管理领导小组,由总经理牵头,分管副总经理担任副组长,各直属单位主要领导为小组成员,下设工作办公室在科技环保部,归口管理公司能源计量、蓝天保卫战等重点工作。

从《浦东国际机场能源管理体系手册》到《公司节能降耗考核实施细则》等,浦东机场公司搭建起了从目标方针到技术指标、再到考核监督的全方位能源管理制度体系。编制并下发以绿色为主的管理制度要素 4 大类 22 项,其中包括资源节约 6 项,环境友好 9 项,运行高效 3 项,低碳减排 4 项。公司还特别编制了绿色机场建设方案、蓝天保卫工作方案、节能低碳行动计划以及综合改革工作计划,涉及绿色建筑、新能源应用、空侧高效运行等 17 项工作内容,含"油改电"、APU 替代、信息化建设、能效提升 4 项重点任务,将绩效指标层层细化、管理责任层层压实,形成上下一心、同频共振的工作格局。

2020 年,浦东机场开展了能源审计工作,对能源计量状况、能源消耗指标、能源利用系统以及节能减排成效等方面进行核查评估,提出了一系列审计建议。两年间,浦东机场持续完善能源管理标准和规范,制定了详细可行的改进措施并逐一落实,终于获得相关权威机构的认可。2022 年 11 月,浦东机场顺利通过能源管理体系审查,正式获得 ISO 50001:2018 能源管理体系认证证书,能源管理实现全过程系统化、标准化的管理。

### 2. 能源消耗管控

浦东机场根据各航站楼分区功能布局的特点,基于不同季节(夏季、冬季、过渡季、梅雨季),针对不同区域(值机区、安检区、候机区、到达区、餐饮区等)采用了分类控制运行策略。同时,从 2012 年起,针对 T2 航站楼的建筑结构、旅客流程及楼宇自控系统设备特点,设计了具有分区域、分事件、分级别特点的航班动态联动节能控制技术,率先研发出了航站楼空调、照明的空间控制、强度控制和时间控制技术"三联动"模式,将空调、照明耗能量与航班客流量同步调整,实现了能源供给精细化管理。航班联动节能技术实施后,项目节电率达 10%。该项目由上海国际机场股份有限公司技术人员自主研发,并获得三项国家专利。

在三期工程建设中,浦东机场还建成了集中供冷供热的能源中心,既确保卫星厅冬暖夏凉的候机环境,又通过集中供应降低能耗。在集中供热系统中,能源中心使用天然气燃烧的锅炉氮氧化物排放量小于 50 mg/m³,是上海首家达到此标准的新建锅炉房。同时,推动了新增小型锅炉配套夏季供热需求,以减少大型锅炉热损耗,以及将航站楼液压电梯改为曳引电梯,提升电梯运行效率等的节能技改项目。此外,通过登机桥给飞机供电方式每年可以减少飞机航油消耗量 3.9 万 t,每年减少二氧化碳排放 11.5 万 t。

2022 年,浦东机场采取能耗监测、能源审计、能效对标、降耗考核等措施,压实用能主体单位节能降耗,加强技术节能和行为节能,不断提升节能减排综合能力。同时,考虑到"技术节能"需要较大的资金投入、较长的实施周期、较为复杂的技术论证,2022 年,浦东机场公司能源保障部从"管理节能"出发,根据各航站楼分区功能布局特点,对空调、照明系统采取季节性控制运行方式。针对航站楼"第一用电大户"空调系统,能源保障部坚定落实"空调联动、峰谷联动、航班联动"的运行策略,实时切换 BA 控制运行模式以及能源设备功耗,增强供需端匹配度。在制冷季用电高峰期,机场公司以能源中心为试点参与与虚拟电厂相关项目,适当减少高峰负荷期(12:00—16:00)冷冻机组开启数量,为企业节能增效谋取新思路。虽然在 2022 年上海创下极端酷热天数新纪录,但浦东机场的制冷机组单耗同比下降 6.15%,冷冻水泵单耗同比下降 6.76%,每 1 000 万 t 冷冻水较原先节能49 万 kW·h;航站楼总用电量较 2021 年累计减少 3 016.4 万 kW·h,同比下降 17.2%。

3. 能效转换管理

能源供应系统建设运行方面,浦东机场以航站楼为单位配备能源中心。目前浦东机场有 3 个能源中心(表 8-2),1 号能源中心主要服务于 T1 航站楼及其配套用房、宾馆、办公用房等,2 号能源中心主要服务于 T2 航站楼以及交通中心,3 号能源中心主要服务于S1/S2 卫星厅。

表 8-2　浦东机场能源中心冷热源系统及负荷现状

| 能源中心 | 冷源形式 | 供冷负荷 | 热源形式 | 供热负荷 |
|---|---|---|---|---|
| 1 号 | 离心式冷水机组 + 燃气轮机 + 余热溴化锂机组 | 85 800 kW | 燃气蒸汽锅炉 + 燃气轮机 + 余热锅炉 | 77 000 kW |
| 2 号 | 离心式冷水机组 + 水蓄冷 | 66 809 kW + 28 000 RTH | 燃气蒸汽锅炉 | 42 000 kW |
| 3 号 | 离心式冷水机组 + 水蓄冷 | 84 420 kW + 142 900 RTH | 燃气蒸汽锅炉 | 56 000 kW |

其中 1 号能源中心也是机场规划设计时"大集中,小分散"供冷供热方案中最为关键的"集中"供冷供热主站,采用"汽电共生,冷、热、电三联供"这一新的制冷供热方式,即通过燃气轮机热电联供系统,为并网后的机场用户供电,在技术上还可以向市网送电,通过余热锅炉供热,产生的电和蒸汽通过离心式制冷机组和溴化锂吸收式制冷机组供冷,为航站楼、机场当局办公楼、海关边防联检楼、餐饮娱乐中心、配餐、货运、宾馆、医疗急救中心、金融中心等用户供冷供热,能源综合利用效率可达 70%~80%。

同时,作为民航业最早使用水蓄冷空调技术的供冷项目,浦东机场 2 号能源中心于2008 年启用,共设置了 4 个、每个容积 1.1 万 m³ 的水蓄冷罐,成为国内机场行业率先使用水蓄冷技术的机场制冷模式。该系统通过夜间耗电制备、白天空调制冷的错峰用电模式,每年可节约 1 800 万元左右的运行费用,又成功帮助城市电网削峰填谷,具有显著的示范效应与带动效应。2019 年投入使用的浦东机场 3 号能源中心水蓄冷空调系统包括两座容积为 31 250 m³ 的水蓄冷罐,是目前国内单座容积最大的水蓄冷罐。该系统配置有 12 台制冷机组,可使蓄冷量直接提升 42%。这一系统目前专职服务 S1 和 S2 卫星厅。

此外,围绕照明、电梯、水泵等电气设备,浦东机场持续开展了 LED 光源、变频控制等一批设备更新与节能改造项目,持续降低股份公司能耗,顺利完成集团公司考核指标。

4. 建筑绿色节能

浦东机场 T2 航站楼在设计时即针对节能问题做了许多专项研究,参照 ASHED 等国际标准,利用先进的 CFD 模拟技术,进行全年综合能耗分析,指导航站楼的节能设计,全年可节电 1.3 亿 kW·h,年节约运行费用 1 575 万元。浦东机场二期节能项目荣获 2008 年上海国际节能减排博览会金奖。

上海浦东机场三期扩建主体工程暨卫星厅的规划设计按照绿色建筑二星级的设计标准要求来开展,在自然采光、自然通风等方面继续保持、优化了原航站楼在节能上的亮点,同时,对标世界级枢纽机场绿色航站楼设计,卫星厅还封堵了上下层形成的大空间内庭院,使得空调效能达到最优化,并通过使用变频空调箱、取消空调交换器直接供冷、过渡季节自然通风、地面以下直供水等多种节能技术手段运用,预计年节约用电量可达 995 万 kW·h。此外,卫星厅采用了各楼层整体隔离的优化设计,尽量减少建筑对采光和暖通负荷的需求,同时对建筑体的围护结构热工性能也提出了越来越高的要求。

正在开展中的浦东机场四期工程(图 8-4),已经完成了绿色建设概念方案,方案提出将浦东机场 T3 航站楼打造成首个"绿建 3 星 + 健康双认证"的机场项目,在提升建筑空间设计、全面提高可再生材料和绿色建材应用比例、优先采用高能效用能设备和系统、提高中水回用的基础上,还将全面推广再生能源规模化应用、海绵城市、航空器 APU 全面替代、飞行区充电桩覆盖等减碳举措,同时研究打造"零碳建筑"的示范应用。

具体来说,T3 航站楼的绿色要素主要包括以下内容。

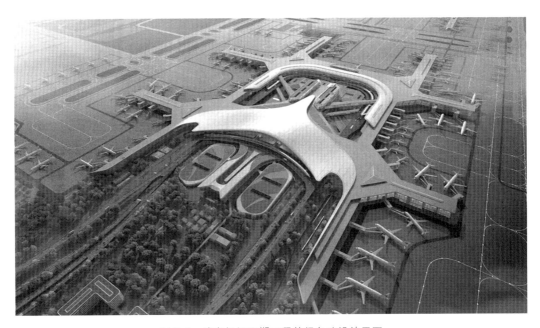

图 8-4　浦东机场四期工程的绿色建设效果图

　　桥载设备配备：近机位以 1∶1 比例配备 APU 替代设备，远机位 2∶1 比例配备 APU
替代设备。

　　高效设备及技术：供暖、供冷、电梯、行李系统等全部采用高效节能技术或设备，并实
现分项计量。

　　围护结构设计：围护结构热工性能比国家现行相关建筑节能设计标准规定提高幅度
20％或整体负荷降低 15％。

　　室内自然通风：过渡季典型工况下，主要功能房间平均自然通风换气次数不小于
2 次/h 的面积比例达到 70％。

　　节约建筑材料：采用 2 种利废建材，绿色建材应用比例不低于 70％，可再循环材料和
可再利用材料用量比例达到 15％。

　　遮阳设计：设置可调节外遮阳设施（包括电致变色玻璃等）、活动内遮阳面积达到需要
遮阳的透明外窗面积的 25％。

　　设置光伏系统：限制区域铺设光伏板，发电量满足建筑整体用电量的 1％，初步估算
需要硅光伏板面积约 3.4 万 m²。

　　LED 照明灯具：楼内照明灯具全部采用 LED，并采用智能灯光控制系统。

　　配套充电桩：电动汽车充电桩的车位数占总车位数的比例不低于 10％。

　　综合交通中心：T3 航站楼规划"3 快线 2 地铁 1 局域"共 6 条轨道交通线路，在 T3 航
站楼与卫星厅之间设置空侧捷运系统。

　　市政管理中心（智慧生态平台）：下设 GIS+BIM 系统、楼内空气质量监测系统、智慧
雨水管理平台、回用水水质监控系统、土壤和地下水监控系统等子系统。

　　景观绿化：屋顶的绿化面积、太阳能板水平投影面积以及太阳辐射反射系数不小于 0.4 的
屋面面积合计达到 75％，设置不少于 500 m² 的屋顶绿化或不少于 200 m² 的垂直绿化。

　　海绵机场：场地（除停机坪）50％硬质铺装设置透水铺装，绿化的 60％设置为下凹绿
地，场地的年径流总量控制率达到 70％以上，减轻市政管网的排水压力。

　　中水利用：收集场地中的雨水径流，经过处理后用于绿化灌溉、车库及道路冲洗冲
厕等。

　　绿化灌溉：绿化灌溉采用喷灌、微灌等节水灌溉方式，同时采取土壤湿度传感器或雨
天自动关闭等节水控制方式。

## 8.1.3　节水与水资源利用

### 1. 再生水利用

浦东机场始终倡导水资源循环再利用，通过建设完善的雨水收集系统，将其用于绿化

灌溉、道路冲洗等场合,有效降低对新鲜水源的消耗(图 8-5)。同时,浦东机场的中水回用项目已进入常态化运行阶段。该项目累计节约自来水超过 300 万 t,仅 2022 年一年,就节约用水成本达 580 万元。浦东机场探索多场景用水应用,先后于 2008 年和 2019 年修建了北区、南区两座泵站,日处理能力可达 7 000 t,在替代自来水、节约水资源的基础上,还广泛应用于景观河水质维持、能源中心冷却、绿化及道路冲洗、T3 航站楼及配套施工等方面。2022 年,机场尝试将中水应用于二期能源中心冷却塔补水和四期建设施工,并采用晚间增压、白天减压的泵站运行方式,以降低运行能耗。同时,为防止分质供水管网被误接上自来水管道和龙头,在应用前,浦东机场加入了蓝色的食用色素,用以区分。截至 2023 年 9 月,年替代自来水已达 200 万 t 以上。目前,浦东机场正在研究通过改造 T2 航站楼及 3 个能源中心冷却水的既有管网,让中水使用范围进一步扩大,持续实现环保社会效益与机场降本节支经济效益的双赢。此外,机场还采取了其他措施来提高再生水利用效率。例如,将水处理产生的污泥进行压缩和脱水处理,减少污泥的体积,便于运输和处理。

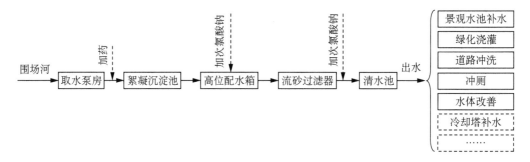

图 8-5 浦东机场非传统水源应用

### 2. 精细化节水管理

依托多板块联动,浦东机场历时两年,完成了 T1 和 T2 航站楼、机场内 49 栋建筑、卫星厅(包含 3 号能源中心)的水平衡测试并完成备案,浦东机场目前多幢建筑单体节水型载体已创建完成,完成了各业态用水场所调研 500 余处,排查卫生洁具 6 700 余件,核查水表 7 500 余台次,通过历史用水数据比对、人均用水定额对标、区域水平衡计算等方式,排查出用水异常场所 19 处。机场还根据清查数据,堵住管网、洁具等用水漏点,进一步完善了节水技改。

在这些调查的基础上,浦东机场新装智能水表 80 台,并采用大口径水表远程抄表及部分人工抄表相结合的方式采集数据。通过引进管网运维系统,对管网和阀门的地理信息进行在线管理,快速定位,并可以模拟阀门开关后的管道通水情况,节省抢修时间。机场机械水表更换为高量程比远传水表 424 台,并且对区域管网定期巡检查漏修漏,节约水量约 840 m³/天。

### 3. 供水系统节水设计

首先,为避免给水系统压力分配不平衡造成能源浪费的问题,卫星厅给水系统整体采用分区供应的方式。根据卫星厅平面分区结合建筑布局,划分为 S1、S2 两个供水区域,分别设置独立的生活给水系统。竖向分区划分为高区、低区。低区采用室外给水直接供水的方式,高区则采用"生活贮水池(设消毒设备)→生活给水变频泵组→各用水点"的给水系统。S1、S2 生活水泵房设置在各自的 -7.50 m 层和 ±0.00 m 层中央核心区,使每个泵房的服务半径不超过 500 m,避免了供水管道过长,水泵扬程过高,浪费能源的问题。

其次,浦东机场率先将中水应用引入旅客候机区域,建设了第三套分质供水管道,主要用于卫星厅洗手间冲洗,实现了水资源循环利用,减少了自来水消耗。

再次,卫星厅面积巨大、用户及用水点数量众多、位置分散,为了达到节水和便于管理的目的,卫星厅用水主要按照用途和管理区域进行水表计量,下列位置均设置数字式水表,实现了智慧水务与水表远抄平台数据互通,并纳入能耗监测系统。

最后,浦东机场卫星厅卫生洁具全部选用了节水型产品,比采用传统的卫生器具节水约 20%—30%。洗手盆采用自动感应式洗手龙头,并尽可能采用台下盆,便于台面清理。小便器和大便器采用自动感应式自闭冲洗阀,并尽可能采用后出水式(挂式),有利于减少卫生间的清洁死角。

## 8.1.4　节材与材料利用

### 1. 建筑材料节约

浦东机场始终将资源节约作为孜孜以求的目标,通过一系列机场建设和运行方案的优化,在建筑材料方面采取了多项材料节约措施。

首先,机场采用了高性能的建筑材料,如高强度钢筋和混凝土,以及轻质、高强的建筑材料,如铝合金和玻璃钢等,以减少材料的用量和重量。这些材料的采用可以有效地减少建筑材料的使用量,同时提高建筑物的性能和耐久性。

其次,浦东机场在建设初期即采用了"独立二级排水系统"方案,避免了机场场区大面积填方,节省填方材料 3 000 万~4 000 万 m³,避免了材料长途运输的能源及材料消耗。并且机场采用了"吹砂补土"作为场区抬升标高、土基补土方案,有效减少或消除了吹砂回水及排淤对外海和永久性大堤的影响和环境污染,节约了大量建筑材料和运输成本。

同时,浦东机场 T1 和 T2 航站楼都采用了大跨度钢结构屋盖,建筑钢材消耗量较大。如何通过结构设计优化,实现在满足结构强度要求前提下的建筑钢材节约,是浦东机场一期和二期工程关注的问题之一。因此浦东机场在支撑航站楼 T1 屋盖的倾斜钢柱间设置了由 5 mm×73 mm 钢索组成的交叉柔性支撑,它们与纵向架、斜柱共同形成纵向抗侧力结构,大大改善了屋面纵向刚度的不均匀,简化了上弦平面内的支撑系统。经过上述结构优化,玻璃墙所在平面的斜柱顶位移仅为 18 mm,完全满足玻璃幕墙平面内变形限值要求,使单位面积用钢量减少 24%。T2 航站楼钢结构屋盖采用刚性与柔性相结合的混合结构体系——Y 形钢支撑多跨连续张弦梁,通过分叉 Y 形斜柱与下部混凝土结构连接来提供结构抗侧刚度,支柱从原先每隔 9 m 一根变为每隔 18 m 一根,支柱间距增大一倍,支柱数量减少一半,但支撑效果并未打折扣,节省了钢材 12%。

此外,在浦东一期工程、二跑道建设、二期工程和三跑道建设中,浦东机场通过利用机轮荷载作用特点,对道面一些部位进行面层合理减薄,以及采用接缝倒角工艺改善混凝土板边受力条件延长机场道面的使用寿命,并且根据"强基薄面"原理,提高土基和基层顶面反应模量,进而减少面层厚度等道面结构设计优化的方式,实现了建筑材料节约。

## 2. 装配式建筑方式

浦东机场在建筑设计和施工过程中采用了装配式建筑方式,通过标准化设计、工厂化生产、模块化组装的方式,实现了材料节约和减少浪费的目标。将建筑物划分为标准模块,从而可以对原材料进行精确的计算和控制,减少了现场施工中的废料和浪费。工厂化的生产方式采用相同的材料和工艺,可以提高模块的质量和精度,减少现场施工中可能出现的质量问题,浦东机场航站楼建设中 80% 以上的模块在工厂完成生产和加工。生产好的建筑模块运输到施工现场进行组装,减少现场施工中的切割、打磨等加工环节。同时,模块化组装的方式还可以提高施工效率,缩短施工周期,进一步减少了材料的闲置和浪费。例如,机场的航站楼采用了标准化的候机大厅、登机口、安检通道等模块,每个模块的建筑构件都采用相同的材料和尺寸,方便了生产和管理,现场施工中的浪费得到了有效控制,航站楼和登机桥建设过程中的材料节约率分别达到 20% 和 15% 以上。

## 3. 绿色建材应用

浦东机场在建设过程中采用了多种绿色建材。

高性能混凝土:浦东机场在建筑物的基础、结构、墙体和楼板等部位使用了高效、低耗的水泥和混凝土。这些水泥和混凝土由环保型原料制成,具有高强度、高耐久性和高工作性的特点,能够提高建筑物的性能和耐久性,同时减少对水泥和砂石等自然资源的消耗。据统计,在浦东机场的建设中,高效水泥和混凝土的使用量占整个建筑物混凝土总量的比例分别达到了 90% 和 80%。

预拌砂浆:浦东机场在建设过程中使用了预拌砂浆作为砌筑材料。预拌砂浆具有高性能、高效率、高环保等特点,能够提高施工效率和质量。与传统的现场搅拌砂浆相比,预拌砂浆能够减少施工现场的扬尘和噪声污染,并减少对天然砂石的开采和加工。据统计,预拌砂浆的使用量占整个建筑物砌筑材料总量的比例达到了 85％以上。

节能玻璃:浦东机场在建筑物窗户、幕墙等部位使用了节能玻璃。这种玻璃具有保温隔热、节能降耗等特点,能够减少建筑物的能耗和碳排放。据统计,节能玻璃的使用量占整个建筑物玻璃总量的比例达到了 100％。

保温隔热材料:浦东机场在建筑物外墙、屋顶等部位使用了保温隔热材料,如聚氨酯、矿棉等。这些材料具有保温隔热、节能降耗等特点,能够减少建筑物的能耗和碳排放。据统计,保温隔热材料的使用量占整个建筑物外墙和屋顶材料总量的比例达到了 75％。

通风透气材料:浦东机场在建筑物外墙、屋顶等部位使用了通风透气材料,如呼吸砖、通风板等。这些材料具有通风透气、调节湿度、降低能耗等特点,能够提高建筑物的舒适度和性能。据统计,通风透气材料的使用量占整个建筑物外墙和屋顶材料总量的比例达到了 70％以上。

### 4. 生活垃圾和建筑废弃物资源化利用

浦东机场在生活垃圾和建筑废弃物资源化利用方面取得了显著的成效,每年可回收利用的垃圾量达到了总垃圾量的 80％以上,建筑废弃物的回收利用率也达到了 95％以上。首先,浦东机场对生活垃圾和建筑废弃物进行了严格的分类处理,以提高垃圾的资源化利用率。为了鼓励员工和旅客积极参与垃圾分类,浦东机场还设立了垃圾回收奖励计划。同时,浦东机场对厨余垃圾进行堆肥处理,并用于机场内的绿化和农业种植,不仅减少了对化学肥料的依赖,还能够提高土壤的质量。此外,浦东机场对拆除的建筑物产生的废弃物进行了分类回收和处理,通过建立专门的建筑废弃物处理中心,对废砖、废钢筋、废水泥等进行了分类、清洗和处理。经过处理后的建筑废弃物被重新利用于机场内的建设施工,建筑废弃物的回收利用率达到了 80％以上。同时为了减少垃圾填埋对环境的影响,浦东机场对原有的垃圾填埋场进行了优化管理,并采用了新型的垃圾压缩技术,将垃圾压缩成块状后进行填埋,提高了填埋效率并减少了土地占用。这些措施的实施不仅提高了资源的利用率,也推动了浦东机场的可持续发展。

## 8.2　低碳减排

### 8.2.1　低碳建设

#### 1. 合理利用可再生能源

上海国际机场股份有限公司于 2012 年采用合同能源管理方式(EMC)建成了浦东机

场第一座光电建筑一体化项目,并于 2014 年正式并网发电。该项目在浦东机场 P1、P2 交通中心连廊、过道等固定建筑屋顶上安装太阳能光伏发电装置,总体装机容量为 1.7 kW,占地 15 000 m²,为 P1、P2 停车库提供清洁能源,项目投运年均发电量约 153 万 kW·h,每年可为浦东机场减少二氧化碳排放 1 245.42 t。项目实施以后,改善了机场电力能源消耗结构,并用以满足机场停车设施和装卸设备的需求,还可为机场户外的空调设备遮阳。实现了环保、节能的社会效益与降低能源成本的经济效益的有效统一。至 2023 年 8 月,浦东机场已初步完成 P4 停车场屋顶光伏的搭建(图 8-6),预计可实现年发电量 173 万 kW·h 的目标,每年减少排放二氧化碳约 1 724 t,相当于每年节约 622 t 标准燃煤。

图 8-6  浦东机场光伏项目

同时,上海机场集团还正在积极领跑打造浦东机场的氢能源应用示范项目,计划在行业内率先实现加氢应用场景落地;并积极协调企业内外部资源大力推进浦东机场西货运区综合能站项目。此外,在热水用水比较集中的 S1、S2 中部贵宾候机区域采用了太阳能集中生活热水供应系统。

2. 新能源基础设施配置

1) 智能微电网设施建设

2013 年,浦东机场将 P1、P2 停车库区域步行道上的平屋顶改造成坡屋顶,累计发电量超 1 296 万 kW·h,减碳量达 9 118 t;2016 年,浦东机场在部分雨污水泵站及办公楼屋顶沿坡度安装光伏组件,累计发电量超 107 万 kW·h,减碳量达 753 t。2023 年,机场继续加快 P4 长时停车库屋顶光伏系统建设,并将根据前阶段试点情况,制定浦东机场区域整体光伏建设计划,探索"光伏 + 储能 + 微电网"的应用模式。建成后,该项目年均发电量约 126 万 kW・h,减碳量约 887 t/年;公司光伏装机总容量将达 3.36 MW,年发电量 309 万 kW・h,年减碳量 2 174 t。

2)机场 LED 光源替代

2022 年,浦东机场推进实施了场区内嵌入式灯和投光灯及飞行区内高杆灯进行节能改造,对 T1、T2 航站楼以及 P1、P2 停车库 24 小时灯具累计改造超 12 万个,年节能率约 60%,年节能量超过 2 500 万 kW・h;场区内的路灯、嵌入式灯及投光灯累计改造 10 923 盏,年节能率约 58%,年总节能效益约 120 万元;三跑道卤素滑行道中线灯累计改造 2 125 套。预计至 2024 年,机场飞行区的 141 盏高杆灯将全部改造完成,实现亮灯与节能的"双赢",到 2030 年,LED 等高效节能灯具使用占比将超过 80%。通过合同能源管理(EMC)方式,机场有效地控制了 LED 灯具质量问题带来的运行风险,在提升照度品质的前提下,有效降低企业运营成本,减少浦东机场公共区域的能源消耗量,降低碳排放。

3)配备航空器 APU 替代设施

秉承"应用尽用"的原则,浦东机场积极推广 400 Hz 静变电源设备和地面空调设备替代飞机 APU,实现了近机位 APU 替代设备 100% 全覆盖,设施使用率稳定保持在 99% 以上,有效减轻了飞机自身的燃油废气和噪声污染。以卫星厅为例,通过登机桥给飞机供电方式每年可以减少飞机航油消耗量 3.9 万 t,每年减少二氧化碳排放 11.5 万 t。同时,为推广远机位 APU 替代设备,机场试点安装了 9 台储能式地面电源设备,单台设备可连续服务超过 18 个小时,满足 C 类及 E 类以上航空器的远机位停靠需求。截至 2023 年,9 台设备的累计服务时长已达 2 500 h。

4)场内配备新能源特种车辆及其他车辆

在"打赢蓝天保卫战"三年行动计划实施期间,浦东机场按照"统筹协调、远近相接、有序推进"的总体原则,高质量完成了机场运行电动化的整体布局。一方面,会同东航、国航、吉祥航空等驻场单位建立起浦东机场区联建工作平台,另一方面,其通过健全车辆设备管理制度、严格管控车辆尾气排放、定期开展车辆年检、及时淘汰老旧车辆设备等措施,加快机场内车队结构升级,使新能源车辆占比提升至 32%。2016 年,浦东机场引入 12 辆油电混合动力车作为飞机专用引导车,浦东机场 PACTL 货站和西区货站累计更新了 123 辆纯电动货运叉车;2017 年,浦东机场启动了 EVCARD 内场新能源车分时租赁项目,共投入 30 辆新能源车,在陆侧工作区内设立了 10 个借还车网点和 71 个车位,在 P1、P2 设置 2 个网点、共 20 个车位,为旅客提供新能源车分时租赁服务。截至 2022 年底,浦东机场共有新能源车辆 136 台,汽柴油年消耗量较往年明显下降。

为配合新能源车辆的陆续引进,浦东机场持续完善充电设施服务体系。其在空侧的 T1、T2、卫星厅 3 个服务区域的 5 个集中站点,建设充电桩 52 根;在陆侧的 P1、P2、P4、P10、P16 以及出租车停车场等区域,建设充电桩 1 532 根,可完全满足场内旅客、员工和其他驻场单位的充电需求。在原有规模基础上,2023 年,机场公司规划在空侧区域 3 个集中站点再增加 12 根充电桩,总共满足 1 860 kW 的配电需求。

## 8.2.2 低碳管理

### 1. 碳排放清单编制、碳核查、碳审计

浦东机场首先收集机场运营过程中的所有碳排放源的相关数据(见表 8-3),经过清洗和整理后,根据国际认可的碳排放计算方法和标准,对每个碳排放源进行详细的计算和分析并将其整理成碳排放清单。清单中不仅包括每个碳排放源的具体数据,还会对机场整体的碳排放状况进行详细的描述和分析。此外,浦东机场还参与编制了《上海市运输站点行业温室气体排放核算与告方法(试行)》。

在每年的碳排放清单编制完成后,浦东机场会委托专业的第三方机构进行碳核查与碳审计。核查机构首先对机场的碳排放数据进行详细的审核和验证。这包括对每个碳排放源的计算方法和结果进行复核,确保数据的准确性和可靠性。除了对数据的审核和验证,核查机构还对机场的减排措施和效果进行评估。这包括对机场在清洁能源推广、能源利用效率提高等方面的工作进行详细的调查和分析。核查机构采用现场调查、数据收集和分析等方法,对机场的减排措施和效果进行客观的评价。在完成数据审核和减排措施评估后,核查机构会出具碳核查报告。报告中不仅对机场的碳排放数据进行详细的描述和分析,还对机场的减排措施和效果进行评价和建议。这为机场管理层提供了重要的参考依据,有助于推动机场的减排工作向更高的水平发展。

表 8-3 浦东机场碳排放核算边界和主要排放设施

1. 法人边界的核算和报告范围描述
上海国际机场股份有限公司的核算边界为其主要运营区域(浦东机场)内的排放设施,主要区域包括飞行区、航站楼、能源中心以及机电、安检、消防、交通保障等办公服务区域。

2. 主要排放设施

1) 与燃料燃烧排放相关的排放设施

| 编号 | 排放设施名称 | 排放设施安装位置 | 排放过程及温室气体种类 | 是否纳入补充数据表核算边界范围 |
|---|---|---|---|---|
| 1 | 燃气锅炉 | N1 和 N2 能源中心 | 燃烧天然气产生的二氧化碳排放 | 是(仅供航站楼热量部分) |
| 2 | 燃气轮机 | N1 能源中心 | 燃烧天然气产生的二氧化碳排放 | 是(仅供航站楼冷热量部分) |
| 2 | 场内场外车辆 | — | 燃烧柴油产生的二氧化碳排放 | 否 |
| 3 | 场内场外车辆 | — | 燃烧汽油产生的二氧化碳排放 | 否 |

续表

2）与工业过程排放相关的排放设施

| 编号 | 排放设施名称 | 排放设施安装位置 | 排放过程及温室气体种类 | 是否纳入补充数据表核算边界范围 |
| --- | --- | --- | --- | --- |
| — | — | — | — | — |

3）主要耗电和耗热的设施

| 编号 | 设施名称 | 设施安装位置 | 是否纳入补充数据表核算边界范围 |
| --- | --- | --- | --- |
| 1 | 锅炉 | N1 和 N2 能源中心 | 是（仅供航站楼热量部分） |
| 2 | 水蓄冷罐 | N2 能源中心 | 是（仅供航站楼冷量部分） |
| 3 | 冷冻机 | N1 和 N2 能源中心 | 是（仅供航站楼冷量部分） |
| 4 | 空调箱 | T1 航站楼和 T2 航站楼 | 是 |
| 7 | VRV 机组 | T1 航站楼和 T2 航站楼 | 是 |
| 8 | 航站楼电气照明 | T1 航站楼和 T2 航站楼 | 是 |

## 2. 碳排放认证

2023 年 2 月 22 日，中国民用机场协会公布了 2022 年度"双碳机场"评价结果，浦东机场被评为三星级机场。根据《运输机场碳排放管理（"双碳机场"评价）指标》，此次"双碳机场"评价工作从制度、行动、绩效三个维度对机场进行星级评价，由低及高依次划分基础级、提升级、优化级、先进级、引领级五个星级。三星级为目前国内机场可参评的最高等级，意味着已建立起完善的碳排放管理制度，具备有效的技术手段以及综合全面的碳减排能力。

## 3. 低碳运营管理

浦东机场始终牢固树立生态优先、绿色发展导向，强化绿色发展理念。2020 年，机场组织开展了 5 项节能减排课题研究工作，涉及节能运行管理和碳排放应对策略等内容，进一步提升了股份公司能源和碳排放管理水平。2021 年，浦东机场完成集团生态环境保护"十四五"规划及三年行动计划编制，启动了集团"碳达峰、碳中和"行动方案前期研究，开展了第四、第五轮环保核查及回头看，并制定了《绿色机场建设实施方案》。机场还参与了《绿色低碳发展资料汇编》和《上海机场绿色机场总体建设实施方案》的编制，形成了扎实的绿色机场建设理论基础与先进参照体系文件，建立了目标明确、指标量化、衔接有序的绿色机场建设顶层架构和全局性、体系化的工作推进机制，并完成了《四型机场绿色性能评价标准》编制，填补了我国民用机场绿色建设与运营方面评价类标准空白。在此基础上，参与编制了《上海机场绿色机场建设标准》，对上海绿色机场的建设内容、技术要求、指标体系形成了标准定义。

同时,浦东机场通过主动协调相关单位,积极争取各有关方面支持,顺利完成浦东机场第三、四、五跑道环保验收,同步推进五跑道行业验收,为超大型国际机场自主环保验收创造了样板。

#### 4. 碳中和措施与碳交易

浦东机场于 2013 年成为首批纳入全国碳市场交易的机场类企业。此外,自 2017 年全国碳交易市场启动,浦东机场始终积极开展本市碳交易相关工作,配合第三方开展碳排放核查,进行碳排放配额清缴履约等。同时,浦东机场与航空公司和供应链合作伙伴建立了碳减排合作机制,通过共同制定碳减排计划和目标,以及采取具体的减碳行动措施,推动整个供应链的绿色化进程,并且通过共同优化运营流程和货运运营模式提高运营效率及共同推广可持续航空燃料的使用以减少碳排放。

#### 5. 低碳教育及实践

浦东机场通过多种方式开展低碳教育,提高员工和旅客的低碳意识和环保意识。首先,机场在员工培训中加强低碳教育,让员工了解碳排放的重要性以及机场在减排方面的措施和目标。其次,机场还通过宣传海报、广告等方式向旅客传递低碳出行的理念,鼓励旅客选择低碳、环保的交通方式。据统计,每年开展的环保培训和宣传活动数量超过50 次,覆盖员工和旅客人数超过 20 万人次。同时,机场对外积极分享实践经验,通过企业公众号、媒体渠道、上市公司信息披露等方式大力推广绿色机场建设成果,并且曾受邀参加 2022 世界交通运输大会,作题为"浦东机场绿色机场建设的案例研究"的学术报告。浦东机场还经常参加由上海政府部门或行业协会组织的双碳管理培训工作,定期邀请专家学者来单位授课,以提升专业技能,夯实人才地基。此外,浦东机场曾远赴北京、青岛调研,学习兄弟单位在清洁能源利用方面的优质经验,也曾邀请宁德时代新能源公司召开专题会议,针对储能电源、新能源信息化平台建设等内容进行沟通与探讨。

## 8.3　健康舒适

### 8.3.1　卫生健康

#### 1. 公共卫生安全

浦东机场始终将保障公共卫生安全放在首位,并采取了一系列有效措施来应对各种突发疫情和公共卫生事件,尤其是自新冠疫情以来,上海机场毫不放松抓好"外防输入、内防反弹""人、物、环境同防"各项工作,作为守卫国门的"第一道防线",以最严肃的态度、最严格的标准、最严密的措施,坚守住了城门和国门。

具体措施包括:建立一套联动机制,提请市政府印发了《关于加强本市机场地区疫情防控工作的决定》;创立一套数据清单,紧急开发并投入使用"健康空港"系统;确立一套规范标准,着力构建机场地区常态化疫情防控制度体系,研究发布各类规范性文件 50 份,并开展多轮演练,进一步提升了疫情应急处置能力;筑牢集团公司、机场及各区域单位的"三级督查"体系,建立长效机制;加强机场防疫专业队伍建设,迅速建立机场地区平战结合的公共卫生体系,成立了集团公共卫生管理部和浦东机场公共卫生中心;完成浦东机场所有洗消点升级改造,竭力降低洗消环节风险;致力精准防控,强化防疫科技赋能,启用国内到达智能闸机验码,实施飞行区高风险区域"健康空港"面板机与视频监控联动甄别,有效管控交叉风险。在浦东机场的持续努力下,公共卫生安全得到了有效保障。旅客和员工的安全得到了更好的保障,也为全球疫情防控树立了典范。

### 2. 医疗救护服务

浦东国际机场在各个航站楼内设立了医疗急救站,配备了专业医生和护士,可以在第一时间对伤病员进行急救和治疗。急救站与市内医院建立了紧密的合作关系,可以为伤病员提供及时、高效的医疗救治服务。同时,机场还在许多航站楼内和公共区域均配备了先进的医疗设备和设施,可用于紧急救治和转运伤病员。机场还为旅客和员工提供了紧急医疗服务。一旦出现伤病员,机场可以立即启动应急响应机制,派遣专业医生和护士前往现场进行救治。如果需要转运至医院进一步治疗,机场也可以安排专门的救护车和医疗人员护送病患至医疗机构。并且机场会定期为机场员工和志愿者提供急救培训,包括心肺复苏、止血、包扎、固定等基本急救技能。此外,浦东机场积极参与国际医疗急救合作,与国外一些机场建立了紧急医疗救援合作关系。通过这些合作,可以为转运至国外就医的伤病员提供更好的医疗保障和转运服务。

### 3. 配备自动体外心脏除颤仪(AED)

为了提高机场内对心脏骤停患者的急救能力,浦东机场管理部门与相关部门合作,在机场内设置了多台 AED 设备。为了确保 AED 设备能够及时、有效地用于急救,机场管理部门对所有设备进行了定期维护和检查,并提供了相关培训,确保机场员工和志愿者能够正确使用这些设备。同时,机场还制定了详细的急救流程,包括如何获取 AED 设备、如何对患者进行急救、如何转运患者等,以提高急救效率。

### 4. 有效保障机场员工需求

浦东机场严格遵守《中华人民共和国劳动法》并提供平等就业和发展的机会,持续健全以职代会为基本形式的民主管理制度,通过职代会征集员工意见,听取员工发声,搭建民主管理平台。同时,浦东机场围绕基层员工最直接、最实际的问题,全力保障困难职工就餐、住宿和交通,并进一步将关爱延伸至职工家属,为其家庭配送爱心礼包。通过建立日报周报机制和信息资源共享机制,落实"基层联络点制度",实时动态掌握并及时解决职工队伍思想情况和困难需求。并且,浦东机场积极响应健康中国和健康上海行动,实施预防为主的健康管理。倡导健康的生活方式,开展知识普及、合理膳食、慢性病防治心理健康等专项行动,并以双保计划为基础平台,以上级工会重大疾病和意外伤害保障为升级平台,梯度健全多层级全方位帮扶体系。浦东机场还结合员工实际需求推送线上心理课程,工会职工心理服务小组 24 小时在线,选派经验丰富的国家级心理专家提供咨询;启动"心氧计划",推出"心理在线"系列锦囊,设立 1 对 1 心理特别通道,多措并举帮助员工缓解心理压力和焦虑情绪。此外,浦东机场着力推进女性员工"四季关爱"计划,关爱女性员工身心健康,维护女性员工合法权益和特殊利益,提升女性员工幸福感。

## 8.3.2 环境舒适

### 1. 暖通空调系统

首先,为了提高机场的空气质量,降低病毒传播的风险,浦东机场近年来对航站楼的空调系统进行了改造,包括:

- 过滤器升级:对空调系统中的过滤器进行升级,增加过滤效率,有效过滤和阻挡空气中的病毒和细菌;
- 气流组织优化:通过优化空调气流组织,减少空气流动中的涡流和死角,使空气更加均匀地分布在整个空间,有利于减少病毒的传播;
- 空调机组消毒:安装紫外线消毒装置或臭氧发生器等设备,对空调机组内部进行定期消毒处理,以杀灭可能存在的病毒和细菌。

其次,为了实时了解机场内空气质量情况,浦东机场在航站楼内设置了多个空气质量监测站。这些监测站配备了专业的空气质量传感器和数据分析系统,可以实时监测并记录空气中的细菌、病毒、尘埃等有害物质的数量和种类。一旦发现有害物质超标等问题,立即启动相应的应对措施进行处理。

同时,为了提高室内空气质量,减少病毒传播的风险,浦东机场在航站楼内安装了新风系统,并配备了过滤器,用于引入新鲜空气和将室内空气中的污浊气体排出,置换室内空气,确保空气流通畅通,以及有效过滤和清除引入的空气中可能存在的病毒和细菌。

此外,浦东机场制定了严格的暖通空调系统维护和管理制度、卫生管理制度,以及面对重大突发公共卫生事件的应急响应预案，例如关闭空调系统、启动新风系统、增加消毒频次等措施，并建立了紧急联系机制和定期进行应急演练，以提高应对突发事件的能力。

### 2. 室内噪声

浦东机场采取了多种措施来降低室内噪声。首先，选择低噪声的空调系统、通风设备和照明设备等，以确保这些设备在运行过程中产生的噪声尽可能低。其次，对设备布局进行了优化，将高噪声的设备尽量集中放置，避免相互干扰，并减少这些设备对旅客和工作人员的影响。同时，对航站楼内的空间进行了合理分隔，并通过使用吸声材料和增加绿化带等方式，将候机区与飞机起降区域进行隔离，以减少飞机起降时产生的噪声对旅客的影响。此外，浦东机场在飞机起降区域的周围设置了隔音屏障，以隔离飞机起降时产生的噪声，并通过在窗户和门等部位使用隔音玻璃和隔音门，以减少外部噪声对室内的影响。而在航站楼周围，特别是候机长廊外紧邻机坪噪声较大，因此采用了双层玻璃、中空玻璃窗等构造措施，以提高窗户的隔音效果。

### 3. 天然采光与眩光

浦东机场通过大面积的玻璃窗和天窗，充分利用天然采光，不仅减少了人工照明的能耗，还降低了眩光干扰。例如 T2 航站楼外立面较多的采用了玻璃幕墙，覆盖了主楼出发层以上和长廊候机区的大部分外墙，同时还在室内设计中利用反射和折射原理，将自然光线反射到不同的区域，使整个航站楼内都能够获得充足的照明。据测试，通过天然采光的设计，航站楼内的照明能耗降低了 25%。

浦东机场运用专业的眩光计算模型，对航站楼不同时间、不同季节和不同天气的眩光风险进行了详细评估，并采取了相应的措施以减少眩光对旅客和工作人员的影响。例如在窗户和门上安装防眩光板、使用遮阳窗帘等。这些设施可以有效地减少阳光的直接照射，降低眩光对视觉的影响。此外，浦东机场还对航站楼内的光源进行了控制，比如在照明设计中采用了间接照明和嵌入式灯具等措施，据统计，这些防眩光设施的使用，使得航站楼内的眩光指数下降了 30%，大大提高了旅客和工作人员的视觉舒适度。

### 4. 热湿环境

浦东国际机场航站楼内的温度和湿度受到严格控制，并且采取了一系列措施来实现这一目标。航站楼内采用了智能化的环境控制系统，能够实时监测温度和湿度，并根据预设的标准自动调节，以确保航站楼内始终保持适宜的温度和湿度。同时，浦东机场内高效的通风系统有利于保证航站楼内的空气流通，减少湿气和热量的积累。此外，航站楼内还利用绿植和水景设施来吸收阳光和热量，减少航站楼内的温度，以及提高空气湿度，为旅客和工作人员提供更加宜人的环境。

### 5. 自然通风与室内气流组织

为了减少空调负荷,浦东机场航站楼设计引入了自然通风的概念。例如在 T2 航站楼的设计中,通过综合考虑楼前车道的汽车尾气的影响和天窗出风存在防水构造复杂、风力影响较大等问题,将进风口设在主楼靠近 13.6 m 高的楼面处,出风口设在主楼东西两侧立面的上端,通过充分利用机场附近风压较大的优势进行室内换气,从而实现降低能耗、节约能源的目的。同时,浦东国际机场航站楼内的气流组织经过精心规划和设计,以确保送风口的位置、数量和尺寸都符合规范,同时回风口的位置也合理安排。这种设计旨在形成均匀的温度和湿度分布,并减少不舒适的气流现象(如滴水)。为了实现这一目标,机场采用了专业的气流组织设计和模拟软件,对航站楼内的气流组织进行模拟和优化,以预测气流组织的实际效果,如温度、湿度、速度和洁净度等指标,从而确定了最佳的送风和回风方案和优化气流组织,以实现最佳的温度和湿度分布。同时,机场制定了定期维护和保养计划,包括清理风口和过滤器、检查风管和设备的磨损情况等,以保证气流组织的稳定性和效果,并延长系统的使用寿命。

### 6. 遮阳措施

浦东机场综合采用了建筑本体遮阳、玻璃幕墙、窗帘、天幕,以及绿化等多种遮阳方式,有效地降低了室内温度。以 T2 航站楼为例,连续的大跨度曲线钢屋架和覆盖其上的银白色屋面,伴随修长典雅的梭形天窗点缀其间,是其造型中最具特色的外部特征之一。由于天窗多为水平布置,因而相对幕墙来说,其热面积要大得多。而 T2 航站楼的建筑主要朝向是东西向,上海地区全年最低太阳入射角东向为 51°,西向为 27°,所以从方位选址来看,对控制日照非常不利。基于这一点,主楼和长廊的玻璃幕墙采用了向外倾斜的设计,与垂直面之间的夹角大约为 28°,有效降低了太阳辐射的投影面积。同时,T2 航站楼的玻璃幕墙采用了 Low-E 玻璃,其在隔绝较多红外波段的同时,可保证可见光的良好通过性,既改善了玻璃的热工性能,又保持了通透开敞的特点。在指廊端部的异形天窗范围内,由于面积较大,为了进一步改善热工性能,减少能源消耗,在空气间层中充填了氩气。

### 7. 机场用水

浦东机场航站楼在每个饮水点处设置小型带饮用水处理设备的饮用水机一台以供旅客取用冷、热水,饮用水水质达到《饮用净水水质标准》(CJ 94—2005)的要求。为避免误操作烫伤旅客,要求热水龙头必须标识清晰,且只能放水,不能直接饮用,并带有热水锁定键保护装置。在热水龙头的设置高度上,须考虑设在儿童不宜接触的位置。同时,浦东机场对航站楼内的水质进行了严格保障。所有饮用水源都经过了水质检测和过滤,确保水质合格率达到了 99％以上,符合国家标准。同时,机场还定期对饮水设施进行清洗和维护,保证旅客能够使用到干净卫生的饮用水。此外,浦东机场热水系统的供热方式应满足舒适、节能这两方面要求。例如卫星厅作为超大型公共交通建筑,卫生间和餐饮厨房在楼内分布比较分散,设置集中式的热水供应系统存在着管线超长,到达末端用水点水温无法保证的问题。因此,卫生间洗手盆热水大都采用就地设置的小型容积式电热水器供应。餐饮厨房预留电源,生活热水由租户自理。并且卫星厅在贵宾层分散设置了部分淋浴间,采用即热式电热水器,确保可以连续供应热水,旅客随到随洗。以上措施保证了热水系统的舒适度要求。

8. 航站楼内空间设计

浦东机场的航站楼采用了开放式设计,使得整个空间更加通透、明亮。室内空间布局合理,避免了拥挤和混乱,为旅客提供了更加舒适的候机环境。并且航站楼内设施齐全,包括候机大厅、登机桥、安检通道、行李传送带等。这些设施都分布在不同的区域,且有明确的标识系统,方便旅客快速找到所需设施。同时,在 T1 国内安检处开通"云鹰爱心通道",以宽阔明朗的草原布景为主题,弱化了安检通道狭窄压抑的视觉感受,有利于儿童和老人放松心情。航站楼采用独特的连续波浪形曲线设计,通过玻璃、钢与混凝土等材料的合理运用,着力展示新航站楼富有时代气息的动感造型。在建筑上通过对结构构件的比例、尺度和细节的精心设计,直接展示力量之美,暗合交通建筑高效、现代的精神内核,并使旅客在复杂的功能和流线中能够感到安全与舒适,以简洁明快的结构体系形成宽敞明亮的大空间,有利于创造良好的空间环境,为旅客带来舒适的心理感受,体现出绿色建筑所倡导的自然、节能的内涵。

浦东机场卫星厅也十分着重以人为本的空间设计及为节能创造条件,设计讲究高低有序,内外一体,空间尺度宜人。以旅客感受为基础进行设计,既避免过多的能源浪费,又营造了温馨舒适的空间氛围。以旅客流程为基础进行设计,通过层叠的侧向天窗,为旅客提供明确易读的空间引导;通过引入均匀柔和的自然采光自然通风,既为卫星厅的日常运行维护提供保障,同时又避免了天窗可能出现的渗漏危险。作为航站楼功能的延伸,在室内设计上充分体现与主楼之间的内在联系,体现在色彩系统、标识系统、材料选择的统一与延续。步入卫星厅,S1 承接 T1 的蓝色系,S2 承接 T2 的黄色系,让旅客感受到来自同一屋檐下的服务。卫星厅室内空间形态设计遵循功能优先、舒适实用、安全可靠、技术成熟的原则,采用中部高、周边低的整体造型,与功能布局紧密结合。通过建筑空间的穿插组合,形成明确的空间导向,使复杂的功能形成一个有机的整体,朴素大方,平易近人(图 8-7)。

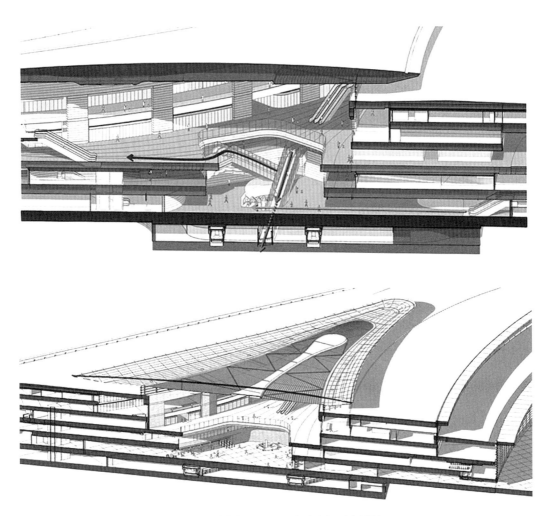

图 8-7 浦东机场卫星厅室内空间形态设计

## 8.4 环境友好

### 8.4.1 环境治理

**1. 环境污染防治**

**1) 污水及油污处理**

浦东机场建立了完善的污水处理系统,并成立了雨污混接专项整治工作小组,对重点污水排口增设专用检测井,并规范场内农业使用。浦东机场内共有 100 多个排污口接入场区内污水管网,其主要走向由南至北,经不同区域的泵站逐级提升,进入机场污水预处理厂,并采用格栅除污机拦截粗大漂浮物。浦东先进的污水处理设施由多个污水处理单元组成,包括物理处理单元、化学处理单元和生物处理单元。这些单元协同工作,确保污水中的各种污染物被有效去除。同时,浦东机场通过加装一体化设备、雨水泵站截污改造、铺设水生植物、建设亲水栈道、修复损坏护坡等对机场河道污染进行整治(图 8-8)。据统计,浦东国际机场每天产生的污水量约为 2.5 万 t。这些污水经过处理后,只有约5％的污泥需要安全填埋,其余的达到 1 级排放标准后,排入上海市远东大道城市污水总管,并取得上海市环保局签发的污水排放许可证。

图 8-8　浦东机场河道污染治理的主要环节

在浦东机场内,污水分为两大类,即航班污水和市政污水。对于航班污水,污水泵站会严格按照海关要求进行消毒处理,例如加入消毒片或进行加氯消毒,"闷"足一定时间后进行污水处理流程,确保余氯含量达到规定标准。而对于市政污水,则根据相关规定进行再处理,确保达到排放标准。同时,为了降低污水车在排放过程中可能发生的病毒传播风险,浦东机场改造了污水泵站排放口,加装了喷淋管道,并制定了严格的管理制度,对进入泵站的每一辆航空污水车进行消毒,以及确保运输工具及排放口在排放完成后再次进行消毒。

同时,浦东机场定期检查和维护污水处理设备设施,确保其正常运行和清洁卫生。还会对污水处置人员进行相关操作、安全防护和应急处置方面的培训,确保处置过程的安全性和有效性。此外,浦东机场积极参与污水处理方面的研究和合作,与国内外专家和机构进行交流和合作,提高污水处理技术和设施水平。

此外,在污水处理的各个环节,浦东机场都会对污水进行严格的监测,确保污水水质符合国家相关标准。例如,为了防止病原微生物的传播,浦东国际机场对污水进行了严格的消毒处理。使用的主要消毒剂是氯,它可以杀死污水中的细菌和病毒。经处理后的污水中的余氯量一般不超过 0.5 mg/L。此外,根据监测数据,污水排放中的化学需氧量(COD)为 412 mg/L,超过了三级排放标准的 1.37 倍;五日生化需氧量(BOD₅)为187 mg/L,超过了三级排放标准的 1.24 倍;氨氮为 33.7 mg/L,超过了三级排放标准的1.35 倍;悬浮物为 288 mg/L,略微超过标准(未超标);油类则没有超过标准。

浦东机场对油污处理设备进行了升级改造,采用了先进的油污分离技术,能够更加有效地将油污与废水分离。同时,机场还增加了油污处理设备的数量,确保能够及时处理航空器及地面车辆产生的油污,2022 年 9 月,浦东机场开始尝试运用市场化经济杠杆倒逼航司加强油污泄漏自我管控,自实施以来未再发生机坪大面积泄漏事件。此外,浦东机场卫星厅聚集了约 50 家品牌餐饮,为了避免各餐厅厨房因共用排水管道和隔油处理设备,而引起相互干扰且责任分辨不清的情况,设计采用了成品一体化油脂分离设备,其设备内部设有固体残渣拦截、加热、油水分离装置,大大减少了机房的面积。对于位于中间部位的隔油机房内,由于不能靠重力直接排至室外总体排水管道,还需在一体化油脂分离器之后增设一体化提升装置。整个隔油处理和提升设备都采用全密闭结构,大大降低了异味扩散。成品一体化油脂分离设备无须对废油、废渣进行人工清理,废油、废渣可自动收集于容器内,简化了日常维护工作、减少了对周围环境的影响。此外,卫星厅餐饮厨房排水管采用了耐高温排水塑料管道,改变了以往浦东机场航站楼厨房排水使用排水离心铸铁管的历史。

2)光污染防治

浦东机场对航站楼和周边区域的照明系统进行了合理规划,尽量避免过度照明和不适宜的灯光投射。在航站楼外部,采用柔和的投光灯和节能灯具,降低光污染。在跑道和滑行道上,安装了航空障碍灯和跑道边灯,确保满足飞行安全需求。同时,浦东机场对航站楼内的灯光照度进行了控制,避免过强的灯光照射对旅客和员工造成不适,并且对航站楼外部的灯光照度进行了规范,确保不会对天文观测产生干扰。此外,浦东机场在航站楼外部安装了遮光罩和反射板,以减少夜间灯光对周边环境和天文观测的影响。这些装置能够有效地将多余的光线反射回大气层,减少光污染。

3)除冰液使用与处理

浦东机场根据航班运行需求和气象条件,合理规划除冰液的使用,使除冰液的使用量减少了 20%。例如在冬季等冰雪天气下,机场会根据航班计划和机场路面情况,合理安排除冰液的喷洒时间和区域,确保飞机起降安全。同时机场环保型除冰液的使用率达100%,不仅具有较低的腐蚀性和毒性,能够有效地去除冰雪,同时能减少对环境和机场设施的损害。机场还建立了除冰液使用与处理监测评估机制,定期对除冰液的使用和处理情况进行监测和评估,并通过对除冰液处理设备定期进行检查和维护,成功将设备故障率降低了 50%,且确保除冰液能够得到有效的处理和回收。此外,机场还建立了除冰液使用与处理记录,详细记录了除冰液的使用量、使用时间、处理方式、回收量等信息。通过记录和分析这些数据,机场能够更好地掌握除冰液的使用和处理情况,为后续的优化和管理提供参考。

2. 环境管理

1)噪声管控

在浦东机场的总体规划的历次修编中,都将航空噪声环评作为重要工作内容,充分利用机场噪声环评结果,优化、调整机场总体规划,使其在削减机场噪声影响方面切实发挥作用。

首先,浦东机场通过场址的合理确定和调整来控制机场噪声,将远期机场噪声影响区域集中到了海上。同时,由于机场东侧滨江临海,所以就其噪声影响来说,越靠西侧的跑道对周边影响越大。因此,浦东机场通过压缩第一、三跑道间距,明显减少了机场以西侧区域的噪声影响。另外,第二、四跑道具有靠海的优势,因此起飞和进近航道都可通过飞行程序设计向海上偏移来减少噪声影响。

其次,浦东机场在噪声影响削减方面,自觉运用"相容性规划"这一利器,并收到了良好效果。针对《机场周围飞机噪声环境标准》(GB 9660—88)在噪声适用分区划分过于简单的缺点,浦东机场对航空声级异常利用方式进行了相容性分析。通过分析,将机场周围土地进一步划分为 A、B、C 三个区域。A 区域,声环境较好,属于 I 类区域,适于各种城市建设,但要注意建筑高度不能超过机场净空标准以免影响飞行安全;B 区域,声环境一般,在不影响机场运营条件下,须采取某些措施方能用于城市建设;C 区域,声环境较差,不允许建设居住区、学校和医院,对其他建筑需增加防护措施,并符合机场净空限制要求。在此基础上,制订了机场噪声与土地使用的相容关系,并在周围地利用规划中予以实施,从根本上解决了机场周边的噪声影响问题。

除了采用规划的方式,浦东机场还采取了多种具体措施,并制定了机场运行的标准和相关政策来进行噪声管控:

- 通过飞机起降时刻的合理安排,减少对某一地区的集中干扰。例如,在起飞后和着陆前,飞机进行转弯以避开居民密集区。
- 机场还要求进港飞机需要采用多级进近飞行,尽可能晚一些降低飞机高度,以减少对地面的噪声干扰。
- 将飞机维修实验场与机场隔离,以减少飞机维修实验场产生的噪声对周边环境的影响。
- 对噪声超标的飞机采取限制措施,不允许其起降,以减少噪声对周边环境的影响。
- 建立了完善的噪声监测系统,对机场周边的噪声进行实时监测和记录,及时发现和解决噪声污染问题。该系统可以监测到机场周边约 30 km² 范围内的噪声水平。
- 通过媒体、宣传册、讲座等方式,向公众宣传机场噪声管控的重要性和相关措施,提高了公众对机场噪声管控重要性的认识和理解,增强公众的环保意识和参与度。
- 积极与周边社区进行沟通和协商,建立畅通的沟通渠道,及时解决噪声污染问题,缓解周边居民的不满情绪。据反馈,与周边社区沟通协商后居民满意度提高了约 20%。
- 开展科研和研发工作,积极探索新的技术和方法,提高机场噪声管控的能力和水平,使机场周边噪声水平降低了约 5 dB。

2）大气污染排放管理

浦东机场在大气污染排放方面采取了多项措施,使大气污染物排放应符合相关国家和地方标准、行业标准及地方政策法规的要求。如《大气污染物综合排放标准》《上海市固定源大气污染物排放标准》等。机场运营过程中产生的废气、废水和固体废弃物等经过处理后,各项指标均符合相关标准要求。浦东机场在运营过程中严格执行航空行业的排放标准,如《民用机场运行环境保护技术标准》等。例如 2020 年浦东机场化学需氧量、氨氮、总磷等主要污染物排放浓度分别为 110 mg/L、11 mg/L 和 2.5 mg/L,均低于国家和地方的相关标准限值。

目前,浦东机场公司防治污染设施设备运行正常。其中,13 台低氮燃烧工艺的燃气锅炉,采取烟气外循环降氮技术(FGR 技术),改造后氮氧化物排放标准 30 mg/m$^3$,远低于上海市要求的 50 mg/m$^3$,二氧化硫低于 10 mg/m$^3$,颗粒物低于 10 mg/m$^3$,烟气黑度(林格曼黑度)低于 1 级;1 台燃气轮机-余热锅炉系统用于防治大气污染,排放物浓度均符合相关标准,即氮氧化物低于 50 mg/m$^3$,二氧化硫低于 10 mg/m$^3$,烟尘低于 5 mg/m$^3$,烟气黑度(林格曼黑 kW·h)低于 1 级。餐饮油烟排放 100% 达标。

在废气自行监测方面,建设完成锅炉尾气在线监测系统等信息化管控平台,针对有组织排放锅炉废气、燃气轮机废气的排放口,对氮氧化物、二氧化硫及颗粒物采用烟气在线监测,烟气黑度每季度采用一次手工检测,针对厂界及储油罐周边无组织排放非甲烷总烃每季度均采用一次手工检测。

3）水质管理

由于机场运行限制、水塘泥沙淤积、河道断流等问题,浦东机场曾经长期存在一些难以消除的劣五类水体,成为碧水攻坚战的硬骨头。为开展全方位水环境污染治理,浦东机场近年来实施了排口封堵、源头管控、综合施策三大行动,有效减轻污染、节约资源,建设景观水体,大幅提升浦东机场水环境“颜值”。目前已经实现所有河道断面消除劣五类水体的目标,围场河水质从 V 类稳步提升至 IV 类水,机场年度综合水质已达到 III 类水体标准。

机场利用汛期河道低水位,深入开展河道排口排查,杜绝潜藏在常水位以下的暗管排口,先后封堵各类排口 78 个,从源头上堵截了河道污染;累计清查、处置机场范围内的雨污混排疑似点 50 余处,加快推进 7 座沿河雨水泵站截流改造工程,阻断污染源入河途径。特别是在 2020 年,浦东机场将新冠疫情冲击造成的航班运行低谷期,变为机场水环境整治的窗口期,对飞行区等通常情况下处于繁忙运行状态、作业不便的区域河道,开展清淤治理,累计清淤量超 4 万 m$^3$,为机场劣五类水体的最终“清零”提供了有力支持。

与此同时,浦东机场已完成随塘河专项治理工程,这些河道往往并不与机场整体水系有效连接,有“断头”现象,因此自净能力较差。浦东机场通过生态修复、格栅净化、种植水生植物等方式,对河水进行净化处理,逐步改善断头河道水质治理,并帮助其建立生态自净能力。

4）固废管理

浦东机场在固废管理方面采取了多项措施,旨在确保机场的固废得到妥善处理和处置。

浦东机场设立了专门的固废管理机构,负责固废的日常管理和监督工作。该机构配备了专业的技术人员和设备,具备对固废进行分类、检测、处理和处置的能力。并建立了完善的固废管理制度,包括《固废分类与处置管理办法》《固废污染防治责任制度》等规章制度。这些制度对固废的分类、收集、运输、处理和处置等方面进行了明确规定,确保了固废管理工作有章可循、有据可查。同时,机场还将固废管理工作纳入绩效考核体系中,对相关部门和人员进行考核和激励。通过实施严格的考核制度,确保固废管理工作得到有效落实。

浦东机场实施了固废全过程管理,从固废的分类收集、运输到处理和处置,每个环节都得到了有效控制和管理。在分类收集方面,机场设置了明显的分类收集容器和标识,并配备垃圾分类引导员进行引导,确保旅客和员工正确分类投放垃圾。在运输方面,机场采用了密闭式运输系统,确保垃圾在运输过程中不泄漏、不污染环境。在处理和处置方面,机场采用了多种处理技术和设备,包括垃圾焚烧、填埋、资源化利用等,实现了垃圾的无害化、减量化和资源化利用。

为有效解决生活垃圾分类工作推进过程中存在的单位间职责界限模糊、人员监管困难的问题,场区管理部按照“谁产生、谁负责”的工作原则,通过与驻场单位签订《场区垃圾收运交付点管理责任协议书》和《浦东机场地区单位生活垃圾分类责任承诺书》的方式,明确了垃圾收运交付点管理职责;通过与驻场单位签订《机场地区卫生责任告知书》的方式,确认了卫生责任区管理边界。通过三年多垃圾分类管理工作的持续推进,浦东机场垃圾分类管理工作已经实现了集中整治向常态化管理的转变,生活垃圾达到 100％分类。在上海 2021 年上半年生活垃圾分类第三方测评中,浦东机场荣获交通枢纽类第一名的好成绩;同年,荣获上海市生活垃圾分类“百佳窗口”荣誉称号。

浦东机场的国内民航机场首个有机湿垃圾无害化处置中心已经于 2023 年 6 月投入使用,其集成湿垃圾处置、垃圾分类科普教育、绿色机场示范展示功能为一体,总建筑面积达 949.69 m²,湿垃圾日处理量达 30 t。该湿垃圾处置中心采用先进的微生物降解处理技术,在短时间内将湿垃圾酶解消化成水,再由后续污水处理系统处理达标排放。湿垃圾处理后仅剩少量残渣、缩小 95％的湿垃圾体积,实现了湿垃圾源头的无害化、减量化,具有效率高、占地小、能耗低、排碳量低等特点。

浦东机场对危险废物进行了严格管理。2020 年浦东机场共产生危险废物约 5 000 t,其中 98％得到了妥善处理和处置,符合国家和地方的相关要求。至 2023 年 9 月,所有电子废弃物、危险废弃物达到 100％合规处置;浦东机场积极推进资源化利用工作。2021 年浦东机场共实现资源化利用的固废数量约 1.2 万 t,资源化利用率超过 80％,为机场的固废减量化、资源化和无害化处理作出了贡献。

## 8.4.2　环境优化

### 1. 环境相容

1) 生态保护

浦东机场始终注重生态保护和恢复工作,例如,积极开展生态恢复工作,对破坏的生态环境进行修复,促进生态系统的稳定和可持续发展,并在建设和运营过程中注重生态补偿,例如在飞行区工程中,对因施工而破坏的植被进行补偿种植。同时,采用生态湿地、人工净化等自然处理方法进行处理雨污,以减少对环境的影响,并全面构建清水型生态系统,针对部分水质不稳定的河段,采用生物措施修复水生态,净化河湖水质,包括新建超过 6 万 m² 的沉水植物群落,有针对性地削减氨氮、总磷等元素,稳定河湖水质。此外,浦东机场于 2022 年引入无人作业设备投入生态治理测试,较传统"人工 + 机械割草"成本降低约 10%,人工降低约 20%。

由于环境适航的要求,机场对其周边生态环境是有选择的。对动植物生存有利的生态环境不一定适合机场的建设与运行。因此,机场建设与运行有时必须在环境适航和环境保护之间求得良好的平衡。浦东机场一期工程中的"种青引鸟",在保证环境适航的同时也巧妙兼顾了鸟类的生存、栖息和繁衍,堪称机场建设中的生态佳话。

机场建设者将处理场址鸟类问题首先视为一个科学研究课题,而不是简单的工程问题,充分体现了人对自然环境的极度关怀,对机场建设环境影响的高度重视。由于浦东机场建设将占用大片沿海滩涂湿地,同时机场建设必将带动周边地区的开发,如办公、住宅、仓储、物流、航空制造业、交通设施等,使广阔的自然植被、农业植被等农田林带环境被破坏,导致鸟类失去植被保护,生存环境恶化,丧失生活及栖息场所。因此,为此经多方论证,建设指挥部最终采取九段沙"种青引鸟"生态保护方案,通过种植生命力较强,有助于江沙淤积的芦苇和互花米草两种植物,将原来在沿海滩涂活动的鸟类吸引到不远处的九段沙上,从生态环境规划和治理角度实现了"保证机场运行安全、保护候鸟活动自由"的双赢目的,为原来浦东东滩栖息、迁徙的鸟类营造了温馨的家园。

同时,浦东机场鼓励员工积极参与植树节和净滩护堤等绿色公益活动,加强生态环境保护宣传和引导,不断提高社会公众的环保意识,在社会营造关注、支持和参与保护生态环境的良好氛围。2022 年 9 月 26 日,浦东机场以"同心喜迎二十大,净滩环保我先行"为主题开展净滩护堤活动。志愿者们通过捡拾 206 袋、重约 2 817 kg 的泡沫塑料等难以自然降解的海洋垃圾,传递绿色发展的理念,筑牢生态环境安全底线,建设和守护"水清、河畅、岸绿、景怡"的浦东国际机场。

2）环境规划

首先，在环境管理制度方面，机场始终重视环保工作，坚守"环保合规"的红线，注重环保工作的主动性、积极性与自觉性，以"遵纪守法、节能降耗、预防污染、绿色服务、持续发展"为环境方针，制定了环保管理制度，明确了各项环保管理要求和标准，并已形成目标导向清晰、区域管理明确、实时质量监控、项目建设支撑于一体的闭环管理系统。同时，生态环境保护被纳入浦东国际机场场区管理部绩效考核重点指标，并成立了生态环境管理小组，建设完成场区环境监测系统，针对"水、气、声、渣、土壤及地下水"等各类污染源积极开展治理与防范工作，取得了显著成效。将涉及危废（废汽轮机油）、餐饮油烟、废弃油脂、生活污水等分门别类编制台账，做了记录并张贴了相关标识标牌。且已取得由中华人民共和国生态环境部监制、上海市浦东新区生态环境局印制的《排污许可证》（有效期自2019 年 12 月 30 日起至 2024 年 12 月 29 日止）。此外，浦东机场公司还制定了《浦东机场突发环境事件应急预案》，对可能产生的突发环境事件、环境风险进行了分析，编制了应急组织体系、企业内部预警机制、应急处置流程、后期处置流程、应急预案演练、培训及奖惩机制等内容。《环境应急预案及编制说明》《环境风险评估报告》《应急资源调查报告》《环境应急预案评审意见、专家意见及修改说明》等应急预案配套资料已在上海市浦东新区生态环境局进行了备案。

其次，在机场排水与区域水文环境规划方面，由于浦东机场位于长江三角洲前缘冲积平原，场址地势平坦，地面高程为 3.4～4.3 m，周边水文环境十分复杂和脆弱。场附近河网密布、运河交错、沟渠纵横，有大量河道和水利灌溉设施。机场的兴建和存在，必然要在一定程度破坏原有环境并常年向外大量排水，对机场附近的自然水系和农耕灌溉系统造成严重影响。对此，机场充分利用位于长江口的地理优势和处于水流末站的有利条件，借助原有河道进行了二级排水系统的巧妙设计，使机场形成了相对独立的排水系统，既彻底解决了机场本身排水问题，还产生出相当显著的环境保护效益，突出体现在以下三个方面。

（1）保护机场周边的水文环境：在通向长江的机场南、北出口，各建泵闸一座，用来维持常水位，大大减轻了机场周边区域排水负荷，且未对周边区域河网、运河和沟渠等水文环境造成影响。

（2）改善机场周边农田排灌条件：考虑到机场与周边地区耕田、水环境的联系，在江镇河白龙港、人民塘随塘河各设一个节制闸，通过节制闸与外界水系相互贯通，调节水量并改善水质，进而改善周边区域农田灌溉条件。

（3）机场围场河的环境改善作用显著：围场河不仅可作为机场排水系统的调蓄池与"屏障"，还可美化机场环境，及吸附、消解大气污染物，并在一定程度上改善了机场小气候，削弱热岛效应。

2023 年 3 月，浦东机场四期二级排水改扩建工程正式开工。工程主要内容为新改建河道 6.6 km,扩建调蓄湖 10 万 m²,新建护岸 12.3 km,新建节制闸 3 座,新建保洁码头 1 座,新薛家泓泵闸增容 30 m³/s 的泵站 1 座,同步实施防汛通道、人行步道、绿化及水生态工程。区域内河道总体布局为"一环一湖六支",服务机场四期扩建工程建设。本工程填埋部分南围场河,为四期建设提供用地;南扩"一环",形成新的围场河;西扩"一湖",加强区域调蓄能力;新建闸站,构建全新水系调度体系。该工程的实施标志着浦东机场除涝标准开始由 20 年一遇逐步提升至 30 年一遇,国际枢纽航空港的水安全将更有保障。同时,新建的河湖水系及相应的引排水体系构建后将能更有效地调节机场区域地下水位,确保机场区域地下水位标高在跑道地下结构以下,避免地下水侵蚀和跑道沉降,保障航空器运行安全。此外,为进一步提升区域水环境,该工程拟全面构建清水型生态系统,通过水生态修复措施可以提高河湖自净能力,营造水下森林效果的同时涵养水体,为周围水系提供清洁水源。

3) 净空管理

浦东机场根据相关法规设立了障碍物限制面保护区,具体范围包括东边界:长江南漕航道以西;南边界:东大公路以北;西边界:上海绕城高速(G1501)、大川公路连线以东;北边界:上川路(东延长至海边)以南。在这个保护区内,任何可能影响飞行安全的高度超过机场净空限制高度的障碍物都会受到限制和管理。同时,在机场和周边一定区域范围内,机场管理部门会严格审批和控制施工计划和设备摆放,确保它们不会影响飞行安全。并且浦东机场安排专门人员定期巡查机场周边区域,及时发现和排除可能影响飞行安全的障碍物。浦东机场还通过多种途径加强净空管理方面的教育和宣传,提高员工和旅客对净空安全的认识和重视程度,并对周边区域的居民和企业宣传净空管理的要求和重要性。此外,浦东机场管理部门与相关部门合作,对无人机进行实名登记和审批,确保无人机的飞行活动符合净空管理要求,以及建立了无人机监控系统,对无人机进行实时监控和管理,使无人机干扰事件减少了约 80%。同时,浦东机场采取了一系列措施来控制烟雾和粉尘的产生,包括禁止燃烧垃圾和农作物等产生烟雾的行为,以及加强对施工工地和工业企业的监管,减少粉尘的产生和排放,使周边区域的 PM2.5 浓度下降了约 30%,空气质量得到了明显改善。

4) 电磁管理

浦东机场在建设和改造过程中,注重电子设备和系统的布局和设计,以减少电磁干扰的影响。例如,合理设置天线位置、优化电缆布线等,以避免因布局不合理引起的电磁干扰问题,并且建立了电磁环境评估机制,评估内容包括电磁辐射强度、频率范围等参数,以确保机场内部的电磁环境符合相关标准和规定。同时,机场管理部门通过对相关设备进行测试、评估和兼容性审查,确保其电磁兼容性符合要求以及不会对现有系统和设备产生干扰。浦东机场还设立了电磁干扰监测系统,对机场内部的电磁环境进行实时监测和记录,为机场管理部门提供快速响应和处理的依据。此外,浦东机场对于一些重要的电子设备和系统,采取了电磁屏蔽措施,包括在设备周围设置金属屏蔽网、采用屏蔽线缆等,有效降低了电磁干扰对设备的影响,并在一些重要的电子设备和系统中使用了滤波器,以减少电磁干扰的影响,提高了设备的稳定性和可靠性。

5）机场鸟防

浦东机场地处东亚及国内多条候鸟迁徙路线,东侧是海洋滩涂,周围有村庄、林地、鱼塘和草坪等,整体生态环境适宜野生动物生存,区域内活动鸟类约 185 种。机场鸟击高危肇事鸟种主要为鹭类(白鹭、夜鹭)、鸽鹬类、家燕、环颈雉、家鸽以及红隼,分属不同的类型,有过境迁徙鸟(鸽鹬类),有繁殖鸟(鹭类),还有留鸟(家鸽)及猛禽,高峰期间飞行活动的鹭鸟在 3 000 只以上。

浦东机场鸟击防范工作组织机构健全,规章制度较为完善,2012 年就确立了"机场内部生态驱鸟与强制驱鸟相结合,锥形面内生态驱鸟,锥形面外生态引鸟"的总体工作思路,以及采用"引驱结合防治并重"即"引、治、驱"三管齐下的生态驱鸟方法。多年来,浦东机场逐步形成了以环境整治、生态驱鸟为主的鸟击防范模式,系统部署了"生态治理、源头管控、防驱并举、标本兼治"的综合防治措施,综合应用了多种鸟击防范技术措施。在飞行区的敏感区域,通过发射驱鸟炮、播撒驱鸟剂、安装驱鸟网等防治体系实施具体措施对鸟类进行驱赶和捕捉,对进入飞行区内活动,影响航空器安全运行的鸟类如国家二级保护动物等,通过定向声波、煤气炮等无害化手段对鸟类进行驱赶,避免对鸟类造成伤害。同时,机场持续开展了全面的鸟情生态环境调研,为各项工作的开展提供了科学依据。此外,机场始终保持积极探索、深化研究的精神,通过精益运营、持续改进等手段,全面深化鸟击防范管理工作,实现"让鸟儿与飞机共享蓝天"的美好愿景,并为机场鸟击防范工作提供了重要的管理案例。

首先,实施了包括对鸟情、草情、虫情和水情实施多维度管理。

机场鸟类活动的根源在于机场环境对鸟类的吸引,包括鸟类适宜的栖息地、营巢地、吸引鸟类的食物、水源等因素。项目组从鸟情、草情、虫情、水情四个维度实施风险管控,实施常态化监控、分级报警、异常处置及专业防控。

- 常态化监控:设置鸟情、草情、虫情及水情监控点,按地形、植被类型、运行情况将土面区划分为 15 个监测区域、75 个监测点。
- 体系化支撑:机场在飞行区周边 20 km 扩展设立了鸟防核心区、鸟防警戒区、鸟防监控区 3 道防线。在外围的警戒区和监控区,机场各部门和各驻场单位互相协作,为驱鸟提供信息与作业支持,并形成 14 个地块的"一地一策"系统性治理方案。
- 分级报警:以鸟情为例,数据每三天更新一次,鸟的数量以 5 只、50 只、1 000 只为限值,实施分级管理。
- 异常处置:以草情为例,当监控数据超出标准时,启动异常处理流程。

- 专业防控：以虫情控制为例，根据资料及调查数据，确定重点控制的虫类；结合监控、预警数据，由农科院专家指导，选择高效的农药在合适的时机进行有效灭杀，兼顾环境和资源保护。浦东机场鸟情团队还把紫外线杀虫箱搬上机坪、通过分析杀灭情况，调查机坪昆虫品种，为"治虫"提供依据；下一步他们还计划引入能自动拍摄图片、AI 读图判别品种、具备数据记录分析功能的自动杀虫箱，进一步提升科研效率。

其次，建立了委外管理作业进度监控、委外作业进度质量监控、委外异常处理流程及委外项目的验收考核机制。

再次，加强了人工作业管理，包括：

- 制定《生态净空管理口袋手册》，明确鸟击防范作业标准、安全作业规范以及安全操作作业要领书等，现场作业人员的手册覆盖率达 100%。
- 提出"由驱转防、源头管控、多维度治理"防总体思路，创新"环境整治、生态驱鸟"为主的鸟击防范模式，实现了安全运行和保护生态环境"双赢"。

## 2. 景观绿化

### 1) 雨水径流控制

在控制雨水径流方面，浦东机场建立了完善的雨水收集系统，覆盖了整个场址区域，包括机场跑道、停机坪、航站楼、停车场等区域。该系统由雨水收集池、泵站、输水管网等组成，可以有效地将各个区域的雨水收集起来。同时，为将航空运输受洪涝灾害的影响降到最低，浦东机场建设了体量可观的除涝系统。主要蓄洪设施有 8 座飞行区雨水调蓄池（总蓄水容量 50 万 $m^3$）、环绕浦东机场长达 43 km 的人工河（最低蓄水容量 300 万 $m^3$）以及面积 150 $m^2$ 的人工湖（最低蓄水容量 270 万 $m^3$）。以上三大蓄洪设施彼此连通，共同担负着浦东机场 4 000 万 $m^2$ 区域内的雨水调蓄、输送和排海重任。

此外，浦东国际机场场区管理部共管辖雨污水泵站总计 23 座，其中雨水泵站 13 座、污水泵站 10 座，负责场区范围内的雨水收集、排放以及年度防台防汛等工作。2020 年，浦东机场对雨水泵站、出海泵闸进行了信息化改造，在围场河、水位监控设施、重点路段和积水区域设立了电子水尺，并通过 4G 网络接入智慧防汛平台，连接起了完整的防汛神经元网络。

### 2) 机场绿化

浦东机场其土地或是毗邻大海、或是直接填海而来，大量都是基础条件不佳的盐碱地，但开航 20 多年来，浦东机场通过引入科研力量，持续探索改良土壤，积极植树营造绿色环境，探索出了有空港特色的绿化建设之路，并多次获得"上海市花园单位"荣誉称号。

多年来，浦东机场主体管理单位由上海国际机场股份有限公司成立了以总经理任组长,各职能部门及下属运营单位担任组员的工作团队,对标花园单位,持续改进绿化建设的薄弱环节,切实提升"绿色机场"打造能力。针对浦东机场土壤盐碱量大、不利于植物生长的情况,机场与上海市园林科研所建立了长期合作关系,每年对土壤土质进行检测分析,稳步实施改良,迄今已持续对启航路、东启航路等土壤不利于植物成长的 20 处重要地块,实施了营养土培育,并改良香樟、月季、杜鹃、雪松等苗木品种 20 余类,克服了先天不足,形成良好的植物生长环境。

浦东机场作为重要的国际航空枢纽港,与其他行业、单位、社区相比,在绿化建设上还有着更多的限制:绿化所用的植物,既要考虑环保和景观,还要考虑到生态驱鸟、避免在飞行区形成外来物等涉及航班安全的环节。因此,浦东机场通过科学评估机场区域鸟击活动风险,划分出了高风险区、中风险区以及低风险区。高风险区种植抗性强的地被植物,不种植乔木。中低风险区优先迁移原有林木作为补建林用苗,以小块面、带状混交林为主,确保林冠线高低错落,避免树荫连片,降低鸟击风险。工程设计了"潺光""环翠""知音"三大景观分区主题并配置针对性植物品种。

为确保飞行安全,浦东机场飞行区绿化功能定位为草坪,经逐步调整,确立了以人工种植的狗牙根为主的植物群落,既能在日常形成绿化,又能在每年秋季到岁末年初的候鸟迁徙高峰变黄、落叶,避免庇护蜗牛和昆虫越冬,防止产生吸引鸟类的食物来源。

在机场工作区、候机楼周边区域和机场的交通主干道启航大道沿线,浦东机场则积极改良土质和苗木品种,设计景观,形成"一轴多线"和"春景秋色,四季有花"的精品绿化。

## 8.5　运行高效

### 8.5.1　航空器运行

#### 1. 保障航班正常率

为了保障航班的正常放行,浦东机场进一步完善考核标准,将航班起飞正常率、机场放行正常率、始发航班起飞正常率和加权平均值列为机场航班正常运行协调目标,并完善了相关指标统计规则。为了落实考核指标,浦东机场不断投入资金,提升基础设施的质量和水平,以确保航班的正常运营。例如,浦东机场的跑道、停机坪、航站楼等设施都得到了升级和维护,提高了设备的可靠性和安全性。并且机场航班计划与调度团队会根据航班动态、气象条件、安全保障等因素进行综合分析,制定合理的航班计划和调度方案,避免航班延误和拥堵,以确保航班的正常运营,以及采用先进的空中交通管制技术和设备,提高航行的安全和效率。

同时,浦东机场的地面服务保障团队会提前做好飞机维修、加油、装卸货物等准备工作,确保航班的按时起飞和到达浦东机场拥有一套完善的安全保障体系,包括机场安全检查、消防救援、医疗急救等环节。这些环节都配备了专业的人员和设备,以确保旅客和航班的安全。浦东机场还协调转移了部分停飞的飞机,增加本场可用周转机位加大新技术推广应用。

浦东机场针对各种突发事件制定了详细的应急预案,包括飞机故障、恶劣天气、恐怖袭击等事件。这些预案确保机场能够在紧急情况下迅速响应并采取有效的措施,保障航班的正常运营和旅客的安全出行。当发生航班延误时,会组织两场运管委制定航班延误原因裁定工作机制和流程,并邀请运管委各成员单位共同参与延误原因裁定。

尤其值得一提的是,浦东机场通过协同决策 A-CDM 系统(Airport Collaborative Decision-making)建设,实现了机场、空管、航空公司等相关方之间的协同决策,并在 2018 年全国 3 000 万人次以上机场的机场协同决策系统评估考核中获得最高级别的 A 级评定,使 2017 年考核中年航班正常率由 67.84% 上升至 84.81%,出港滑行时间由 24.11 分钟缩短至 18.96 分钟,平均出港航班平均延误时长由 22.6 分钟缩短至 8.3 分钟。至 2023 年上半年,浦东机场的航班放行正常率达到 92.44%。

### 2. 保障近机位与航班靠桥率

由于浦东机场是目前中国民航出入境客流量最大的航空枢纽,国际航班多、E 类和 F 类的大型宽体客机多,这些航班往往需要更长的靠桥时间,如果机场在运行效率上缺乏有效手段,也可能导致廊桥过长时间占用,影响其他航班。T2 航站楼的登机桥设计在造型上采用了新颖的 V 形(剪刀形)固定登机桥设计,国际旅客可使用一条长约 50 m 的斜桥连接 4.5 m 标高的固定端,再通过活动桥上下飞机,国内旅客则沿垂直于航站楼的较短的直桥上下飞机,由此达到国际、国内旅客分流的目的。同时,浦东机场通过创新,在每块机坪区都专设了一个拖曳周转机位,用于让到港后需要较长间隔才会再度出港的飞机,临时离开廊桥、拖曳于此。由于周转机位就在距离廊桥不远的本机坪区域,因而实现了既提升廊桥利用率、避免虚占,又尽量减少长距离拖曳飞机带来的安全隐患。对于波音 747、空客 A380 等载客数量尤其多的 E 类、F 类客机,浦东机场还通过 E/F 类桥位"双人双靠"等保障举措,为每架这类飞机同时接上 2 座廊桥,以此提升上下客效率,将靠撤桥时间平均缩短 2 分钟,由此,浦东机场典型 E/F 类混合桥日均周转率提升至 9 架次/桥位,还方便了旅客尽快上下飞机。

卫星厅启用后,廊桥机位数量从 73 个增加到 163 个,其中有 36 座环绕中央核心区的三层国际国内可灵活切换的混合廊桥。混合廊桥是当前国际机场比较先进的一种做法,其最大优势在于可以灵活切换,既可以停靠国际进出港航班,也可以停靠国内进出港航班,从而提高机场廊桥利用率。卫星厅启用后,浦东机场靠桥率由原先的 50% 提高至

90%,国际地区客班靠桥率基本保持在 95% 以上,相比功能单一的登机桥每年可多处理 700 万人次的旅客量,并且旅客基本不再需要乘坐摆渡车上下飞机,出行品质得到进一步提升。

2022 年,浦东机场对飞行区机位、航班、滑行道、跑道等资源和业务规则进行了全方位的整理、更新和优化,将集成系统中的机型数据覆盖率由 60% 提升至 100%,航司数据覆盖率由 42.3% 提高至 100%,新增约 2 千条的运行规则。通过提升自动化资源配置能力,在安全运行为首要原则的大前提下,浦东机场完成全部机位资源分配和确认仅需 30 分钟,约为升级前的 16.7%。2023 年,在国际航班持续恢复的背景下,浦东机场依托前期给力的硬件建设,有力确保了 9 成以上的靠桥率。

3. 保障机场地面运行效率

浦东机场通过加强飞行区地面服务保障,包括机务维护、加油、清洁、安全检查等环节,以及优化服务流程、增加服务人员、提高服务质量等方式,减少了飞机在飞行区的地面停留时间和延误时间,使地面服务保障效率得到了显著提高。同时,浦东机场采用智能化监控和管理系统,通过安装传感器、摄像头等设备,实现了对飞行区的全面监控和数据采集,及时发现和解决潜在的安全风险和问题。此外,浦东机场与空管、航空公司等相关单位建立了协同决策机制,通过,及时获取航班动态、气象信息、地面资源情况等数据,实现了信息共享和协同运行,更好地保障了各单位之间的协调运行。并且,机场建立了完善的应急响应机制,加强了与相关单位的应急协调和联动,确保在发生大面积航班延误或其他紧急情况时能够及时采取措施,保障旅客的安全和出行。2022 年,浦东机场探索构建了航班运行效率评价指标体系,并通过细化航班地面保障、推出、滑行、CDM 时间等运行关键指标,研究建立了基于指标体系的考核机制。

## 8.5.2　地面交通运行

1. 机场内部交通规划与绿色交通出行

在机场交通系统规划方面,浦东机场对机场内部交通布局进行了优化,合理安排了道路、停车位、交通枢纽等设施的位置和布局,设计方案保障道路分流、合流合理,减少交织;交通流向简洁,交通引导、指示标志清晰易懂;单向大、小循环交通相结合;最大程度地减少了交通拥堵和延误,从而降低了碳排放。同时,浦东机场坚持公交优先和弹性规划原则,在机场内部建设了绿色通道,方便旅客使用公共交通、骑行、步行等方式前往机场,减少了私人车辆的使用。

浦东机场的航站区进出港道路系统,是机场交通建设的重要组成部分,旅客可由南北两个方向选择进出浦东机场,并均能方便地抵达航站楼出发或到达层。主进场路及两侧辅道北接迎宾大道(A1),南进场路西连东塔高速公路、南接两港大道,南北进出客流互不干扰。浦东机场航站楼主楼(T1、T2)共3层,一层、二层为到达层,三层为出发层。

浦东机场的换乘步行系统,由机场地面交通中心(GTC)步行廊道,通向车库、城市公交站和长途公交站的出入口,以及轨道交通站厅组成。交通中心通过"三横三纵"的空间架构,实现与T1、T2航站楼的连接。机场巴士、长途汽车、地铁、磁浮等前往上海、长三角各地的交通工具乘车入口均位于二层的T1、T2连廊内,连廊长500 m,内部有步行通道连接。换乘系统设计遵循旨在保障乘客安全的"人车分离"原则,充分发挥公交作用的"公交优先"原则,保证舒适性的"便捷性"原则和"满足旅客多元化需求"原则。

浦东机场的人车转换系统,由车道边和楼前停车库组成,采用了由T1、T2航站楼前进出港车道边与GTC两侧公共交通车道边构成的双侧布局式。进出机场航站楼的车流严格按照单向行驶的原则,在航站楼范围内将临时停靠、过境、进出停车库的车辆进行分流,采用"车道边阵列"进行车道边交通组织,采用区段分配法和时间限制法规定停车位置和时间,并对不同车种安排不同的车道边。其按汽车交通类型划分可分为社会车辆专用车道边、公交巴士专用车道边、商务巴士专用车道边、个体型公交专用车道边。GTC通过地下通道或者空中连廊与T1和T2航站楼连接。该模式有利于同类型车辆在GTC双向的港湾式车道边进行短时停靠。其停放车位和车道边长度充裕,车辆可快速进出车道边,可以有效缩短换乘的步行距离和时间,还可以提高旅客出行的便捷性和舒适性。机场内停车场设施较为完备,T1、T2航站楼各设一个楼前停车库,每个车库均为三层,即库顶停车场、半地下层车库和地下一层车库。

此外,浦东机场还采用了电梯和自动扶梯等竖向交通方式,有效解决了旅客换乘方式多样化问题,包括登机口、到达大厅、出发大厅和停车库,均提供了便捷的上下楼服务。浦东机场还提供了自动人行道,方便旅客在登机口、出发大厅和到达大厅之间更方便快捷地移动。

2. 多式联运与机场综合交通规划

浦东机场陆侧服务能力较强,地面交通和轨道交通共同承担客流分流的重担,S1迎宾高速公路、S32申嘉湖高速公路、G1503上海绕城高速公路、上海磁浮列车、上海地铁2号线等快速交通线路构成其地面集疏运交通运输体系。目前机场巴士除一至九号线可涵盖各个商业区及行政区外,还有机场环一线(至机场工作区)和浦东机场守航夜宵线,保证了全天候的运营。机场大巴的线路基本都与轨道交通相衔接,有利于乘客采用轨道交通加机场大巴的模式驶入浦东机场。此外,私家车可达性较好,出租车、网约车发展均衡,基本能满足客流需要。

根据《上海浦东综合交通枢纽专项规划》,"十四五"期间,上海将推进浦东机场四期扩建工程建设和第五跑道投用,卫星厅南侧将规划建设一个面积达 119 万 m² 的 T3 航站楼,设计保障能力 5 000 万人次;同时建设一个面积达 103 万 m² 的交通中心,航站楼与交通中心采用上下叠合方式融为一体,旅客可在此实现零换乘。同时,还将新增国家沿海通道上的铁路上海东站,与浦东机场组合形成浦东综合交通枢纽。浦东综合交通枢纽将统筹各类综合交通要素,形成"高标准、一体化、全融合"的世界级一流综合交通枢纽典范。

围绕浦东综合交通枢纽,轨道交通方面将形成"5 条市域线 + 2 条市区线 + 多条局域线"的规划布局方案。其中,5 条轨道交通市域线分别为:机场联络线、两港快线(南汇支线,暂命名)、机场快线(规划磁浮通道)、东西联络线和沪通线;2 条轨道交通市区线为:轨道交通 2 号线和 21 号线;多条局域线为结合枢纽内部功能转换需求设置内部捷运系统,实现多层次轨道交通在浦东枢纽的换乘互通。

在道路交通方面,将规划形成"三纵五横"的快速集散路网和"十二横十三纵"的区域干路系统,实现对外快速集散,支撑空港枢纽和临港新片区机场南侧片区的服务功能。其中,"三纵"分别为绕城高速(G1503)、浦东机场南北进场路-两港大道和滨海快速路(暂命名);"五横"分别为龙东大道、华夏高架路、迎宾高速(S1)、闻居快速路和申嘉湖高速(S32)。

3. "一市多场"的轨道交通衔接与"一场多楼"的衔接

根据上海市政府公告,机场联络线被列入 2021 年上海市重大建设项目清单,连接了上海市的多个重要地区,包括浦东机场、虹桥火车站、七宝、华泾、三林镇、张江、上海迪士尼度假区等。该线路全长 68.68 km,共设有 9 个车站,预计将在 2024 年建成投入使用。建成后,它将与多条既有或规划中的轨道交通实现方便换乘,并可与国铁无缝对接,实现沪宁铁路通道和沪杭铁路通道向浦东地区的延伸。该联络线将采用 8 辆编组 CRHF 型动车组,预计将采用 4/8 节编组市域 C 型列车(CRH3A-A)最高运行时速为 160 km。

同时,浦东机场卫星厅与航站楼之间通过旅客捷运系统无缝衔接,是全球首家将城市轨道交通钢轮钢轨制式列车运用于机场空侧交通的机场,也是境内首个实现 24 小时不间断运营的捷运系统。捷运系统长约 7.8 km,东线连接 T2 航站楼与 S2 卫星厅,西线连接 T1 航站楼与 S1 卫星厅,列车车厢采用目前载客量最大的 A 型车,4 节编组,国内和国际车厢各两节,列车最高时速 80 km,单向行程最快 2 分 30 秒,行车间隔小于 5 min。捷运系统采用双线穿梭运行模式,可适应浦东机场全天候运行需要。

## 8.5.3　旅客通行

1. 大面积航班延误应急预案和应急处置措施

浦东机场建立了应急指挥中心,负责在出现大面积航班延误时,快速收集、分析和传递信息,确保各单位之间的协同作战及协调指挥机场各单位开展应急处置工作。同时,浦东机场针对可能出现的不同类型的大面积航班延误,制定了相应的应急预案。预案中明确了各单位的职责、操作流程和协调机制,以确保在紧急情况下能够迅速响应。并且,浦东机场定期组织员工进行大面积航班延误的应急处置培训,提高员工的应急意识和处置能力。培训内容包括航班延误的原因分析、应对措施、沟通技巧等,以确保员工在紧急情况下能够迅速采取正确的行动。通过上述措施,使浦东机场的应急预案响应时间已经从过去的平均 30 分钟缩短到现在的 5 分钟,处理航班延误的整体效率提高了 20%。此外,浦东机场建立了完善的信息通报机制,通过机场内部的通信网络、外部的新闻媒体和官方网站等发布信息,以便各单位及时掌握最新的航班动态和应急处置情况,使信息通报时效性提高了 30%。浦东机场还加强了应急物资的储备和保障工作,通过及时提供备用航空器、备用发动机、备用燃料等,以应对可能出现的设备故障和能源短缺等问题。为了能够及时应对延误时给旅客带来的不便,机场还加强了旅客服务设施的建设和维护,提供了舒适的休息场所、餐饮和医疗服务等。

## 2. 无障碍环境建设

浦东机场提供了大量的无障碍设施,包括无障碍通道、无障碍卫生间、无障碍电梯等。无障碍通道覆盖了机场的主要公共区域,包括航站楼、安检区、登机口等。通道的设计和布局都充分考虑了行动不便旅客的需求,以确保他们能够方便地通行。浦东机场在出发、到达车道边均设有残疾人停车位。出发残疾人车位旁有专用地图、求助电话及使用说明标识。车位至航站楼问询台有盲道连接,问询台专设适合乘坐轮椅旅客的低柜台。流程中凡楼层换层处,一般旅客使用的自动扶梯与残疾人电梯并列布置,易于识别与利用。国际出发每个登机口旁均设一部残疾人电梯,方便就近登机。所有卫生间均有残疾人标准设施,门上设有紧急求助按钮。饮水处、问询处、公用电话等服务设施都有针对残疾人的设计考虑。还有紧急疏散撤离标识以及专为残疾人设计了地面诱导指示灯。每个疏散口设有便于残疾人发现的声光报警装置。为中转旅客服务的计时宾馆,有数量足够的残疾人标准客房。同时航站楼内共设有 165 间无障碍卫生间。这些卫生间配备了防滑地面、带安全扣的婴儿尿布台、净水机、暖奶器等便利设施。部分无障碍卫生间还配备了便于放置哺乳用品的桌子,为携带婴儿的旅客提供便利。据统计,浦东机场无障碍洗手间的使用率达到了 70%,独立母婴室的使用率更是高达 90%。此外,为了方便乘坐轮椅的旅客安检,还配备了独立私密的空间和先进的肢体安检设备,可以方便地对乘坐轮椅的旅客进行全面的安全检查。

## 3. 航站楼旅客流线及标识系统设计

浦东机场在航站楼旅客流线设计方面做了大量的工作,确立了"空间满足最小步行距离标准"和"时间提供最短衔接"的目标,以确保旅客能够快速、方便地完成各项出行流程。

首先,机场航站楼是对功能要求极高的建筑,因此合理的平面布局,明确的功能分区以及便捷流畅的旅客流程是项目设计的核心。例如 T1 航站楼中国际和国内各自完整的运行体系,互不干扰,旅客流程采用进港与出港完全分层的模式,确保出、进港旅客的互不交叉,且流线直接便捷,无迂回曲折,从而缩短了旅客在各个环节的停留时间和行走路线,减少了旅客的误乘和航班延误的概率,从而更有效地提高航站楼的运转效率。

其次,通过细分旅客和流程,提供分门别类服务。包括直达旅客流程(国际出发、国际到达、国内出发、国内到达、国内远机位出发、国内远机位到达),中转旅客流程(国际转国内、国际转国际国内转国内、国内转国际、T1 T2 航站楼之间中转),经停旅客流程(国际间停、国内间停、国内国际间停、国际国内间停),贵宾流程(头等舱、商务舱客人和卡类、会员贵宾,政要贵宾),工作人员流程(进入隔离区流程、进入控制区流程),商品货物和垃圾流程(进入隔离区流程、进入公众区流程)。

此外,浦东机场的航站楼采用了多层设计,使得不同类型和数量的旅客都能够方便地到达相应的登机口(图 8-9)。例如卫星厅的基本旅客流程为国内到发混流、国际分流,采用国际到达在下、国内混流居中、国际出发在上的基本剖面形式,最大限度地节省了空间,降低空间高度和设备基础投入。结合剖面,通过巧妙的登机桥固定端设计,提供了多达35 座可转换登机桥,最大程度地为中转运行提供方便,为打造国际化枢纽机场创造条件;结合大小可变的组合机位,提高机场运行的灵活性。

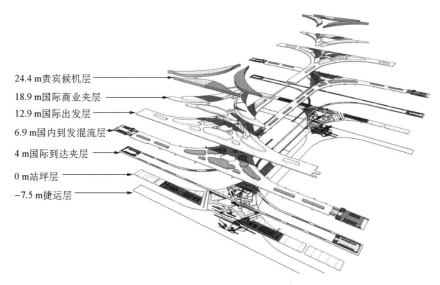

24.4 m贵宾候机层
18.9 m国际商业夹层
12.9 m国际出发层
6.9 m国内到发混流层
4 m国际到达夹层
0 m站坪层
−7.5 m捷运层

图 8-9　浦东机场卫星厅 S1 的各层平面图

同时，为方便旅客快速找到相应的设施和信息和保证交通机场内交通标识设置及设计"以人为本"，道路和步行空间等标识清晰、布局合理且信息传递一目了然，以提高旅客通过效率、安全性和通行能力，浦东机场专门设立了环境标识科，负责浦东机场航站楼内公共标识的管理。并在控制数量及成本和节能环保的基础上，构建了包含 4 万多个标识的准确、明晰、完整的航站楼公共标识视觉体系，其中灯箱标识达 3 000 余个。标识分色内容有：楼标文字、楼号、标识图标内容和外框。不分色内容有：标识文字、箭头。其中，主流程标识（航站楼 T1、T2）为黄色，代表重要信息；轨道交通（地铁、磁浮等）标识为绿色，象征便捷快速的交通方式；地面交通（机场巴士、出租车、长途汽车、摆渡车、酒店班车等）标识为天蓝色，意指空港专属地面交通服务内容；卫生间标识分为绿色和粉色。

### 4. 旅客值机与安检

浦东机场持续探索值机区域排布优化，在浦东机场 T1 国内值机区域，对 B 岛值机柜台按目的地首字母排序。旅客可根据 MU、FM 等航空公司代码，先找准值机岛，再按目的地首字母快速锁定值机柜台，体验高效、便捷。同时，在 T1、T2 航站楼均设有自助值机设备，总数达 200 余台，无托运行李的出发旅客可在自助值机设备上自主办理乘机手续，无须前往人工值机柜台获取纸质登机牌。

国际和港澳台航班"无纸化"便捷出行流程已于 2018 年 10 月 29 日启用，在该机场出发乘坐国际/地区航班的旅客，无须到人工值机柜台或在自助值机设备上办理纸质登机牌，仅凭手机上的电子登机牌即可完成边检通关、安全检查、登机等全流程乘机手续。此外，T2 航站楼在国内流程上采用了集中与分散相结合的安检模式，从而达到出发与到达旅客在同一层面的目的。

### 5. 行李托运

对一座瞄准国际顶级水准的航空枢纽而言，最大的中转挑战之一是能否让不开口的托运行李精准地登上航班、及时地跟上旅客，尤其考验着机场的枢纽能力。浦东机场卫星厅行李处理系统采用了全自动分拣系统，由再值机、中转、分拣、早到、信息控制、行李安检等子系统组成，包含约 1.7 km 长的全自动行李分拣机、约 8 km 长的行李输送机、20 台分拣机导入设备以及 21 套行李离港转盘。系统引入了高效的国内国际中转补码线，可以对无法识别的行李进行补码。此外，系统还采用了先进的早到存储模式，共设置了国际、国内各 550 个、合计 1 100 个早到行李存储位置，采用多层多条储存线设计，能够按照时间和航班两种模式存储早到行李；工作人员可以根据需要，从控制系统的界面自行选择不同模式，从而更加细分、有效地储存和释放行李，中转行李也可以高效地从分拣机直接分拣到早到系统。目前分拣准确率在 99.99% 以上。

### 6. 旅客中转

早在 2009 年,东航即在浦东机场推出内地首家"通程航班"业务,让旅客能在始发站点一次办理各段登机牌、在浦东中转时不必提取行李、直挂终点。而为了最大限度地方便旅客及其迎送者对航站楼的使用,方便旅客中转要求,在 T2 航站楼,通过与航站楼构型、功能区和空侧机位布局完美结合的中转流程设计,在候机长廊中创造性地设计了三层式的候机模式,以及多至 26 个可转换机位。国内旅客由于同层出发、到达,故国内转国内流程在指廊内可就近完成;国际转国际流程在指廊国际到达层与国际出发层之间的中央位置即可完成;航站楼中央位置设置了中转签票中心,供国际转国内、国内转国际及国际航线国内段在上海过境流程使用。

同时,为进一步提升枢纽中转功能,满足大量中转旅客需要,浦东机场卫星厅还设置了中央中转大厅,其中国内转国际、国际转国际、国际转国内 3 种流程的联检设施与值机设施得到了精心组合,大厅同时具备行李安检、海关、边检等功能,为旅客中转提供集中一站式服务,极大缩短了航班最短衔接时间,为航空公司推出更多中转产品提供了便利。在中转核心区,有 35 座三层国际国内可灵活切换的登机桥,相比功能单一的登机桥每年可多处理 700 万人次的旅客量,提升了卫星厅的使用效能,堪称航空枢纽"中转神器"。这款登机桥可以灵活切换,用以对应不同高度层、旅客行经不同通道动线的不同航班,既可以供国际进出港航班使用,也可以停靠国内进出港航班。特别是对于主基地航司东航这样有大量国内、国际航段衔接的大型枢纽航司,当同一架靠桥飞机需要进行国内、国际航班执飞任务转换时,混合登机桥能够实现机位不用变、飞机不用滑行,而是通过登机桥上的动线和分隔变化,使登机区域快速切换,从而大大提升地面的保障效率和飞机调配的灵活度。

## 8.6 "数智"技术赋能上海浦东国际机场绿色机场建设实践

浦东机场顺应航空业绿色、低碳、智慧发展的新趋势,不断提升科技创新能力,加强顶层设计,从数字化治理、智慧化管理入手,持续推进机场基础设施层、共享平台层与应用层的智慧化运行,以云计算、大数据、物联网、人工智能、5G 通信为核心技术手段,着力打造面向未来的基于"数智"技术支撑的绿色机场(图 8-10)。通过持续加快网络、计算、存储及视频等信息技术基础设施层建设,稳步推进共享平台层建设,启动企业服务总线(浦东逻辑分区)建设项目,浦东机场已完成配套基础设施平台扩容、企业服务总线(ESB)建设、生产系统接口迁移,同步接入与航班保障相关的信息系统 37 个。在此基础上,衔接服务更多战略部署,实现了智慧能源管理平台、智慧计量设备、智慧生态管控系统、智能巡检技术、飞行区运行智能化精准管控、智慧化陆侧交通运行管理平台、智慧旅检和无感通关等多个绿色机场建设项目。

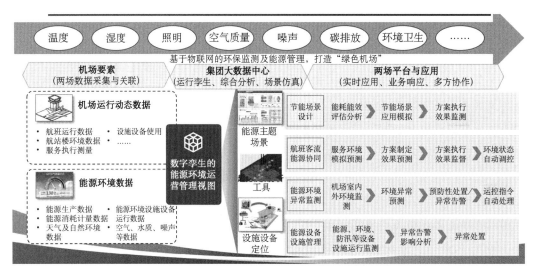

图 8-10　"数智"赋能浦东机场绿色机场建设框架图

### 1. 建设智慧能源管理平台

2022 年,集监测、分析、决策、维护、管理于一体的浦东机场智慧能源管理平台正式上线。浦东机场公司能源保障部协调统筹自主研发力量,在业务流程优化、运行方案细化、节能措施量化方面引入数据收集技术,建立计量器具及重点设施设备全生命周期台账,初步形成"运行一张网、监管一平台"的集中监控模式,覆盖了能源"生产—转换—存储—配送—消费"的全链管理。目前该平台已完成供水、供电、供冷、供热等 19 个能源系统的集中监控及数据融合,还将逐步扩展结合智能巡检、UPS 监控等能源子系统。机场公司编制了《智慧能源管理平台操作手册》,指导运行人员利用平台跟踪能耗使用情况、发现异常运行参数、定位故障频发部位、发布应急预案等。供需两端协同发力,线上线下高效互动,浦东机场的能源设备管理模式逐渐从"事后响应"向"事前预防"转变,传统管控方式中数据协同性低、统计时效性差、量化考核对象模糊等弊端得到解决。

### 2. 配备智慧计量设备

为构建能耗数据库,浦东机场专门成立了表具安装专项组,现已 100% 完成航站楼、场区范围内水电气智能表具的安装工作,包括 2 192 块智能电表以及 422 块智能水表,安装率分别为 98.83% 与 100%。同时,实现了 1 746 个贸易结算智能表具数据的正常上传,远传率达 94%。至 2023 年第一季度结束前,计量数据可全量上传至智慧能源系统,成功实现能耗分项计量,有效降低了水、电漏损现象。在安装过程中,工作人员对传输效果不稳定的表具进行消缺,选用口径更匹配、灵敏度更高的水表,更换传输更稳定、具备时间校准功能的采集器,确保上传数据的完整性与准确性。

### 3. 构建智慧生态管控系统

在机场业内首次建设了环境质量监测与评估系统,包括 2 个空气质量监测站点、6 个地表水站监测点以及 2 个颗粒物噪声监测站点,可实现对浦东机场区域内环境质量、地表水、颗粒物与噪声等要素的全面感知和综合评估。同时,建设了在行业内创纪录的航空噪声监测系统。相较国内其他已建成噪声监控系统的机场,浦东机场航空噪声监控系统工程量大、工期短,疫情对工程进度影响严重,但创下了民航界建设进度最快、覆盖敏感区面积最大的纪录,以及设备耐久性、测量准确性都属国际领先水平。此外,浦东机场还构建锅炉烟气在线监测系统,覆盖三座能源中心以及商业街 13 台锅炉,监测信息与生态环境局联网并备案。未来期望集成建设成为智慧生态管控平台(图 8-11)。

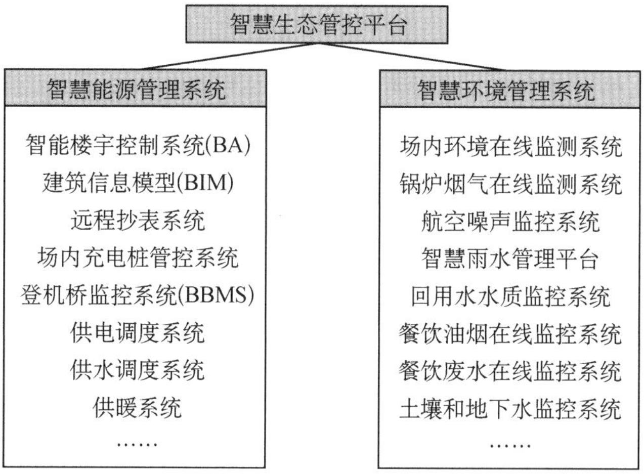

图 8-11　浦东机场智慧生态管控平台

### 4. 应用智能巡检技术

浦东机场正统筹建设能源中心及 35 kV 变电站智能巡检系统,以期解决设备规模和人力物力跃迁式增长而导致的管理难度。经过三个阶段阶梯式调整,能源中心运行模式逐渐由 160 人的"冷热电分专业坐班制"转变为仅需 59 人的"综合巡操走动制",每年运维费用可节约 805 万元;35 kV 变电站由"变电站运行坐班制"向"综合巡操走动式管理"转变,委托单位人员由原来模式下的 169 人转变为数字化运行模式下的 124 人,每年运维费用可节约 753 万元。

### 5. 推动飞行区运行智能化精准管控

浦东机场针对机场空间规模大的特点,着眼于通过信息化智慧化系统和良好的沟通联动机制,借助机场运行管理支持系统(OMSS),充分发挥数据高地和集成总站作用,形成了集航空器拖曳、航空器试车、机位施工、运行监控、应急指挥、运行指标统计等为一体的"智慧大脑",实时动态展示航班位置、车辆位置、车载视频及机位占用等情况,从而能够综合考虑跑道运行方向、楼内航空公司分布、空侧保障单位资源配置等因素,以"平均滑行距离最短"为目标,持续优化近机位分配规则和缩短平均滑行距离。同时,浦东机场与航司密切配合,通过提前分析次日航司客票预售情况,预判次日客流高峰时段,结合航站楼态势感知模块,及时调整楼内安检等勤务安排,避免旅客长时排队,提高高峰时段旅客流速,方便旅客快速通过安检、抵达廊桥登机口。

### 6. 建设智慧化陆侧交通运行管理平台

大型国际枢纽机场是联结全球的重要门户和交通基础设施,旅客从机场到/返其家中等出发地或目的地的"陆侧"交通是旅客出行保障的重要环节。因此,为了提升陆侧交通全局分析能力和运行管理水平,浦东机场基于交通大数据建设了智慧化陆侧交通运行管理平台。其中陆侧交通数据实时三维可视化融合运控平台是浦东机场陆侧交通运行管理信息化运控平台的核心系统,能够实现浦东国际机场相关的陆侧交通管理与保障区域的三维场景可视化及场景漫游,在三维场景上对生产指标进行可视化显示,如停车楼库存及拥堵指标、航班实时信息、公共交通流量指标等;以及在三维可视化平台上实现多类型的陆侧交通数据融合展示与同步处理分析。同时,根据现场运行管理需要,浦东机场还研究开发了一系列智能化辅助交通管理子系统,包括出租车智能调配系统、GPS短途智能轨迹识别系统、站点旅客排队智能统计与提示系统、非法营运智能识别预警与管理系统等,为构建以MaaS(出行即服务)理念为指导的"一站式出行"服务体系提供了技术支撑。此外,通过诊断陆侧交通运行管理中存在的症结、难点,浦东机场优化了出行链中各环节的衔接和转换,降低了燃油费用、节约旅客时间价值,例如出租车站点高峰时段旅客排队时间由40分钟缩短至不超过20分钟,实现从"人等车"到"车等人"的飞跃;出租车排队时间由4小时缩短为2～3小时,P1、P2停车库年度运行周转率提高了10.3%,陆侧交通数据轮询时间由60分钟缩短到15分钟。

### 7. 实现智慧旅检和无感通关

从2020年起,浦东机场海关用了不到3年时间,以隐蔽精准、顺势监管为目标,从无到有、从有到优,完成覆盖智能化设备、新技术手段的空港口岸智慧旅检项目建设,构建起了分析更专业、作业更规范、拦截更精准、处置更快捷的全链条数字化监管作业模式。2023年,浦东国际机场所有行李分拣线上都已经装备了先期机检设备,通过X光设备的检查、AI软件的判读和海关关员的最终判断,每件行李通常不超过6秒钟即可完成检查并嵌入机场到港行李分拣流程中,使入境旅客的平均通关时间能够压缩到30分钟以内,较以往的压缩幅度达50%。正是这种"免排队、免搬箱、零等待"模式,让旅客真正体验到了"无感通关"。

# 第 9 章

## 上海浦东国际机场的绿色机场建设规划

## 9.1 总体思路

### 9.1.1 指导思想

按照绿色机场建设总体要求,以生态文明建设为核心,以节能低碳为抓手,以"资源节约、低碳减排、环境友好、运行高效、智慧管理"为核心理念,持续加强环境保护,有效控制能源消费和碳排放总量,不断提高机场生态环境管理系统化、科学化、精细化、信息化水平,建设体现亚太航空门户枢纽地位的绿色标杆机场。

### 9.1.2 基本原则

绿色引领,全面推进。依据绿色机场建设要求,针对浦东机场在节能低碳、环境治理等方面的重点、难点等问题,编制一系列生态环境和节能减排的建设任务,明确未来建设的途径、措施及目标。

目标引导,重点突破。以"十四五"末为目标节点,以行业、政府各项指标为考核依据,详细分解重点建设任务目标,引导绿色机场建设的全新思路和大胆突破,强化任务管理,发挥责任单位的主动性、创造性,提高执行力。

精准施策,综合治理。在保持原有治理成果的基础上,制订有针对性的研究措施,着力解决好突出问题和困难。坚持标本兼治,强化源头减排,加大过程管控力度,优化末端治理措施。

区域协同,联动发展。充分利用机场联建平台,遵循资源共享、互利互惠的原则,强化机场、航司及其他驻场单位的沟通协作,减少重复投资,避免浪费,共同推进机场的绿色发展。

### 9.1.3 总体目标

以实现浦东机场"安全、高效、生态、低碳"为目标,不断推进浦东机场绿色机场建设工作。到 2025 年,浦东机场生态环境质量持续稳定改善,能源消费总量和强度得到有效控制,能源结构持续优化,绿色绩效管理机制有效运行,各领域新技术有序开展应用(表 9-1)。

表 9-1　绿色机场建设主要指标要求

| 序号 | 指标名称 | 单位 | 2025 年指标(约束值) |
|---|---|---|---|
| 1 | 综合能源消费量 | 万 t 标准煤 | 15.3 |
| 2 | 单位客运综合能耗 | t 标煤/万人 | 17 |
| 3 | 非传统水源利用占比 | — | ≥15% |
| 4 | 新能源车辆数占比 | — | ≥80% |
| 5 | 车辆尾气排放达标率 | — | 100% |
| 6 | 近机位桥载电源使用率 | — | 100% |
| 7 | 围场河、随塘河监测断面年均值 | 类别 | Ⅳ |
| 8 | 机场污水排口达标 | 类别 | 三级排放标准 (DB31199 2018) |
| 9 | 餐饮油烟排放达标率 | — | 100% |
| 10 | 生活垃圾分类覆盖率 | — | 100% |
| 11 | 危险废弃物无害化处理率 | — | 100% |
| 12 | 采用绿色包装商户比例 | — | ≥90% |

## 9.2　主要任务

在浦东机场规划、设计、施工、运营的全生命周期内,突出节能减排和可持续发展,提供舒适、环保的航空旅行环境和安全、高效的生产运行环境,实现与区域环境的协同相容。

1. 节约利用资源,加强综合管控,提高资源利用率

建立健全能源管理制度,夯实能源基础管理。完善能源、资源计量系统,实现分项计量。优化能源系统运行策略和管理,提高用能设备设施能效转换效率,减少资源消耗量。提升新建建筑能效水平。在前期用能(电)定额管理的基础上,开展用水定额管理,合理降低水资源消耗量,同时加大机场用水中非传统水资源的利用比例。

2. 优化能源结构,提升运行效率,减少机场碳排放

推动能源消费结构优化升级,提高可再生能源利用率。完善新能源基础设施建设,提升机场终端用能清洁化水平,持续推进机场运行保障设施设备“油改电”,推广使用 APU 替代设备。排摸机场碳排放设施设备和结构,制定减碳目标和实施计划,推进绿色管理体系认证,实现碳排放的有效管控。

### 3. 加大环境治理，注重环境优化，增强环境相容性

围绕环境保护目标，建立环境管控体系，重视环保手续合规工作，加强各类污染因素的监管力度，加大对污染物的监测频次，对机场环境现状及存在问题进行动态管理。

在水、气、声、渣、土壤和地下水治理等方面，加大污染源头排查，设置相应的处理设施设备，着力实施雨污混排整治、废水处理、废气达标排放、固废合规管理、噪声防控等方面的措施，严格落实环保标准要求，减少污染物排放。

在实现基本环境治理的基础上，结合本场实际，重点实施河道生态改造、餐厨垃圾生物降解、推广可再生制品使用、优先选用环保材料、提升机场景观绿化价值等环境优化措施。

### 4. 实现航空器、地面交通运行高效

通过优化机位资源配置、科学规划滑跑构型、持续推进协同系统的建设及应用等措施，提高航班正常率，保证航空器高效运行。

会同政府管理部门科学规划建设综合集疏运交通体系，提高机场公共交通服务能力，实现进离场交通与市内交通的运行高效、有效衔接和便捷换乘。

### 5. 完善绿色机场智慧系统建设，提升智慧管理水平

持续推进智慧能源管理平台建设，实现用能数据的在线监测和对标分析、用能设备监控的基本功能，并配合集团公司完成上海机场能源管理系统测试和功能完善。

拓展浦东机场新能源充电桩平台、桥载设备监控系统覆盖范围及应用功能，探索与驻场单位的业务数据共享功能。

加强生态环境监测网络建设，完善航空噪声、场区环境、锅炉烟气等在线监测系统功能，深化在线监测数据应用；有序推进围场河主要断面及主要污水排口、航站楼餐饮油烟等在线监控设施安装工作。

规划并实施智慧环保信息化系统建设，统筹整合公司各业务部门环境质量在线监测数据资源，建立与应急系统间的关联，实现对各污染源单位的日常管理、问题整改及任务跟进，建立环保档案。

依托集团公司现有地理信息系统，各相关单位完成对各自所辖范围内的既有及未来建设中的供水管道、排水管道、电线电缆及弱电通信等信息数据的采集、存储、管理、分析和描述，实现在系统支持下的管理决策。

股份公司依据法律法规要求、上级主管部门和集团公司的要求，并结合公司管理实际，按重要程度进行了 A、B、C 类分级，其中 A 类项目将作为公司重点监察类项目（表 9-2）。

表 9-2　浦东机场绿色机场建设实施任务

| 工作任务 | 工作方向 | 具体措施 |
|---|---|---|
| 节约利用资源，加强综合管控，提高资源利用率 | 能源节约与利用：能源综合管控 能源消耗控制 能效转换管理 建筑绿色节能 | 建立健全能源管理制度，开展能源审计和能效水平对标达标等工作 |
| | | 梳理智能计量表具安装点位，全面完成表具安装，定期进行表具校验工作 |
| | | 对能源需求端和供给端的各类设施设备动态开展节能运行评估，持续优化运行策略，不断提高用能效率 |
| | | 编制设施设备的节能改造计划并分阶段开展节能改造工作 |
| | | 以"四型机场"建设为指引，积极参与 T3 航站楼 绿色三星建筑设计及跟踪需求落地 |
| | 水资源节约与利用：水资源消耗控制、非传统水源利用 | 实行年度水定额管理制度，开展水量平衡分析工作 |
| | | 设置水管网漏点监测设备并建立水管网漏点自动监测和数据分析 系统，每月对水管网漏损率进行核算分析 |
| | | 提高中水水质，扩建中水回用管网，扩大中水回用范围 |
| 优化能源结构，提升运行效率，减少机场碳排放 | 低碳建设：能源结构优化 车辆油改电 APU 替代 | 对自有物业及自管场地开展光伏发电项目的可研、规划及实施工作 |
| | | 根据国家电力体制改革推进情况适时研究调整公司购电模式 |
| | | 公司范围场内新增或更新的内场车辆实施"油改电"，配合集团开展氢燃料电池车辆试点工作 |
| | | 持续提升驻场单位内场车辆实施"油改电" |
| | | 基于充电桩使用率和电动车保有量适时开展充电设施建设工作 |
| | | 在用国三及以下尾气排放标准车辆实现国四及以上排放标准改造，并完成非道路移动机械环保手续申报 |
| | | 持续开展近机位桥载电源和桥载空调扩容及配套供电改造工作，多措并举提升桥载设备使用率 |
| | | 持续推进远机位 APU 替代项目及配套设施建设 |
| | 低碳管理：碳达峰 绿色管理体系认证 | 编制股份公司 2025 年碳达峰行动方案，同步开展碳中和规划编制 |
| | | 完成浦东机场 ACA 低碳二级认证及能源管理体系认证 |
| 加强环境治理，注重环境优化，增强环境相容性 | 环境管理：制度完善 合规化管理等 | 建立水、气、声、渣及化学品等环境应急风险管控体系、考核管理机制及管理细则等 |
| | | 环保手续合规化，包括完成排水许可证、取水许可证、排污许可证 申办/变更，严格执行证后管理要求；开展环境影响评价等工作 |
| | | 制定涉油和除冰液作业相关的方案、预案及制度的编制和相应废水、废液的合规收集处置流程 |
| | | 建立雨污水管道泵站等排水设施周期性检测评估机制，根据排查情况制定年度维护计划并有序开展老龄管道维护、修复工作 |
| | | 规范危险废弃物、一般固废、电子废弃物等各类固废的贮存和处置，实现合规化处置及全流程管控 |
| | | 编制水、气、声、渣年度监测检测计划，并定期开展监测检测工作 |
| | | 配合集团完成绿色供应链体系建立 |

续表

| 工作任务 | 工作方向 | 具体措施 |
|---|---|---|
| 加强环境治理，注重环境优化，增强环境相容性 | 环境污染防治：水气固废噪声 | 开展浦东机场区域废水溯源及雨污混接排查；实施入河排口及雨污水排口信息规范管理(包括排口位置、排口类型、数量、设置规范性、管辖单位、主要污染物等) |
| | | 开展水质净化项目(工程、设施设备等)并对其使用效果进行评估，研究如何提升利用效率 |
| | | 制定清淤工作计划，全覆盖完成机场范围内雨污水管道、泵站、河道及调蓄水池疏浚清淤工作 |
| | | 开展飞行区调节水池水质净化末端处置设施试点，并根据试点情况推广应用 |
| | | 涉及餐饮、维修、食品、油品行业的相关排污单位，须编制污水达标排放方案并加强废水合规排放监管；开展综合性大型建筑楼宇，如航站楼区域生活废水集中处理方案研究 |
| | | 完成储油库、飞行区调节池、危险废弃物暂存场所、维修基地等重点区域土壤和地下水监测，并对超标地块进行土壤风险评估 |
| | | 实施污水泵站臭气治理设施安装工作，并评估治理效果 |
| | | 采取减量化措施、设置细分类投放容器、强化分类投放实效巡查等方式，实现机场垃圾分类高效管理，并积极配合完成政府及上级单位测评 |
| | | 全面执行"限塑令"法规，制定公司限塑方案，禁止和限制不符合要求的塑料制品；在公共区域试点塑料制品自助式、智慧化投放/回收设施 |
| | | 研究并推进绿化减噪、建筑物改造等被动减噪保护工程及优化减噪飞行程序 |
| 加强环境治理，注重环境优化，增强环境相容性 | 环境优化：景观提升资源化利用农药管理 | 开展河道水环境改善方案研究，实施河道生态改造(河道生态护坡、生态浮床、曝气增氧等)、实施景观水池环境美化工程，研究并推进围场河加装护栏工程 |
| | | 研究实施餐厨垃圾生物降解试点工作 |
| | | 大力推广可降解材料、资源再生制品使用等 |
| | | 研究使用高效低毒低残留环保型农药以及生物农药，推广使用防虫网、诱虫板、杀虫灯等绿色防控技术，降低面源污染风险 |
| | | 在适宜条件下，通过采取场区绿植及屋顶绿化等多样的绿化形式，提高机场绿地率，并且优先选择本土、适生植物，优化植物搭配方式，提升机场区域内景观绿化价值 |
| 实现航空器、地面交通运行高效 | 航空器运行高效 | 结合卫星厅投运，优化彩虹停机方案，提高近机位利用率 |
| | | 建设跑道南北绕滑工程以及起飞等待区，优化飞机进离港滑行路线，减少飞机地面滑行时间 |
| | | 研究优化航空公司、空管、机坪塔台放行系统信息交互，缩短飞机离港等待时间 |
| | 地面交通运行高效 | 提升公共交通的服务能力与质量，改善陆侧交通绿色方式服务和环境，优化集散交通方式结构 |

续表

| 工作任务 | 工作方向 | 具体措施 |
|---|---|---|
| 完善绿色机场智慧系统建设，提升智慧管理水平 | 节能减排类 | 建设智慧能源一体化管控平台，并配合集团公司完成能耗数据采集共享平台的搭建等工作 |
| | | 持续完善浦东机场新能源充电桩平台、桥载设备监控系统覆盖范围及应用功能，探索与驻场单位的业务数据共享功能 |
| | 生态环境类 | 加强生态环境监测网络建设，完善航空噪声监测系统、场区环境监测系统、锅炉烟气在线监测系统等在线监测系统功能，深化在线监测数据应用；有序推进围场河主要断面及主要污水排口在线监控安装、航站楼餐饮油烟在线监控设施安装等工作 |
| | | 规划并实施智慧环保信息化系统建设，包含浦东机场污染因素指标监控体系、企业环境管理、突发环境事件应急响应、信息公开等模块 |
| | | 依托集团公司现有地理信息系统，构建浦东机场供水管道、排水管道、电线电缆、弱电通信等地理信息系统 |

此外，根据 2023 年《浦东国际机场绿化专项规划》，浦东机场绿地系统专项规划将整体形成"一环多廊"的绿地系统格局。"一环"指围场河的生态绿环，"多廊"指迎宾高速、南横二路、机场大道、经八路、经一路、纬十一路等道路沿线绿带。至 2035 年，规划范围内各类绿地总面积不低于 1 414.75 $hm^2$，其中陆侧区域绿地面积 520.46 $hm^2$，空侧区域绿地面积 894.29 $hm^2$。各类绿地总面积不低于规划范围总面积的 26.25%（表 9-3、表 9-4、表 9-5）。

表 9-3　浦东机场绿地控制一览表

| 用地类型 | | 面积($hm^2$) | 占比 |
|---|---|---|---|
| 区域用地总面积 | | 5 390 | 100% |
| 绿地总面积 | | ≥1 414.75 | ≥26.25% |
| 其中 | 陆侧区域 | 520.46 | 9.66% |
| | 空侧区域 | 894.29 | 16.59% |

表 9-4　陆侧区域绿地控制一览表

| 建设区域 | | 绿地率 |
|---|---|---|
| 陆侧一、二、三期工程区域 | | 28.09% |
| 陆侧后续规划建设区域 | 新东货运区 | 8.26% |
| | 四五跑道间地块（北） | 7.13% |
| | 南作业区 | 14.71% |
| | 应急救援综合训练设施 | 20.00% |
| | 西工作区 | 16.94% |
| | 四五跑道间地块（南） | 12.37% |

续表

| 建设区域 | | 绿地率 |
|---|---|---|
| 陆侧后续规划建设区域 | 其他市政配套区域 | 19.01% |
| | T3 航站楼南配套区 | 25.11% |
| | T3 航站区 | 6.85% |
| | 西货运区—智能货站 | 5.00% |
| | 预留发展用地 | 15.50% |
| | 围场河陆域控制带(待建区域) | 91.10% |
| | 规划待建道路 | 30.85% |
| | 陆域区域合计 | 22.63% |

表 9-5　特殊功能用地绿地控制指标一览表

| 用地类型 | 绿地率 |
|---|---|
| 货运物流 | 5.00% |
| 机务维修 | 5.00% |
| T3 航站楼 | 6.85% |
| 加油(气)站 | 8.00% |
| 通道及卡口 | 不设绿地 |
| 雨水泵站(地道泵站) | 不设绿地 |

规划范围内现状各类绿地总面积 971.34 hm²,绿地率为 18.02%。按照绿化建设与机场四期工程同步竣工原则,到 2027 年末,新增各类绿地面积不低于 240.77 hm²,其中陆侧区域新增绿地面积 35.77 hm²,空侧区域新增绿地面积 205 hm²,各类绿地总面积不低于 1 212.11 hm²,总体绿地率不低于 22.49%(表 9-6)。

表 9-6　浦东机场陆侧区域绿地建设计划一览表

| 区域 | 项目名称 | 绿地面积(hm²) | 完工时间(年) |
|---|---|---|---|
| T3 航站区 | T3 航站楼、交通中心及附属业务用房工程,旅客捷运系统工程和航站区总体工程 | 5.00 | 2027 |
| 四期工程市政配套工程 | 出租车蓄车场 | 0.59 | 2027 |
| | 市政配套设施:35 kV 航围站、中水取水泵站、N3 雨水泵站 | 0.10 | 2027 |
| | B1 雨污水泵站 | 0.29 | 2027 |
| | 能源中心 | 0.98 | 2027 |
| | 给水增压泵站、燃气调压站 | 0.44 | 2027 |
| | 南新 1# 污水泵站 | 0.01 | 2027 |
| | B2 雨污水合建泵站、35 kV 航北站 | 0.13 | 2027 |
| | 道路工程 | 15.20 | 2027 |
| | 二级排水工程陆域区域 | 3.40 | 2027 |

续表

| 区域 | 项目名称 | 绿地面积(hm²) | 完工时间(年) |
|---|---|---|---|
| 空侧捷运系统 | 捷运系统车辆维修基地 | 1.73 | 2027 |
| 西货运区 | 西货运区 6 号地块智能货站 | 1.11 | 2027 |
| | 海关查验中心 | 0.17 | 2027 |
| 四期工程附属设施 | 运行管理中心 | 0.47 | 2027 |
| | 运行保障基地 | 0.85 | 2027 |
| | 220 kV 变电站 | 0.50 | 2027 |
| | 职工过夜用房 | 1.13 | 2027 |
| | 两港大道辅道 | 1.67 | 2027 |
| | 南横二路(南经九路以西) | 2.01 | 2027 |
| | 总计 | 35.77 | — |

## 9.3　工作机构

股份公司成立跨单位部门、跨管理层级、跨专业领域的"绿色机场"建设工作领导小组,领导小组下设工作推进办公室。

1. 工作领导小组

组长由总经理和书记共同担任,常务副组长由分管节能环保工作的副总经理担任,副组长由分管安全、运行、服务、建设工作的副总经理及安全运行总监担任,成员由技术设备部及各基层单位主要负责人担任,主要职责包括:

(1) 贯彻民航局和集团公司"绿色机场"建设工作要求;

(2) 审议"绿色机场"总体建设方案和年度行动计划;

(3) 研究和解决绿色机场建设工作中所遇到的重大问题;

(4) 评估绿色机场阶段性建设成果以上审议事项通过后报请公司总经理办公会审定(应当履行党委会前置程序的按有关规定执行)。

2. 工作推进办公室

主任由分管节能环保工作的副总经理担任,常务副主任由技术设备部主要负责人担任,副主任由各基层单位主要负责人担任,成员由技术设备部及各基层单位分管节能环保工作的负责人担任,主要职责包括:

(1) 落实领导小组工作要求;

(2) 拟制"绿色机场"总体建设方案和年度行动计划;

（3）定期召开工作会议，有序推进相关工作任务。

## 9.4  组织保障

### 1. 统一思想，达成共识

要充分认识绿色机场建设工作对公司实现亚太航空门户枢纽卓越运营的重要性。通过浦东机场的"绿色"程度不断加深，能够更高效率地利用资源和更低限度地影响环境，实现机场与区域环境的协同相容。

### 2. 通力协作，埋头苦干

各业务单位应当牢固树立主体意识和责任意识，坚持需求导向和问题导向，依据本方案制定年度工作计划，强化重点任务的落实。各有关单位要加强沟通配合，协同推进各项任务。

### 3. 储备技术，培养人才

结合本场实际，筛选技术相对成熟、节能环保效果显著的项目开展试点，积累项目技术实施经验，以作为绿色低碳发展的储备技术力量。建立股份公司节能环保人才库，让有能力、高素质、高技能的员工投身绿色机场建设。

# 参 考 文 献

[1] 张青磊,樊重俊,冉祥来,等.绿色机场与可持续发展理念探讨[J].中国集体经济,2013(23):75-78.

[2] 李强,孙施曼,张雯.中国绿色机场建设现状与发展趋势[J].建设科技,2017(8):38-41.

[3] 王子东,刘一.绿色机场定义、特征及标准初探[J].民航管理,2019(9):44-46.

[4] 宋鹍,崔抒音.论绿色机场的建设与发展[J].机场,2015(11):28-32.

[5] 徐军库.绿色机场建设与智能建筑[J].智能建筑与城市信息,2008(6):18-22.

[6] 李明俊.我国绿色机场发展现状与发展方向研究[J].民航管理,2019(8):34-36.

[7] 许雅玺,王欣.基于绿色理念的民航机场节能环保管理[J].改革与战略,2014(7):56-58.

[8] 余路,张青磊,申瑞娜,等.上海机场关于绿色机场与可持续发展的战略与实践[J].中国产经,2013(8):46-47.

[9] 王继东,孙施曼,徐军库.绿色机场资源消耗数据库及管理软件[J].智能建筑,2018(7):26-28.

[10] 韩志亮.落实环境保护新要求,打造绿色机场新标杆[N].中国民航报,2018-9-5.

[11] 曾晓新.建设绿色机场须有全局系统观念[N].中国民航报,2014-4-7.

[12] 贺雷,刘鹏.民用航空机场在建设过程中的绿色设计[J].福建建材,2018(12):27-29.

[13] SUKUMATAN S, KUMARASAMY S, YUSOP A F. Sustainability at airports technologies and best practices from ASEAN countries [J]. Journal of Environmental Management, 2021, 299:113639.

[14] OMER FARUK Y, YILMAZ M, ÇELIK A. Reduction of energy consumption and $CO_2$ emissions of HVAC system in airport terminal buildings[J]. Building and Environment, 2021, 208:108632.

[15] SARBASSOV Y, VENETIS C, AIYMBETOV B, et al. Municipal solid waste management and greenhouse gas emissions at international airports:a case study of Astana international airport[J]. Journal of Air Transport Management,2020, 85(C):101789.

[16] 王哲.绿色机场理念下的绿色采购管理浅析[J].民航管理,2019(4):51-52.

[17] 于野,王士鹏.绿色机场建设之能源管理的推进与思考[J].智能建筑,2019(9):19-21.

[18] 赵姬.对标先进,将绿色机场建设推向纵深[N].中国民航报,2015-8-24.

[19] 王吉杰.绿色机场的实践与展望[J].绿色建筑,2021,13(1):38-42.

[20] 王星.多措并举推进绿色机场建设[N].中国民航报,2018-8-22.

[21] 郭欣萌.大型民用机场土地集约化利用占地规模探讨[J].交通企业管理,2016,31(2):66-68.

[22] 张红昱.北京大兴国际机场:为全球绿色机场建设贡献中国智慧[J].空运商务,2019(4):25-27.

[23] 林波荣.行业标准《绿色航站楼标准》解读[J].工程建设标准化,2016(2):52-56.

[24] 陈颖.绿色机场航站楼节能措施探微[J].低碳世界,2019,9(1):203-204.

[25] 顾胜勤."四型机场"建设要重视人性化[N].中国民航报,2019-1-16.

[26] 綦琦.打造未来机场体系　创新四型人才培养[J].空运商务,2019(2):19-20,1.

[27] 金霄力.打造生态文明名片　助力民航高质量发展——对绿色机场建设的理解与思考[J].空运商务,2018(9):17-18.

[28] 赵玉洁.绿色机场,基于全生命周期的设计考量[N].中华建筑报,2013-7-9.

[29] 中国环境与发展国际合作委员会. 重大绿色技术创新及其实施机制研究[R]，北京：2020.

[30] Ferrulli P. Green Airport Design Evaluation (GrADE) - methods and tools improving infrastructure planning[J]. Transportation Research Procedia,2016,14(C):3781-3790.

[31] MCNAIR A W. Investigation of environmental justice analysis in airport planning practice from 2000 to 2010[J]. Transportation Research Part D,2020, 81:102286.

[32] 杜芳. 走进成田机场的"绿色之路"[N]. 中国民航报,2015-8-10.

[33] HAN H，KOO B，CHUA B L, et al. Travelers' intentions for green behaviors at airports：exploring the effect of green physical surroundings using mixed methods[J]. Journal of Hospitality and Tourism Management，2020，45：569-579.

[34] SEO D. Articulate design thinking for sustainable airport environment：a case study of Singapore Changi Airport T3[J]. Transportation Research Procedia，2021，56:136-142.

[35] RAMAKRISHNAN J, LIU T, YU R, et al. Towards greener airports：development of an assessment framework by leveraging sustainability reports and rating tools[J]. Environmental Impact Assessment Review，2022，93:106740.

[36] 申瑞娜,樊重俊,张青磊,等. 机场可持续发展理念下环境评价指标体系研究与设计[J]. 金融经济,2013(20)：118-120.

[37] 冉祥来,申瑞娜,刘武君,等. 机场可持续发展评价指标体系研究与设计[J]. 交通与运输,2013(12)：126-129.

[38] 王霞,孙石磊. 绿色机场评价指标体系研究[J]. 中国民航大学学报,2014,32(2)：83-91.

[39] 田利军,姚丽霞,余佳. 基于 PSR 模型的绿色机场发展指数评价研究[J]. 会计之友,2021(3)：71-78.

[40] 魏保平,王宗利. 关于绿色机场建设评价体系的研究[J]. 智能城市,2021,7(15)：1-3.

[41] 莫辉辉,王姣娥,黄洁. 中国枢纽机场网络体系演变格局[J]. 热带地理,2018,38(5)：599-605.

[42] 刘畅,张建军,姜晓菲,等. 大型综合性枢纽机场对周边区域影响研究[J]. 港口经济,2014(4) 45-48.

[43] 牟凯,刘武君. 高铁背景下我国枢纽机场的现状及发展[J]. 民航管理,2020(5)：54-57.

[44] 孔哲,孙相军. 大型枢纽机场公路集疏运网络规划方法研究[J]. 综合运输,2014(4)：17-21.

[45] 陈宇,王犇,陈睿. 大型枢纽机场运行控制体系分析[J]. 民航管理,2021(11)：77-82.

[46] 杨伟娜. 国外主要枢纽机场轨道集疏运系统运营对我国的启示[J]. 综合运输,2020,42(10)：26-31.

[47] 焦慧君,杨新湜. 我国枢纽机场综合分类研究[J]. 华东交通大学学报,2020,37(6)：88-95.

[48] 齐莉,杨新湜. 大型枢纽机场中转水平评估研究[J]. 航空计算技术,2015,45(3)：60-62.

[49] 周力行. 浅释枢纽机场建设的一些概念[J]. 空运商务,2018(9)：19-20.

[50] 朱文松. 浅析枢纽机场中转率指标的局限性[J]. 空运商务,2020(4)：19-21.

[51] 张海林,陈瑶,杨帅. 国内大型枢纽机场商业开发思路研究——借鉴城市综合体发展经验[J]. 空运商务,2018(5)：45-47.

[52] 万举,余月圆,史慧敏. 机场是区域经济发展的引擎吗？——基于中国 28 个枢纽机场动态面板数据的 GMM 估计[J]. 河南科技大学学报(社会科学版),2020,38(4)：35-42.

[53] 林育钿. 枢纽机场如何将流量变现[J]. 大飞机,2021(12)：50-54.

[54] 林育钿. 枢纽机场流量变现空间展望[J]. 空运商务,2021(7)：10-13.

[55] 王英. 枢纽机场发展冷链物流的模式分析[J]. 空运商务,2019(3)：22-25.

[56] 谢逸,陈浩良,童曦,等. 专业化分工视角下我国冷链枢纽机场创新路径研究[J]. 广西质量监督导报,2019(4)：56-58.

[57] 赵文德,谷洪彪,葛方龙,等. 浅谈大型枢纽机场建设对地下水环境的影响——以北京新机场为例[J]. 环境与可持

续发展,2018,43(6):51-53.

[58] 唐孔苇. 大型枢纽机场的能源管理体系实施要点浅析[J]. 质量与认证,2018(9):75-76.

[59] 李辛阳,高阳. 智能电网在枢纽机场的应用与分析[J]. 河南科技,2021,40(24):88-90.

[60] 李辛阳,高阳. 枢纽机场光伏发电项目的应用现状与效益分析[J]. 太阳能,2022(2):5-11.

[61] 张海涛. 轨道交通引入枢纽机场方案探讨[J]. 智能城市,2021,7(4):126-127.

[62] 朱洁,李岩. 国内大型枢纽机场地面集疏运体系发展经验总结[J]. 交通企业管理,2020,35(1):69-71.

[63] 刘晓青,杨伟娜,梁英慧. 关于我国枢纽机场轨道交通集疏运发展的建议[J]. 综合运输,2020,42(11):35-39,47.

[64] 梁英慧,郑攀,葛春景. 枢纽机场联通轨道交通的对策和建议[J]. 综合运输,2022,44(1):36-39,92.

[65] 魏艳波. 大型枢纽机场货运空铁联运方案探索——以郑州新郑国际机场为例[J]. 交通与运输,2017,33(5):11-12.

[66] 池磊. 大型枢纽机场出发车道边运行特征及通行能力分析[J]. 时代汽车,2019(9):26-27.

[67] 辛然. 大型枢纽机场出租车调度管理系统研究[J]. 智能建筑,2020(12):52-56.

[68] 殷俊峰,孙漫. 枢纽机场空港门户区综合交通体系研究——以重庆江北机场空港门户区交通体系研究为例[J]. 城市建设理论研究,2019(20):12.

[69] 安林洁. 枢纽机场陆侧交通优化策略研究——以首都国际机场为例[J]. 现代经济信息,2020(4):171-172.

[70] 唐怀海,潘昭宇. 枢纽机场与多层次轨道交通体系的衔接布局[J]. 城市交通,2020,18(4):79-86.

[71] 耿兴荣,汪烨,郭怡杏. 我国枢纽机场引入轨道交通的协调性研究[J]. 综合运输,2021,43(10):39-42.

[72] 张生润,郑海龙,李涛,等. 枢纽机场的国际中转客流拥堵溢出效应研究[J]. 地理研究,2019,38(11):2716-2729.

[73] 黄洁,石雯茜,陈娱. 居民出行视角下的北京市双枢纽机场可达性研究[J]. 地球信息科学学报,2022,24(5):914-924.

[74] 李运,解小东,彭娅楠. 基于综合评价法的枢纽机场换乘系统评价[J]. 山东交通学院学报,2022,30(2):32-40.

[75] 高胜国,张兵. 基于 WebGIS 服务的枢纽机场综合交通可达性研究[J]. 测绘地理信息,2022,47(S1):58-62.

[76] 刘军涛. 大型枢纽机场联合运行指挥中心的规划建设[J]. 中国民用航空,2012(10):14,16-17.

[77] 李涛. 大型枢纽机场多源业务数据与空间数据融合方法研究[J]. 软件,2014,35(3):103-104.

[78] 张培. 中枢辐射模式(HSS)与大型枢纽机场发展——以亚特兰大机场、迪拜机场以及北京双枢纽为例[J]. 民航管理,2019(5):37-40.

[79] 李涛. 大型枢纽机场智能数据中心系统设计与实践[J]. 民航学报,2019,3(6):41-44.

[80] 孟宪锋. 大型枢纽机场滑行道桥总体设计[J]. 山西建筑,2018,44(21):156-157.

[81] 周力行. 浅谈大型枢纽机场货运区规划与功能布局[J]. 空运商务,2020(2):36-41.

[82] 邓松武,王鹏,卫东选. 大型枢纽机场停场过夜航班机位分配[J]. 航空科学技术,2022,33(2):46-51.

[83] 袁悦,邵荃,朱培,等. 枢纽机场行李车资源配置和运行调度优化[J]. 航空计算技术,2021,51(4):58-61.

[84] 杨新湦,焦慧君. 枢纽机场航线网络优化研究[J]. 综合运输,2021,43(3):13-18.

[85] 何昕,宫献鑫,王春政,等. 枢纽机场航班延误恢复模型研究[J]. 科技和产业,2018,18(8):124-127.

[86] 柯雨辰,赵元棣. 我国枢纽机场航班时刻分布特征研究[J]. 航空计算技术,2020,50(3):40-43.

[87] 黄洁,王姣娥. 枢纽机场的航班波体系结构及其喂给航线的空间格局研究[J]. 地理科学,2018,38(11):1750-1758.

[88] 张培文,杜福民. 区域枢纽机场时刻资源的时空分布差异分析——以成都、重庆为例[J]. 科学技术与工程,2022,22(8):3294-3299.

[89] 王艺凯. 我国枢纽机场基础设施建设管理的建议[J]. 民航管理,2019(7):46-47.

[90] 麻金海. 多跑道枢纽机场低能见度启动机制管理浅析——以北京两场为例[J]. 民航管理,2020(12):90-92.

[91] 杜欣儒,路紫,李仁杰,等.中国枢纽机场时间延误成本估算与航线影响分析及中美比较[J].地理科学进展,2020,39(7):1160-1171.

[92] 徐文,陈昱夫.大型枢纽机场航站楼的消防设计[J].建筑创作,2012(6):140-146.

[93] 王勇,韩燕征,贾锐.大型枢纽机场信息安全监测平台设计与实现[J].通信技术,2017,50(7):1587-1591.

[94] 王鹏.浅析大型枢纽机场机坪安全管理模式[J].居舍,2018(29):180.

[95] 王瀚林,王勇,韩燕征.大型枢纽机场网络安全防护体系研究[J].民航学报,2019,3(4):93-96.

[96] 王勇,韩燕征.大型枢纽机场信息安全综合评价模型与可信云架构设计[J].计算机时代,2019(11):38-40,45.

[97] 朱新铭.枢纽机场航站楼旅客应急疏散行为研究[J].内蒙古煤炭经济,2019(23):114.

[98] 朱新铭.基于 AnyLogic 模型的枢纽机场航站楼旅客应急疏散仿真研究[J].通讯世界,2020,27(1):39-40.

[99] 张在川.浅析智能视频监控系统在枢纽机场航站楼建设中的应用[J].网络安全技术与应用,2020(9):137-138.

[100] 明焱.智能视频监控系统在枢纽机场航站楼建设中的应用初探[J].电子世界,2019(16):103-104.

[101] 李永亮,李涛.大型枢纽机场旅客服务技术体系研究[J].综合运输,2015,37(11):52-57,134.

[102] 阳旭.从数理维度与体验维度谈大型枢纽机场航站楼设计[J].城市建筑,2018,(11):85-88.

[103] 贾爱萍.基于层次分析法的大型枢纽机场停车系统服务分析评价[J].决策探索,2018(11):94-95.

[104] 钟敏,刘一,刘军.空港枢纽机场巴士运行与服务评价体系研究[J].交通工程,2021,21(6):23-30.

[105] 王倩,田勇,林李李,等.基于枢纽机场旅客中转的登机口指派模型[J].航空计算技术,2019,49(4):67-71.

[106] 张丽.国际门户枢纽机场停车收费的精细化管理[J].浙江经济,2020(11):72-73.

[107] 张仟,柳拥军,马文君.PRT 系统应用于枢纽机场地面交通的可行性研究[J].现代城市轨道交通,2019(1):61-64.

[108] 麦云峰.国内大型枢纽机场行李分拣系统比较分析[J].自动化应用,2019(2):135-138.

[109] 程茗泽,蒋淄瀚,吴云涛.面向"四型机场"需求的枢纽机场语言景观译写规范调查——以深圳宝安国际机场为例[J].文化创新比较研究,2022,6(11):26-29,136.

[110] 王建伟,上官伟,蔡慧敏,等.枢纽机场航站楼内低成本连续定位优化方法[J].测控技术,2021,40(3):79-85.

[111] 李欣,成辉,赵元超.枢纽机场航站楼视域分析研究——以兰州中川机场 T3 航站楼为例[J].世界建筑,2021(6):104-107,126.

[112] 郭其轶.枢纽机场航站楼旅客候机大厅空间形态设计研究——以广州新白云国际机场 T2 航站楼为例[J].建筑技艺,2020,26(10):112-113.

[113] 崔学颖,顾杰,雷蕾文.国际枢纽机场国际客运业务简化手续研究[J].民航管理,2020(2):23-25.

[114] 吴聪.基于可持续发展的绿色机场评价体系研究[D].北京:北京林业大学,2013.

[115] GOMEZ COMENDADOR F, ARNALDO VALDES R M, LISKER B. A holistic approach to the environmental certification of green airports[J]. Sustainability, 2019,11(15):1-38.

[116] Airport Council International. Airport carbon accreditation application manual[J]. 2020(12).

# 相关文件及规范、标准

（1）《中国民航四型机场建设行动纲要（2020—2035 年）》(民航发〔2020〕1 号)

（2）《四型机场示范项目 2021 年度进展材料汇编》白皮书

（3）《"十四五"民航绿色发展专项规划》(民航发〔2021〕54 号)

（4）《绿色机场评价导则（征求意见稿）》(局发明电〔2022〕1114 号)

（5）《民航节能减排专项资金项目指南（2021 年度）》

（6）《海绵城市建设技术指南》（建城函〔2014〕275 号）

（7）《绿色航站楼标准》（MH/T 5033—2017）

（8）《民用机场能耗监测设备配备规范》（MH/T 5113—2016）

（9）《民用机场航站楼能效评价指南》（MH/T 5112—2016）

（10）《民用机场能源资源计量器具配备规范》（MH/T 5113—2016）

（11）《四型机场建设导则》（MH/T 5049—2020）

（12）《民用机场智慧能源管理系统建设指南》（MH/T 5043）

（13）《民用运输机场服务质量》（MH/T 5104—2013）

（14）《大型机场噪声监测系统建设指导意见》（MD-CA-2013-03）

（15）《民用机场航站楼绿色性能调研测试报告》（IB-CA-2017-01）

（16）《绿色机场规划导则》（AC-158-CA-2018-01）

（17）《节水型生活用水器具》（CJ/T 164-2014）

（18）《民用机场绿色施工指南》（AC-158-CA-2017-02）

（19）《四型机场绿色性能评价规范》（T/CCAATB 0019-2021）

（20）《机场周围飞机噪声环境标准》（GB 9660—88）

（21）《锅炉大气污染物排放标准》（GB 13271—2014）

（22）《大气污染物综合排放标准》（GB 16297—1996）

（23）《危险废物贮存污染控制标准》（GB 18579—2023）

（24）《民用建筑供暖通风与空调设计规范》（GB 50736—2012）

（25）《民用建筑隔声设计规范》（GB 50118—2010）

（26）《民用建筑热工设计规范》（GB 50176—2016）

（27）《建筑采光设计标准》（GB 50033—2013）

（28）《室内空气质量标准》（GB/T 18883—2002）

（29）《绿色建筑评价标准》（GB/T 50378—2019）

（30）《民用建筑能耗标准》（GB/T 51161—2016）